판타스틱 유니버스

찬드라가 바라본 우주의 신비

Wallace H. Tucker 지음
대표역자 **김용기**

판타스틱 유니버스

찬드라가 바라본 우주의 신비

북스힐

차 례

역자 서문

우주에서 오는 유일한 정보원은 빛이다. 이 빛은 우리 눈에 보이는 가시광선 영역의 파장뿐만 아니라 가시광선보다 파장이 긴 전파 영역과 적외선 영역, 그리고 가시광선보다 파장이 짧은 자외선, 엑스선 그리고 감마선 영역을 포함한다. 우주에서 보내는 빛 정보를 지상에서 받아 해독하는 경우는 가시광선과 전파 영역에 불과하다. 첨단 과학기술이 발달하면서 인간은 우주공간에 가시광선을 비롯하여 지상에서 관측할 수 없는 빛을 관측하기 위해 관측위성을 발사하여 광활한 우주를 연구해오고 있다. 우주를 보는 영역이 그만큼 넓어지고 있다는 의미이다.

미국 항공우주국은 우주에서 보내는 빛을 관측하기 위해 지구궤도를 도는 대형 우주 망원경은 계획을 수립하여 1990년부터 실행에 옮겨왔다. 첫 번째로 발사된 대형 우주 망원경은 1990년 발사된 허블 우주 망원경으로 근적외선 영역, 가시광선 영역 그리고 자외선 영역의 우주정보를 지구 대기권 밖에서 관측해서 보내주었다. 두 번째는 1991년에 발사된 콤프턴 우주 망원경으로 감마선 영역의 우주정보를 관측하였고, 세 번째는 찬드라 우주 망원경으로 1999년에 발사되어 엑스선 영역의 고분해능 이미지를 얻어내는 관측을 수행하였다. 마지막으로 대형 우주 망원경은 2003년에 발사된 스피처 우주 망원경인데, 적외선 영역의 우주 정보를 수집한 바 있다. 각각의 우주 망원경들은 관측된 영역에서 우주의 모습을 아주 획기적인 방법으로 새롭게 조명해주었다. 이들 망원경들이 관측한 자료들을 조합하여 항성과 은하의 진화에 대해 더 자세하게 알 수 있었으며, 블랙홀과 같은 극한의 물리적 상황에서 일어나는 현상들을 더욱 자세히 연구할 수 있게 되었다.

2017년에 하버드대학의 스미스소니언 천체물리 연구소에 머물면서 허블 우주 망원경이 25년간 발견한 새로운 사실들을 정리하는 소책자들 번역하고 편집하는 작업을 할 수 있었고, 그 연구소에서 Tucker 박사님이 저술한 이 책《판타스틱 유니버스(Chandra's Cosmos)》를 접하게 되었다. 목차와 본문 내용들이 찬드라 우주 망원경이 엑스선 천문학 분야에서 이루어낸 업적들을 때로는 시처럼, 때로는 쉬운 이야기처럼 풀어서 정리되어 있어서 천문학을 좋아하는 국내의 독자들에게 소개하고 싶은 마음이 들었다.

당시 연구소에 근무하고 있었던 한국 학자들에게 이 책을 번역해 보자고 제안하였고, 하버드-스미스소니언 천체물리 연구소에 몸담았다가 귀국한 후 국내에서 연구 및 교육에 몰두하고 있는 전문가들을 찾기 시작하였다. 그리고 열 명의 전문가들과 번역 팀을 구성하여 찬드라 망원경이 얻어낸 천문학적 발견들을 우리말로 소개할 수 있게 되었다. 본 역서의 용어들은 한국 천문학회에서 정리한 천문용어집(2019)을 바탕으로 통일시켰으나, 부득이하게 역자들이 번역한 용어를 사용한 경우도 있음을 미리 밝혀둔다.

사실 엑스선 천문학은 전문적이고 세부적인 영역을 다루기 때문에 일반 독자층을 형성하기가 어려울 것이라는 염려가 있어서 책의 작업과정을 맡아줄 출판사를 찾기가 아주 어려웠다. 그러나 북스힐 출판사의 조승식 사장님이 흔쾌히 승낙해주시고, 능력 있는 편집 팀이 지난 1년 동안 교정 과정을 진행해서 《판타스틱 유니버스》라는 책이 빛을 보게 되었다. 번역서의 출판을 맡아주신 북스힐 출판사의 사장님과 편집 팀에게 매우 감사드린다.

이 책은 단순히 찬드라 엑스선 망원경이 관측한 자료를 소개하는 것이 아니라 허블 우주 망원경과 스피처 우주 망원경이 광학과 적외선 영역을 관측한 자료들을 통합하여 우주에 대해 인간이 새롭게 알게 된 사실들을 수식 없이 알기 쉽게 정리해 놓았다. 마치 소설을 읽듯이 이 책을 쭉 읽어나가다 보면 블랙홀, 암흑물질, 그리고 암흑에너지와 관련된 천문학적 사실들을 쉽게 이해할 수 있을 것이다.

어려운 내용을 쉽게 설명하려고 노력을 기울인 터커 박사님도 이 책이 한국어로 번역된다는 사실에 아주 기뻐하셨다. 터커 박사님과 이 책의 번역을 위해 노력을 기울여주신 모든 번역진들과 함께 《판타스틱 유니버스》라는 번역서의 출간을 축하해본다. 그리고 이 책이 이해하기 어려운 엑스선 천문학 분야에서 쉬운 설명서로서 자리매김하길 기대해본다.

2020년 3월
번역진들을 대표하여
김용기

1 | 초신성 잔해 IC 443

광시야로 찍은 초신성 잔해의 모습. 찬드라와 ROSAT으로 관측한 엑스선 관측 자료는 파랑색으로, Jansky VLA로 찍은 전파 관측 자료는 녹색으로, SDSS에서 얻은 광학 관측 자료는 빨강색으로 표현하였다. IC 443의 아래쪽 끝부분에는 중성자별 J0617이 놓여 있는데, 이 중성자별이 초신성 잔해의 수백만 도 되는 가스를 통해 지나가면서 고에너지 입자들이 만들어내는 혜성 같은 흔적을 만들어내고 있다.

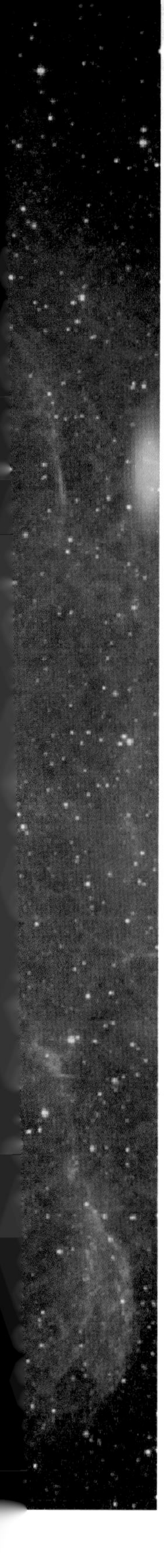

서론

망원경으로 보면 많은 별들을 보이는데, 믿을 수 없을 정도로 많은 별들이 육안으로는 보이지 않는 곳에서 나오는 것을 보게 될 것이다.

갈릴레오, 《별이 빛나는 메신저》, 1610

뜨거운 우주에서 나오는 멋진 이야기들

1609년에 이탈리아 플로렌스에서 세상을 바꾸는 일이 일어났다. 갈릴레오는 작은 망원경을 가지고 지구와 우주가 별개가 아니라 지구는 우주의 한 부분이고, 우리가 맨눈으로 볼 수 있는 것보다 더 많은 천체들이 우주 내에 존재한다는 것을 밝혀냈다. 20세기에 들어서 천문학자들은 다른 혁명적인 발견을 하게 되었다. 광학 망원경들은 단지 우주의 조그마한 한 부분만을 보여준다. 눈에 보이지 않는 파장 영역에 민감한 망원경들은 빅뱅에서 나온 우주배경복사microwave radiation를 발견해냈고, 또 항성들 주변에 있는 원시행성원반에서 나오는 적외선을 발견하였으며, 블랙홀로 소용돌이치며 빨려 들어가고 있는 물질들로부터 엑스선을 검출해냈다.

1999년 7월 23일, NASA는 찬드라 엑스선 위성을 우주왕복선 콜롬비아에 실어 우주에 발사하였다. 이 망원경은 우주의 아주 뜨거운 영역에서 나오는 엑스선 방출을 검출하도록 디자인되었다. 폭발한 별, 은하단 그리고 블랙홀 주변을 도는 물질들은 매우 뜨겁다. 찬드라 망원경은 현재 지구의 엑스선 흡수대기 위에서 궤도운동을 하고 있는데 그 고도는 14만 km이다. 미국 매사추세츠주 케임브리지에 있는 스미스소니언 천문대에는 찬드라 엑스선 센터Chandra X-ray Center가 있다. 이 센터는 위성을 운영할 뿐만 아니라 수집한 관측 자료를 세계 각국에 흩어져 있는 과학자들이 분석할 수 있도록 만들어 배포하고 있다.

찬드라 망원경이 발사된 이후, 가시광선의 빛에만 민감한 망원경에 주로 감춰져 있던 우주의 모습들이 드러나게 되었다. 이런 모습들은 바로 블랙홀 주변의 거대한 중력이나 자기장들, 초신성의 충격파들, 그리고 은하단들의 엄청난 충돌 같은 아주 격렬하고 극한 환경에 있는 우주의 모습들이다.

엑스선 천문학은 천문학의 새로운 분야이다. 지구대기는 엑스선을 아주 심하게 흡수해서 지상 망원경으로는 엑스선을 관측할 수 없다. 엑스선 천문학에는 한 가지 문제점이 있다. 엑스선 광자는 가시광선 광자보다 천 배 정도 큰 에너지를 지니고 있는데, 이런 고에너지 엑스선은 검출기에 초점을 맞추기가 어렵다. 그래서 엑스선 망원경은 아주 매끈한 거울이 필요한데, 찬드라 망원경의 거울은 지금까지 사용되었던 망원경 중에서 가장 매끈한 거울이다.

엑스선 망원경으로서 찬드라 망원경은 우주에 있는 엑스선을 방출하는 천체에서 나오는 엑스선을 모아서 이미지를 만들어준다. 찬드라 망원경은 우주에서 엑스선을 내는 천체에 대해 지금까지 얻은 것보다 최고의 분해능을 지닌 최초의 엑스선 이미지를 제공하고 있는데, 이 이미지들은 대형 광학 망원경의 분해능에 견줄 만한 양질의 이미지들이다. 이런 독특한 능력이 21세기 천체물리학에 대변혁을 일으켰다.

찬드라 망원경은 성단, 은하 및 다른 우주의 현상들에 대해 고분해능 이미지를 얻기 위해 처음으로 전파, 적외선, 가시광선 그리고 엑스선까지 많은 파장에 사용될 수 있는 최고의 망원경들을 이용하여 시도하고자 한 노력의 결과였다. 다른 많은 망원경들과 함께 찬드라 망원경의 근적외선, 가시광선과 자외선을 관측할 수 있는 허블 우주 망원경, 그리고 적외선을 관측할 수 있는 스피처 우주 망원경을 사용한 시너지 효과 덕분에 항성과 은하의 진화에 대한 더 완전한 모습과 블랙홀 및 우주폭발과 연관된 극한의 물리에 대해 더 자세하게 이해할 수 있다.

찬드라가 발사되고 난 이래로, 나는 찬드라 엑스선 센터의 대변인으로서 찬드라 천문대의 우주탐구를 맨 앞자리에서 즐길 수 있는 특권을 누려왔다. 대변인으로 일하면서, 나는 우주에서 우리의 위치와 우리의 존재를 지배하고 있는 기본법칙들을 이해하려는 탐구를 하는 데 찬드라 망원경이 지니고 있는 유일하고도 중요한 능력들을 이용하여 연구하는 기발한 재능을 지닌 과학자 공동체들이 점점 늘어나고 있는 현상에 감동했다.

나는 이런 탐구에서 얻은 몇몇 성과들을 설명하고 기록하는 역할을 주로 해왔다. 그래서 때때로 찬드라 주요 성과를 "10가지" 정도로 추려달라는 부탁을 받기도 했다. 한번은, 동료가 찬드라 망원경이 발견한 가장 멋진 것들의 목록을 준비해 달라고 제안하였다. 나는 내 자신 스스로 특별히 멋진 사람이 아니라고 생각했었기에 조금 당혹스러웠다. 적어도 나는 나 스스로 멋지다고 생각하지 않았고, 그래서 내가 멋짐에 대해 이해하고 있는 것이라곤, "여러분이 멋진 사람이라면 여러분은 그 멋짐을 알 수 있다."라는 것뿐이었다. 이런 내 생각은 말콤 글래드웰Malcolm Gladwell(1997)의 멋짐의 법칙들 중 하나인 "멋짐이라는 것은 멋진 사람들 스스로만 느낄 수 있는 것이다."와 연관되어 있다.

무엇이 멋진 발견들일지 고민하는 동안 베스트셀러 작가인 스티븐 킹Stephen King의 지혜로운 말을 우연히 접하게 되었다. "멋짐의 의미를 정의할 수도 없고 수정할 수도 없다. 멋짐 그 자체이다(2007)." 그의 말에서는 많은 도움을 얻지 못했다. 오히려 누아르 소설의 하위 장르인 사이버펑크(하이테크 공상과학 소설)의 선구자인 윌리엄 깁슨William Gibson(2007)의 말이 도움이 된 것 같다. "비밀들이 다름 아닌 멋짐의 근원이다." 이 말은 누구나 인정하는 위대한 과학자, 알버트 아인슈타인Albert Einstein(1949)이 한때 말한 말과 아주 잘 맞아 떨어진다. "우리가 할 수 있는 가장 아름다운 체험은 신비이다. 신비는 참예술과 참과학의 요람에 있는 근본 감정이다."

비밀과 신비. 나는 이런 "멋짐"의 기준을 염두에 두고 여기에 제시된 서로 연관된 이야기들을 취합하였다. 이 이야기들은 3개의 넓은 범주로 나누어지는데 우리는 1부에서 THE 큰 우주, 2부에서 THE 무서운 우주, 3부에서 THE 아름다운 우주를 자세히 탐구하게 될 것이다.

큰 이야기들은 큰 그림을 다룬다. 우주는 무엇으로 구성되어 있는가? 우주는 어떻게 현재의 상태까지 변화해 왔는가? 먼 미래에 무슨 일이 일어날까? 지난 십년간 이런 질문에 대한 답을 찾는 데 있어 혁명적인 진보가 이루어졌다. 전파, 광학 그리고 엑스선 관측을 통한 광범위한 천문관측 자료에 기인하여 하나의 공감대가 형성되었다. 우주에 있는 물질의 5%만이 양성자, 중성자 그리고 전자로 구성된 보통물질normal matter이고, 25%는 암흑물질dark matter, 그리고 나머지 70%

는 관측된 우주의 가속팽창cosmological acceleration을 야기하는 신비로운 힘인 암흑에너지dark energy이다. 이런 수치들은 깜짝 놀랄 만한 메시지를 전달하고 있다. 우주의 95%는 "어둡다"라는 메시지인데, "어둡다"라는 표현은 우리가 이 나머지 구성요소들을 직접 검출하거나 동정할 수 없음을 표현하기 위해 선택한 것이다.

은하들이 형성되는 과정에서 암흑물질이 중요한 역할을 한다는 것을 우리는 알고 있다. 지난 십 년 동안 천체물리학자들은 또 다른 형태의 어두움인 블랙홀이 은하 진화에 아주 중요한 역할을 한다는 것을 발견하였다. 블랙홀들은 우주에서 가장 나쁜 녀석들이다. 그들의 엄청난 중력장과 관련된 힘들은 아주 가까이 다가오는 모든 것들을 다 찢어버릴 수 있다. 이것이 항성들이든 행성들이든, 또는 원자들이든 상관없다. 태양질량의 수백만 배가 되는 초대질량 블랙홀supermassive black hole이 은하들의 전부는 아니더라도 대부분 은하의 중심에 놓여있다는 실질적인 증거가 제시되었다. 더군다나 그런 초대질량 블랙홀의 성장은 일반적으로 은하들의 성장과 밀접하게 관련이 있는 것처럼 보인다.

별들과 관련한 규모에서 볼 때, 블랙홀은 엄청나게 질량이 큰 항성들의 폭축에 의해 형성된다. 이런 폭축은 항성중심에서 일어나는 핵융합반응nuclear reaction이 항성을 짓누르고 있는 엄청난 무게를 더 이상 견뎌내지 못할 때 일어난다. 태양질량의 8배보다 작은 질량을 지닌 항성은 바깥층의 물질들을 버리고 난 후에 평형 상태에 도달하여 밀도가 높은 백색왜성이 된다. 더 큰 질량을 지닌 항성들은 그러나 마지막 단계를 조용하게 놓아두지 않는다(8쪽과 12쪽의 그림 1과 그림 2). 그들의 무게는 평형을 유지하기에는 너무 커서 중심 영역은 폭축을 계속하여 중성자별이

2 | 카시오페이아 A 초신성 잔해

Cas A라 불리는 이 초신성 잔해를 찬드라가 관측한 엑스선 이미지. 빨강, 초록 그리고 파랑색 영역들은 각각 저에너지, 중에너지 그리고 고에너지의 엑스선이 가장 강하게 나오는 영역들이다. 바깥 가장자리의 왼쪽에 있는 빨강색 물질은 철이 풍부한 지역이다. 왼쪽 아래의 밝고 초록색과 흰색의 영역은 실리콘과 황이 풍부한 영역이다. 오른쪽의 파랑색 영역에서는 저에너지와 중에너지의 엑스선들이 가스와 티끌 구름에 의해 만들어진다. (주의: 이 이미지와 이후 제시되는 많은 이미지들에서 초록색은 쉽게 보이지 않는다. 일반적으로 빨강색 파장과 파랑색 파장 사이의 전자기파 파장에 사용되는 초록색은 빨강과 파랑보다는 눈에 띄지 않는다.)

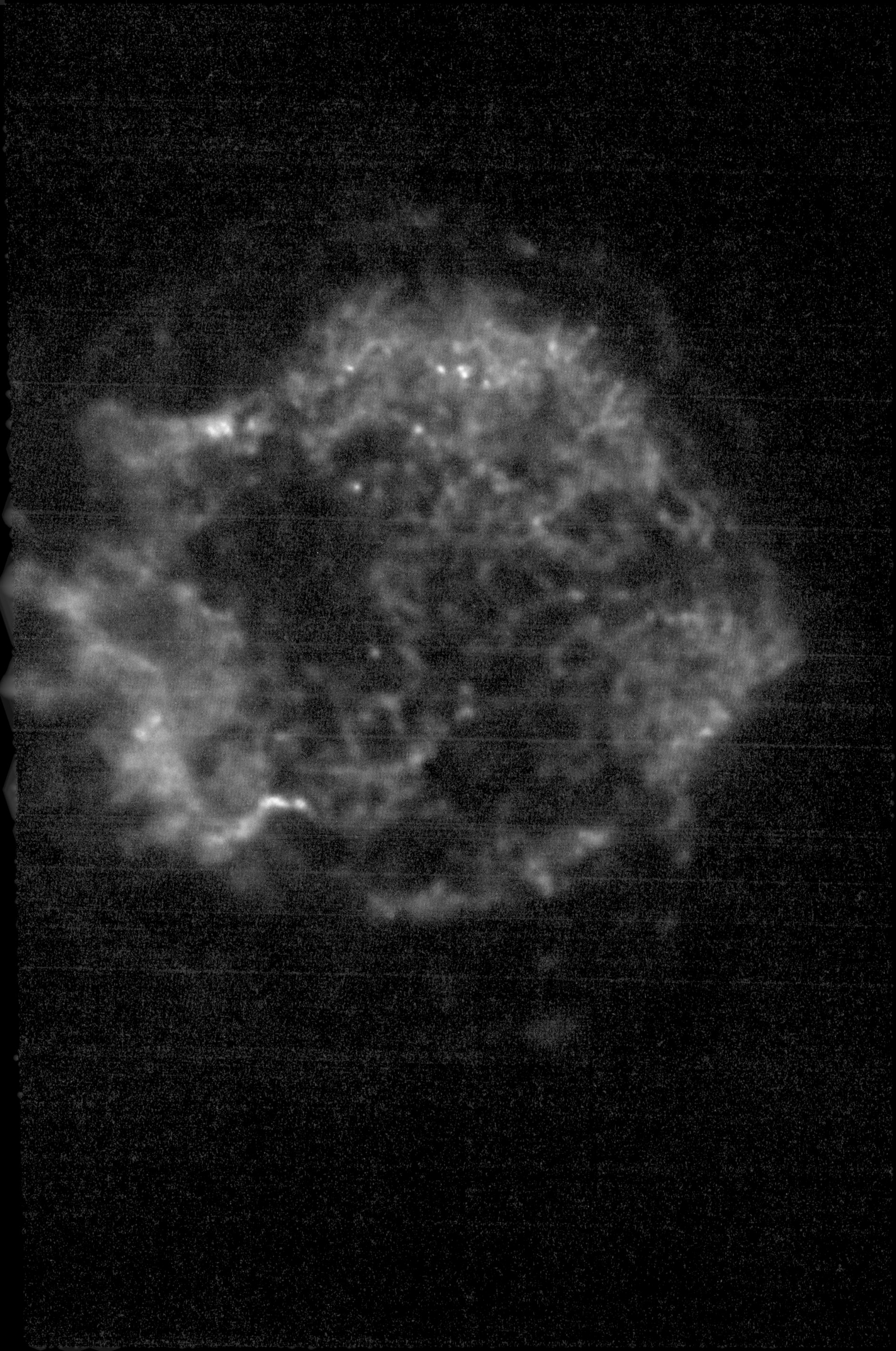

나 블랙홀을 형성하고, 별을 구성하는 대부분의 물질은 자연에서 일어나는 가장 격렬한 사건 중의 하나인 초신성 폭발을 거치며 우주 공간으로 날아가 버린다. 만일 초신성이 지구에서 10광년 이내에서 폭발하게 된다면 지구에 있는 모든 생명체는 아마 멸절될 개연성이 아주 높다. 초신성들이 우리 은하 내에 있는 다른 문명체들을 전멸시켰는지의 여부는 아직 알려지지 않았지만, 충분히 그럴 가능성은 있다. 분명히 알려진 사실 하나는 초신성이 직경 수천 광년의 영역에 걸쳐 형성된 행성을 흩어버리고 또 항성 내부에서 융합된 탄소, 질소, 산소, 실리콘, 칼슘과 철 같은 생명체 유지를 가능케 하는 원소들을 다 흩어버린다는 것이다.

그들의 영향은 거기서 끝나지 않는다. 팽창하는 초신성의 충격파가 잠잠히 있는 가스와 티끌 구름들에 충격을 가해 가스들을 뭉치게 한다. 백만 년이 지난 후에는 새로운 세대의 항성들이 태어나고, 또 어떤 새로운 행성들과 새로운 문명체들로부터 형형색색의 아주 아름다운 빛을 내며 하늘을 수놓게 될 것이다. 정말 멋지지 않은가!

FANTASTIC UNIVERSE

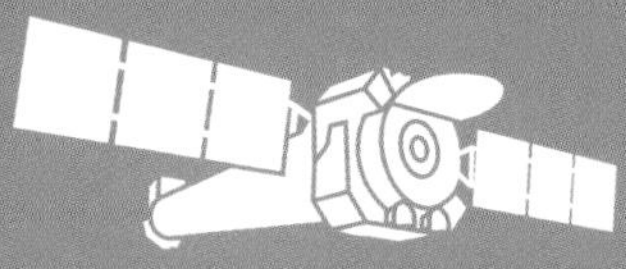

1부

THE 큰 우주

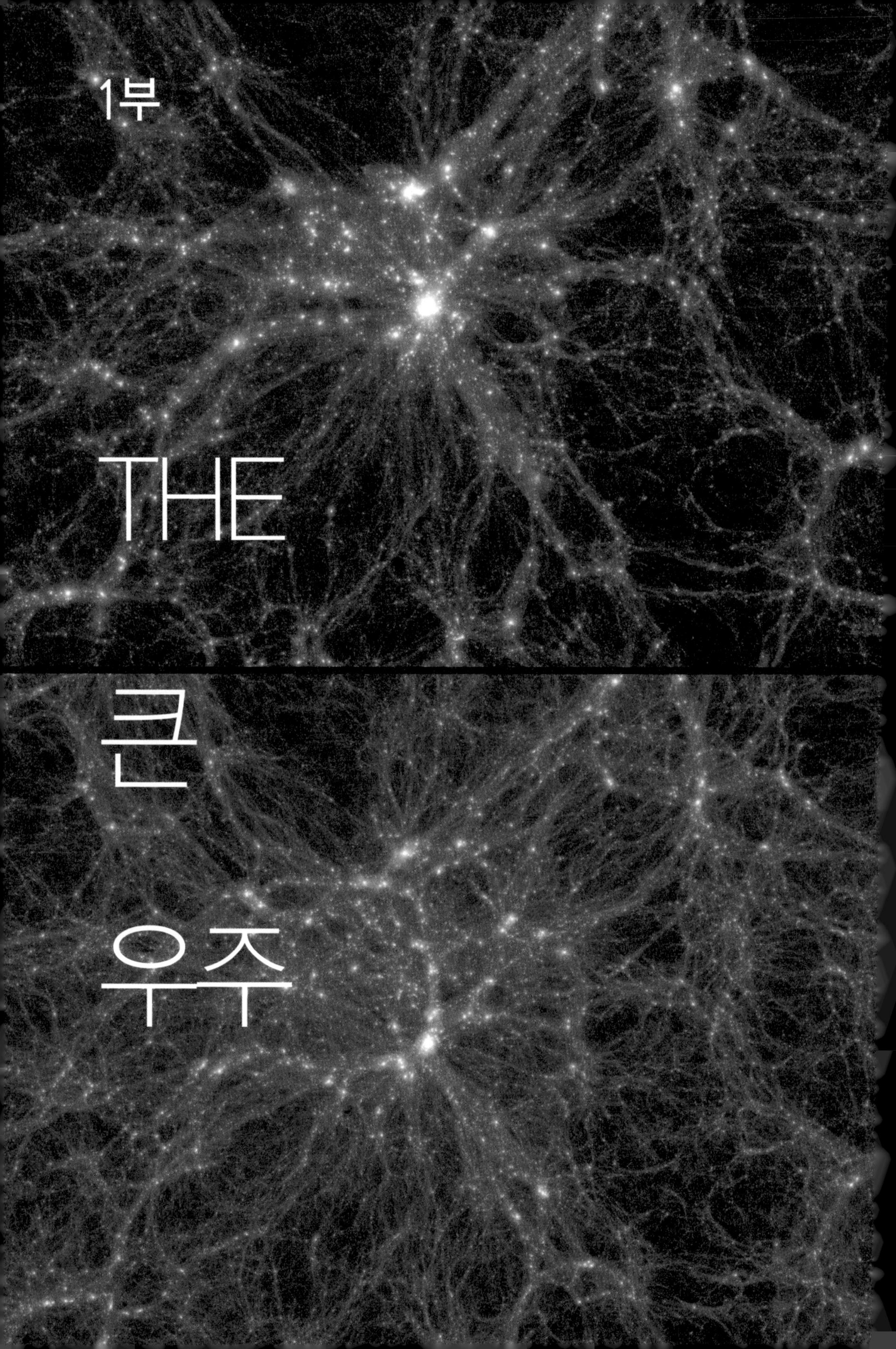

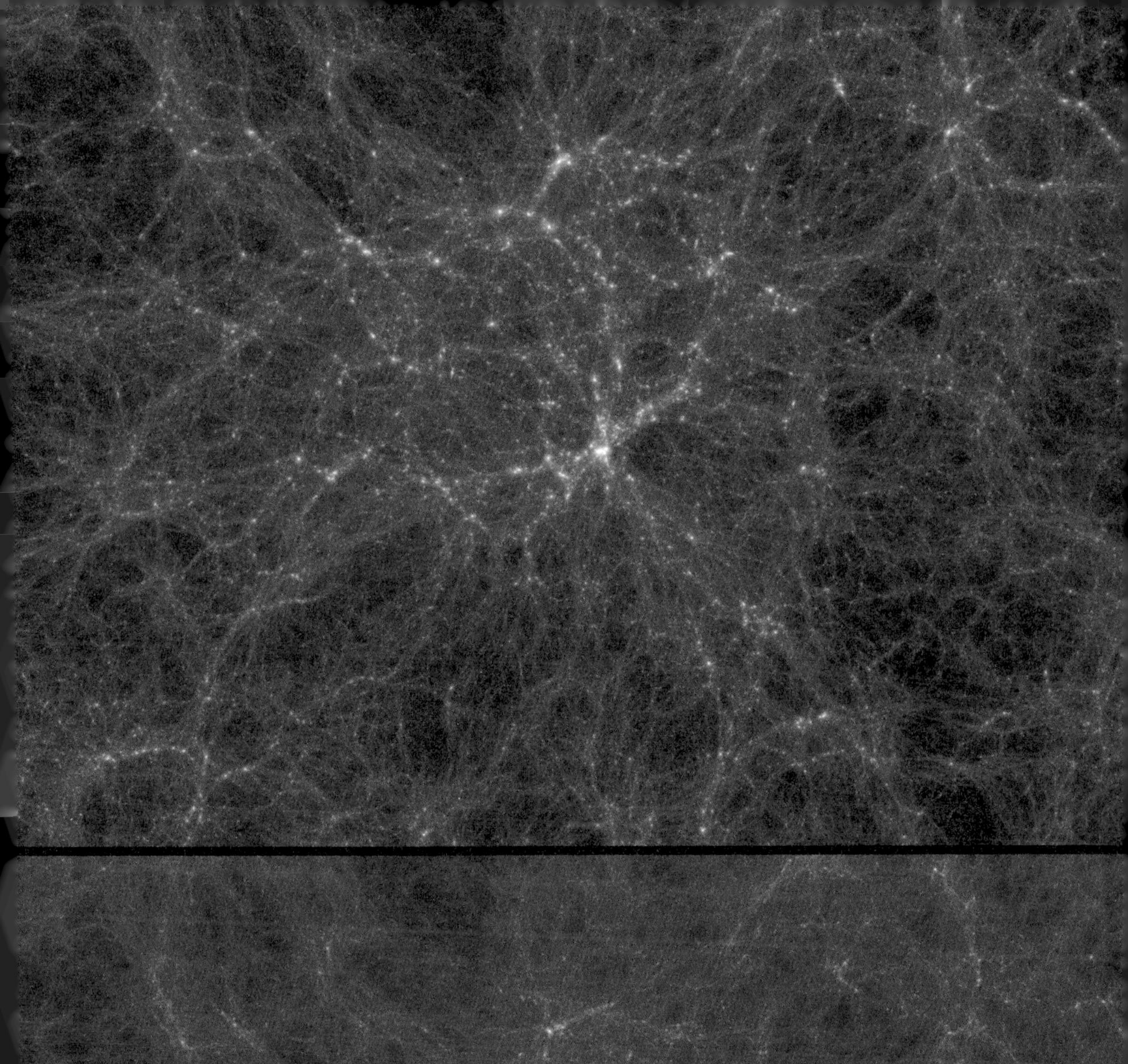

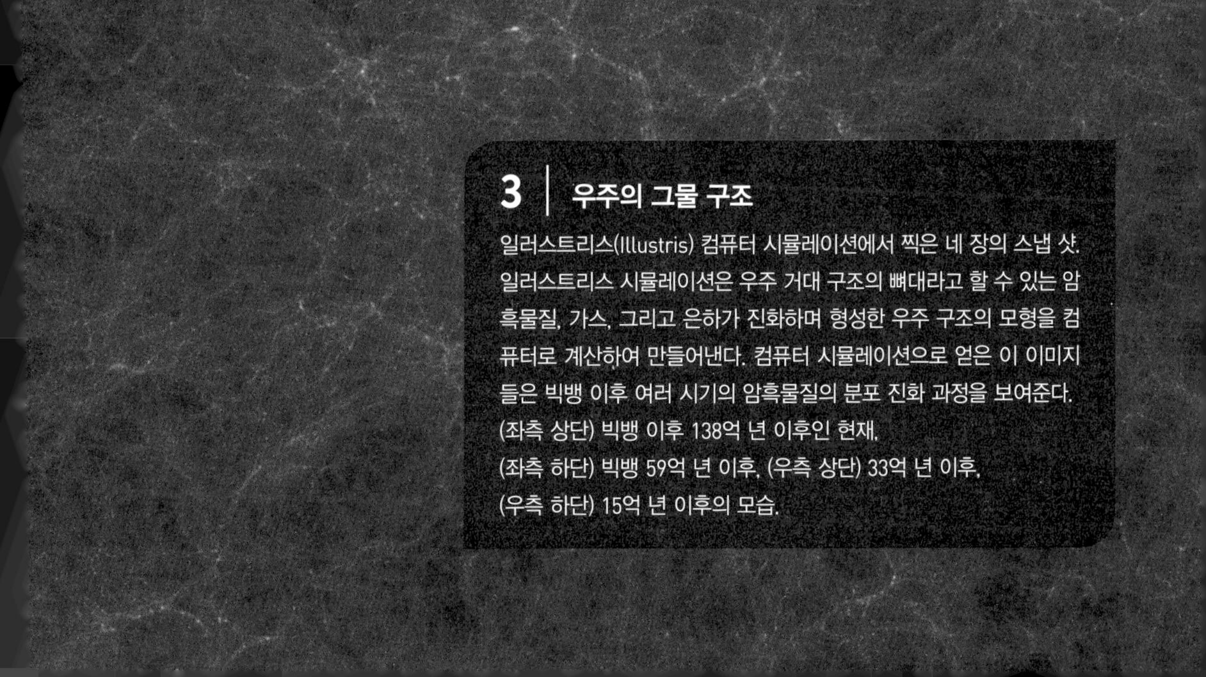

3 | 우주의 그물 구조

일러스트리스(Illustris) 컴퓨터 시뮬레이션에서 찍은 네 장의 스냅 샷. 일러스트리스 시뮬레이션은 우주 거대 구조의 뼈대라고 할 수 있는 암흑물질, 가스, 그리고 은하가 진화하며 형성한 우주 구조의 모형을 컴퓨터로 계산하여 만들어낸다. 컴퓨터 시뮬레이션으로 얻은 이 이미지들은 빅뱅 이후 여러 시기의 암흑물질의 분포 진화 과정을 보여준다.
(좌측 상단) 빅뱅 이후 138억 년 이후인 현재.
(좌측 하단) 빅뱅 59억 년 이후. (우측 상단) 33억 년 이후.
(우측 하단) 15억 년 이후의 모습.

4 | 아벨 1689 은하단

지구로부터 23억 광년 떨어진 거대 은하단의 이미지. 두 개의 망원경에서 얻은 아벨(Abell) 1689 은하단 이미지를 합성한 것이다. 보라색은 찬드라 엑스선 우주 망원경(Chandra X-ray observatory)으로 검출한 1억 도 정도의 뜨거운 가스를 보여준다. 노란색은 허블 우주 망원경(Hubble Space Telescope)으로 얻은 은하의 광학 이미지를 보여준다.

1

은하단은 우리가 생각한 것보다 훨씬 많다. 그리고…

어쩌면 은하단은 우주를 구성하는 기본적인 물질 집단일지도 모른다.

조지 아벨, 〈거대 은하단의 분포〉, 1958

은하단

나선 성운과 타원 성운이 무엇인지 알려지기 오래전부터 천문학자들은 나선 성운과 타원 성운이 하늘에 균일하게 분포하지 않는다고 생각했다. 특히 프랑스의 천문학자인 샤를 메시에Charles Messier, 1730~1817는 본인의 관심사였던 혜성들을 찾는 작업과 혼동하지 않도록 혜성과 비슷하게 생긴 성운의 목록을 작성하면서 이 사실을 알아냈다. 오히려 성운들은 몇 개의 성운으로 이루어진 은하군galaxy group이나 수백 개 혹은 그 이상이 모인 은하단galaxy cluster 형태로 집중되어 분포하는 경향을 보이는데, 이런 성질은 우리은하가 나선 성운과 비슷하다는 것을 처음으로 알아낸 영국의 천문학자 빌헬름 허셸Wilhelm Herschel, 1738~1822에 의해 밝혀졌다. 그로부터 약 150년 후인 1920년대, 에드윈 허블Edwin Hubble이 은하 집단 연구에 일대 혁신을 일으켰다. 허블은 나선 성운과 타원 성운들이 우리 은하수와 같은 은하들이고, 수백만 광년 떨어져 있음을 입증했는데, 이는 은하단들이 실제로는 많은 수의 은하로 구성된 거대한 크기의 구조라는 것을 의미한다.

은하 표본들이 많이 확보됨에 따라, 은하들이 무리를 이루어 위치한다는 사실이 확실해졌다. 1958년 UCLA의 천문학자 조지 아벨George Abell, 1927~1985은 처음으로 현대적 은하단의 목록을 작성하였다. 아벨의 은하단 목록은 미국 국립지질학회 팔로마 천문대 전천 탐사에서 발견된 2,717개의 부유 은하단rich cluster of galaxies을 포함한다. 부유 은하단은 50개 이상의 은하가 모여 있는 경우로 정의된다. 새로운 관측 탐사들은 수십억 광년의 거리에 있는 은하들의 분포를 지도로 만들었다. 슬로언 디지털 전천 탐사Sloan Digital Sky Survey, SDSS가 가장 대표적인 예이다. SDSS는 슬로언 재단의 후원으로 만들어진 뉴멕시코 주의 아파치 포인트 천문대 2.5 m 망원경을 사용하여 온 하늘의 1/4 이상의 영역을 여러 필터로 깊게 관측하여 120만 개 이상의 은하를 검출하고 그들의 3차원 지도를 만들었다(그림 5).

이러한 거대 규모의 우주 지도를 2차원 평면에 투영하면 도로의 지도와 비슷하다. 은하들은 필라멘트filament, 실처럼 가늘고 긴 구조를 따라 분포하고, 필라멘트들은 우주 공간의 고속도로처럼 교차한다. 필라멘트 구조 사이들을 잇는 작은 길들이 있고, 그 사이에는 은하 밀도가 낮은 우주 시골이 있다. 여러 필라멘트 구조가 교차하는 곳에는 은하 밀도가 높은 은하단이 있다(그림 4와 그림 6).

은하단의 크기는 압도적이다. 초속 30만 km의 속도로 이동하는 빛은 달에서 출발하여 지구에 도달하는 데 1초가 조금 넘게 걸리고, 태양에서 지구에 도달하는 데는 8분 정도가 걸린다. 우리 은하의 중심부에서 출발한 빛은 2만 5천 년의 여정을 거쳐야 우리에게 도달한다. 그마저도 은하단을 횡단하는 데 걸리는 시간인 2백만 년에 비하면 짧은 편이라고 할 수 있다.

은하단은 우주에서 중력적으로 묶여있는 가장 큰 천체이다. 순전히 크기만 따지면 도로처럼 뻗은 필라멘트 구조가 더 크지만, 필라멘트 구조는 중력에 의해 붙잡혀 있는 하나의 천체가 아니다. 지구상의 거대 도시들처럼, 우주의 거대 도시 은하단들은 처음부터 완전하게 형성된 것이 아니라 작은 은하단들이 수십억 년 동안 모여서 만들어진 것이다. 경제력이 도시의 형성에 강한 영향을 끼치는 지구상의 거대 도시들과는 달리, 은하단의 형성에는 중력이 근본적인 영향을 미친다. 최근에 천문학자들은 은하단의 형성에 중력이 미치는 효과가 기대하지 않았던 방향으로도 나타난다는 사실을 알아냈다. 도시의 중심이라고 할 수 있는 은하단 중심부에 위치한 은하들 사이의 공간은 비어있지 않다. 은하단의 중심부는 은하가 만들어지고 남은 밀도 낮은 가스로 채워져 있다. 이 가스는 은하단이 중력적으로 수축하면서 달궈져 온도가 수천만 도 가까이 올라간다. 110~120억 년 전에 중력에 의해 은하와 성운들이 은하단을 만들기 위해 뭉치면서 은하 사이를

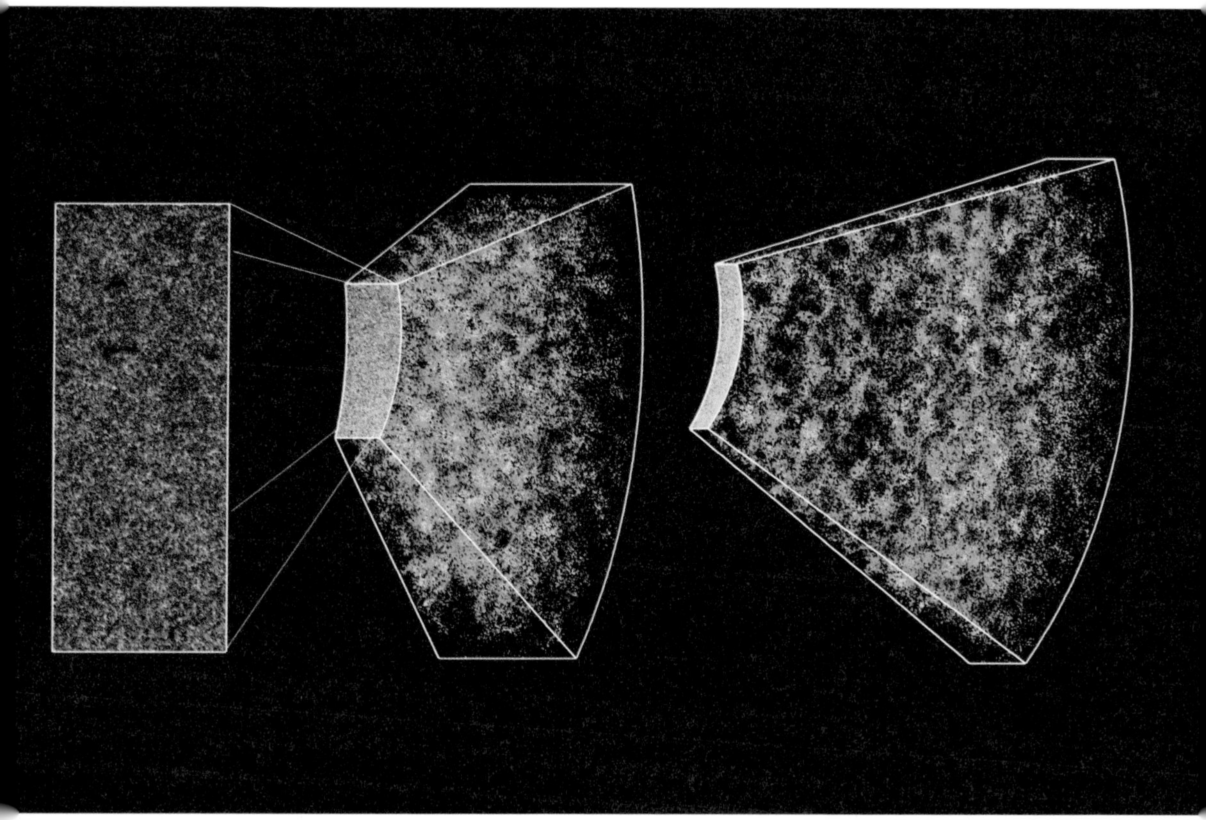

5 | SDSS III 지도

슬로언 재단의 기부로 운영되는 미국 뉴멕시코 주 아파치 포인트 천문대에 위치한 2.5 m 망원경으로 제작한 SDSS III에서 만든 우주의 3차원 지도의 일부. 왼쪽의 직사각형은 하늘의 1,000평방 각도의 단면을 보여준다. 전체 탐사의 10%에 해당하는 이 단면 안에 12만 개의 은하가 포함되어 있다. 각각의 점은 은하에 해당한다. 은하의 광학 분광 관측으로부터 각 은하까지의 거리를 측정하여 만든 3차원 지도(가운데와 오른쪽 이미지)를 2차원에 투영시킨 것이다. 이 3차원 지도는 70억 년 전 과거의 우주 모습을 들여다볼 수 있게 해준다. 지도의 아주 밝은 영역들은 중력이 강해 은하와 질량이 많이 모여 있는 곳이다.

메운 가스들이 천만 도 가까이 뜨거워지는 것이다. 은하단에 속한 은하 사이를 메운 거대한 가스 덩어리는 은하단의 구성 은하가 가지고 있는 모든 별들의 질량을 합한 것보다 다섯 배 많은 질량을 갖고 있고, 훨씬 더 많은 질량의 암흑물질dark matter에 의해 중력적으로 묶여 있다. 광학 망원경으로는 볼 수 없는 이 뜨거운 가스가 은하단에 가둬진 채로 묶여 아주 천천히 에너지를 방출하기 때문에, 이들은 은하단에서 지난 수십억 년 동안 발생한 활동의 기록을 담고 있다. 이 가스들은 은하단 은하에서 폭발한 초신성이 공급한 원소들을 포함하고, 초신성이나 다른 천체의 폭발들에 의한 에너지 또한 포함하고 있다.

은하단은 (필라멘트의 교차로뿐만 아니라) 천체 물리학과 우주론의 교차로에 위치한다. 은하단의 개수와 크기는 은하단이 만들어진 우주 초기에 존재하던 가스 저장소에 대한 정보를 담고 있다. 이 가스 저장소들은 매우 크고 주변 환경과 상호 작용이 거의 없으므로, 이곳에서 은하단을 만들면서 발생한 일들은 모두 이 은하단 안에 보존되어 있다. 이런 특성은 은하단을 은하단 구성 은하의 형성과 진화 과정에서 발생한 일들과 은하 중심부의 초대질량 블랙홀supermassive black hole에 대해 연구하기에 이상적인 환경이 된다.

도시를 비롯한 여러 지역에 매장된 유물들을 연구해서 과거 역사를 밝혀내는 고고학자들처럼, 천문학자들은 찬드라 우주 망원경 및 다른 엑스선 우주 망원경을 이용하여 은하단 속에 감춰진 엄청나게 큰 보물상자들을 발굴해내서 그 은하단의 과거에 대한 역사를 짜맞추는 연구를 수행하고 있다. 이런 역사들 중 일부는 상당히 최근에 밝혀진 것으로서, 은하단의 구성원인 거대은하들 속에 존재하고 있는 초대질량 블랙홀 같은 아주 극단적인 상태의 천체들이 형성되는 역사를 알려준다. 한편 이렇게 알아낸 역사 중 일부는 아주 오래전으로 거슬러 올라가, 우주가 시작된 100억 년 이전에 일어났던 우주의 역사를 밝혀주기도 한다.

6 | CL J1001 + 0220 은하단

지구로부터 110억 광년 떨어져 있는 뜨거운 가스와 은하가 모여 있는 은하단의 합성 이미지. 이 천체는 지금까지 엑스선 망원경으로 발견된 가장 멀고 어린 은하단이다. 이미지에서 보라색은 찬드라로 관측된 엑스선이고, 빨강, 초록, 파랑색은 유럽 우주 천문대(European Space Observatory)의 UltraVISTA 탐사를 통해 얻은 적외선이다. 초록색은 아타카마 거대 전파 간섭계(ALMA)를 통해 얻은 전파이다.

7 | 머리털자리 은하단

지구에서 약 3억 2천 1백만 광년 떨어진 머리털자리 은하단(Coma Cluster)의 합성 이미지. 이 이미지는 은하단에 있는 커다란 팔 형태의 고온 가스를 잘 보여주기 위해 만들어졌으며, 그 고온의 가스는 작은 하위 은하단이 코마와 합쳐질 때 방출된 가스로 형성된 것으로 추정된다. 찬드라 엑스선 자료는 분홍색으로, SDSS 광학 자료는 흰색과 파란색으로 표시된다. 이미지의 크기는 좌우로 약 2백만 광년이 된다.

2

모든 다른 요인들을 없애버리면, 남은 것은 진실이다.

아서 코난 도일, 《네 개의 서명》, 1890

암흑물질의 증거

오랫동안 천문학자들은 아서 코난 도일Arthur Conan Doyle의 셜록 홈즈Sherlock Holmes를 통해 유명해진 논리적 추론을 사용해 우리가 우주를 이해하게 했다. 뉴턴이 1687년에 중력 이론과 운동 법칙으로 행성의 운동을 설명하는 경이적인 성공을 거둔 이후로, 보이지 않는 물질이 수수께끼 같은 천체관측 사실을 설명하기 위해 등장했다. 천왕성의 비정상적인 움직임은 천문학자들에게 보이지 않는 행성이 있음을 암시했으며, 몇 년 후인 1846년에 해왕성이 발견되는 계기를 만들었다. 이러한 방법은 별 주위를 도는 행성을 발견하는 데 사용된다. 비슷한 추론으로 1862년에 밝은 시리우스 별 주변의 궤도에서 시리우스 B로 알려진 새로운 형태의 천체인 희미한 백색왜성white dwarf이 발견됐다.

자연의 비밀은 늘 그렇게 쉽게 밝혀지지는 않았다. 수성 운동의 이상 현상을 벌컨vulcan이라고 부르는 가상의 행성 효과로 설명하려는 시도는 성공하지는 못했다. 그 해결책은 뉴턴의 이론을 수정한 아인슈타인의 일반상대성이론이었다.

오늘날, 천문학자들은 비슷하지만 훨씬 더 심각한 문제를 직면하고 있는데 그것은 암흑물질에 관한 것이다. 간단히 말해서, 암흑물질은 어떤 유형의 망원경으로도 볼 수 없는 물질이지만 중력 효과를 통해 탐지할 수 있다. 이러한 효과는 별의 궤도 또는 은하와 은하단의 고온 가스 구름의 특이성으로 관찰된다. 대부분의 천문학자들은 다른 모든 설명 가능성이 사라졌다고 생각하기 때문에 우주의 대부분의 물질 즉 약 80%가 암흑물질dark matter이라는, 즉 그것이 무엇인지 모르겠다는 겸손한 결론에 도달했다. 이미 알려진 두 가지 유형의 암흑물질, 즉 중성미자neutrino와 블랙홀black hole은 전체 암흑물질의 단지 작은 부분으로 여겨진다.

해왕성의 중력이 천왕성에 작용하는 중력의 1%보다 작은 경우와는 달리, 여기서 우리가 고려하는 상황에는 필요한 여분의 중력은 수백 퍼센트에 달한다. 암흑물질 문제를 푸는 것은 우주에 대한 우리의 이해에 심오한 변화를 요구한다고 해도 과언이 아니다. 처음 암흑물질이 과학계의 주목을 받게 만든 것은 은하단에 관한 연구인데, 그 연구는 거의 반세기 동안 무시되어 왔다. 요즘 들어 다시 은하단은 암흑물질 해결의 중요한 연구대상 중 하나가 되었다.

에드윈 허블Edwin Hubble과 그의 동료들이 나선형 및 타원형 성운이 수십 억 개 심지어 수조 개의 별을 포함하는 은하임을 밝혀내고, 몇 년 후 그와 밀트 후마손Milt Humason은 은하의 무작위적인 움직임을 측정하여 은하단의 은하가 매우 큰 무작위 속도를 가지고 있음을 발견했다. 프리츠 츠비키Fritz Zwicky(1933; 1937)는 이 정보를 사용하여 머리털자리 은하단Coma Cluster과 처녀자리 은하단Virgo Cluster의 전체 은하단 질량이 엄청나게 크다는 것을 보여주었다.

물체의 질량을 결정하는 기본 방법은 물체 주변에 작용하는 중력으로 인한 가속도를 측정하는 것이다. 예를 들어 태양으로부터의 행성 거리와 행성이 한 궤도를 완료하는 데 걸리는 시간을 알면 궤도 속도와 구심 가속도를 계산할 수 있다. 이 자료를 이용하여 질량과 반경에 따라 결정되는 중력을 고려하면 질량이 산출된다. 이것은 레이더 거리 측정을 통해 거리를 정확하게 측정할 수 있으며, 궤도의 시간은 내부 행성에 대해서는 수개월, 외부 행성에 대해서는 수년으로 측정할 수 있기 때문에 우리 태양계에서 쉽게 적용할 수 있다. 수십억 광년 떨어져 있는 은하와 은하단의 경우 수억 년마다 한 번씩 회전하기 때문에 이 과정은 좀 더 복잡해지지만, 동일한 기본 물리학을 적용할 수 있다.

츠비키는 별들 전체에서 발견되는 것보다 10배에서 100배 더 많은 물질이 있어야 은하단이 떨어져 나가는 것을 막을 수 있다고 추정했다. 그는 이러한 미지의 물질이 광학 망원경으로는 감지할 수 없는 고온 가스의 형태로 존재할 가능성이 있음을 암시하여 암흑물질이라는 용어를 만들었다.

사실, 지난 30년 동안 엑스선 망원경은 은하계에서 수백만 도에 이르는 거대한 가스 구름을 발견했다. 엑스선 관측을 통하여 고온 가스의 질량을 측정할 수 있다. 예를 들어, 머리털자리 은하단에 있는 뜨거운 가스의 질량은 별들(조 단위의 개수) 전체 질량의 약 5배에 해당하는 것으로 나타났다(24쪽 그림 7). 그것은 많은 물질이지만, 충분하지는 않다. 엑스선 망원경은 또한 내부에서 외부까지 고온 가스의 온도, 밀도 및 압력의 변화를 측정할 수 있다.

고온 가스의 압력이 거리에 따라 작아지는데, 이는 지구의 중력에 의해 붙들려 있는 지구 대기에서의 압력과 유사하다. 동일한 이론으로 고온 가스를 머리털자리 은하단에 붙들고 있는 데 필요한 중력을 계산할 수 있다. 이 계산에 의하면 암흑물질의 질량이 은하단 내의 모든 별과 고온 가스의 질량보다 약 5~6배 더 커야 한다. 시카고 대학의 아담 만츠Adam Mantz와 그의 동료들(2014)은 40개의 은하단 샘플에서 찬드라 관측자료를 사용하여 이러한 측정을 확인하고 정확하게 계산하였다. 이 연구진은 암흑물질의 질량이 은하단의 별과 고온 가스의 바리온baryon 물질의 양보다 5.7배, 7.6배 큰 것을 밝혀냈다. 물리학자들은 양성자와 중성자로 구성된 물질을 바리온 물질baryonic matter이라 부르며, 전자와 중성미자로 된 물질을 경입자 물질leptonic matter과 암흑물질로부터 구별한다. "baryonic"과 "leptonic"이라는 용어는 그리스어에서 "무겁다"와 "가볍다"라는 뜻으로 사용된다. 다시 말하면, 은하단의 모든 물질 중 암흑물질은 81~87%를 차지한다. 더구나, 은하단은 우주의 모든 물질에 대한 평균 정도의 표본을 나타내는 것으로 생각된다. 따라서 이 찬드라 자료는 별과 가스가 우주의 모든 물질 중 단지 약 16%를 차지한다는 것을 의미한다. 나머지는 암흑물질이다.

암흑물질에 대한 증거는 많고 자세하며 은하단의 엑스선 관측에 국한되지 않는다. 이전에 광학 및 전파 천문학자들은 나선은하에서 바깥 지역의 회전 속도에 집중하여 연구해 왔는데, 그들은 츠비키의 은하단에 대한 관한 연구를 대체로 모르고 있었다. 은하가 한 번 회전을 하는 데 수억 년이 걸리더라도 천문학자들은 빛의 몇 가지 기본 원리를 사용하면 은하가 얼마나 빨리 움직이는지를 결정할 수 있다. 첫 번째 원리는 알려진 유형의 원자에서 나오는 빛이 특징적인 패턴 또는 스펙트럼을 지닌다는 것이다. 두 번째 원리는 움직이는 광원으로부터 나오는 빛은 파장이 광원의 움직임에 비례하는 양만큼 이동된다는 것인데, 이는 오스트리아의 물리학자인 크리스티안 도플러Christian Doppler, 1803~1853의 이름을 따서 도플러 편이doppler shift로 알려진 효과이다. 광원이 관측자 쪽으로 이동하면 더 짧은 파장으로 보인다. 광원이 멀리 이동하면 빛의 파장이 길어진다. 이 변화량은 광원의 속도에 따라 다르다. 교통 경찰은 차량의 속도를 측정하기 위해 동일한 원리를 사용한다. 그들은 레이더 총을 사용하여 알려진 파장의 레이더 파를 차량에서 반사하게 한 후 반사된 파의 파장을 측정하여 차량의 속도를 결정한다. 은하 일부의 스펙트럼을 관찰하고 이를 기준 스펙트럼과 비교함으로써 도플러 편이를 측정할 수 있고, 그 정보로부터 빛을 생성하는 가스의 속도를 결정할 수 있다.

1970년대 베라 루빈Vera Rubin과 그녀의 동료들은 도플러 기법을 사용하여 나선은하의 가장자리에 있는 가스 구름이 너무 빠르게 회전하여, 은하 내에서 관측된 별과 가스의 중력이 가스 구름을 붙들고 있기 어렵다는 것을 알아냈다(Rubin과 Ford 1970; Ford, Rubin과 Roberts 1971; Rubin 1980; Rubin, Ford와 Thonnard 1980). 이를 설명하려면 별과 가스의 5배에서 10배의 질량을 지닌 다량의 암흑물질이 필요하다. 거의 같은 때에 전파 망원경을 사용했던 모턴 로버츠Morton Roberts와 아놀드 랏츠Arnold Rots도 유사한 결론을 냈다(Roberts와 Rots 1973; Roberts 1976). 그 이후에 발표된 두 가지 관측분석 결과가 암흑물질의 존재를 지지해주었다. 하나는 지금까지 알려진 가장 작은 은하들에 대한 관측연구이고, 다른 하나는 우주배경복사의 분석연구이다(그림 8). 우주배경복사는 약 140억 년 전 우주의 탄생과 연관된 뜨거운 원시 우주 불덩이에서 나온 빛의 유물이다.

왜소은하dwarf galaxy는 희미하여 눈에 띄지 않고 단지 몇 백만 개의 별을 가지고 있지만 암흑물질을 이해하는 데 중요한 역할을 할 수 있다. 가까운 왜소은하에서 별들의 무작위 운동을 측정한 결과, 이러한 은하는 보통 은하보다 훨씬 더 많은 암흑물질이 필요하다는 것을 알게 되었다. 왜소은하는 보통 은하보다 적은 양의 엑스선 및 감마선을 방출해서 암흑물질 입자의 붕괴 또는 소멸로 인해 생성될 수 있는 엑스선 또는 감마선 신호를 탐지하기가 상대적으로 쉽다.

우주의 우주배경복사는 은하와 은하단이 형성되기 훨씬 전 나이가 수십만 년인 137억 년 전 우주를 보여준다. 이때 우주는 주로 양성자, 전자, 광자, 중성미자 및 암흑물질로 구성된 팽창하는 가스였다. 우주의 우주배경복사의 강도는 거의 모든 방향에서 동일하지만, 백분율의 일부로 표시된 작은 변화가 감지되었다.

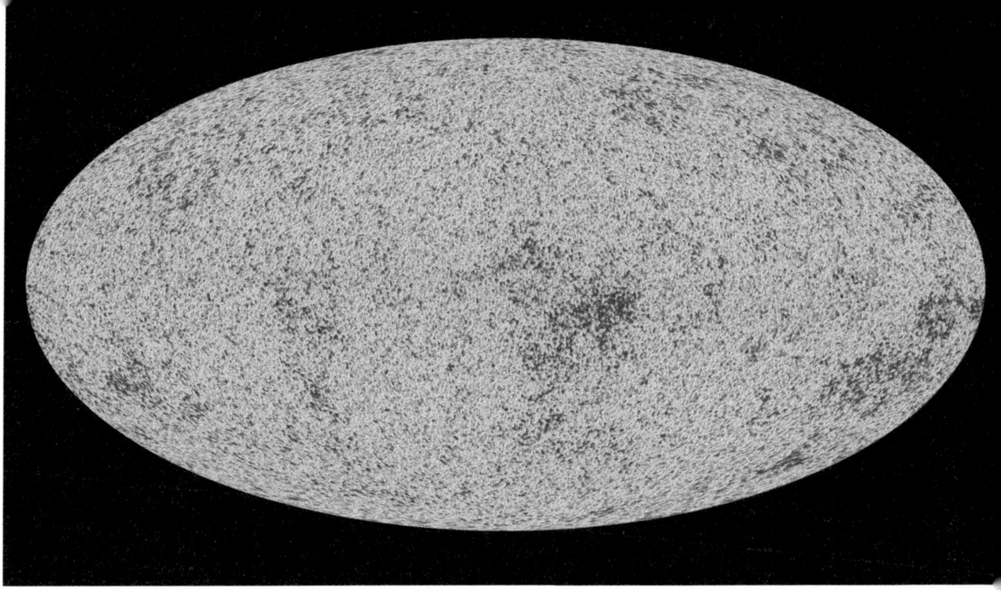

8 | 우주의 우주배경복사

ESA의 플랑크 탐사선(Planck mission)이 관측한 섬세한 우주의 우주배경복사 지도. 이는 우주가 약 40만 년이 되었을 때 각인되었다. 이 지도는 작은 온도 변동을 보여주기 위해 특별히 만들어졌다. 온도 단위는 마이크로 켈빈(micro-Kelvins)이다. 켈빈은 절대 영도(−273℃) 위의 섭씨 온도를 나타낸다. 가장 낮은 온도 영역(파란색)은 오늘날의 별과 은하의 씨앗이 된 밀도가 높은 지역이다.

이러한 변화 또는 변동은 온도가 평균보다 조금 높거나 낮은 물질 덩어리로 인해 발생한다. 뜨겁고 팽창하는 가스에서 이러한 덩어리가 성장하는 비율은 광자, 바리온, 중성미자 및 암흑물질의 다양한 혼합물에 따라 계산할 수 있으며, 이 덩어리는 우주의 마이크로파 배경에 흔적을 남기게 된다. 음향 피크acoustic peak라고 하는 두드러진 흔적은 덩어리가 수축하며 생기는 음파에 의해 남는다. 미항공우주국NASA의 WMAPWilkinson Microwave Anisotropy Probe 위성과 유럽우주국European Space Agency, ESA의 플랑크 인공위성을 통한 우주의 마이크로파 배경 관측 결과는 음향 피크의 이론에 근거하여 우주가 약 85%의 암흑물질과 15%의 바리온을 포함하고 있음을 보여준다. 우리는 직접적인 관측을 통하지 않고, 그 불타는 기간 동안 물질 핵들의 잔여물을 보게 되면, 빅뱅의 처음 몇 분까지 시간적으로 훨씬 더 과거로 되돌아 갈 수 있게 된다. 여기에 중요한 핵은 하나의 양성자와 하나의 중성자로 구성된 중수소deuterium이다. 보통 수소는 핵 안에 오직 하나의 양성자만을 가지고 있다. 중성자는 양성자보다 약간 무거우며, 자유 중성자는 약 15분 안에 양성자로 붕괴된다.

9 | 총알 은하단

두 개의 작은 은하단이 충돌했을 때 형성되는 총알 은하단(Bullet Cluster)의 합성 이미지. 찬드라 엑스선으로 감지한 고온의 가스인 분홍색 덩어리는 하위 은하단의 보통물질 대부분을 함유하고 있다. 오른쪽에 있는 총알 모양의 덩어리는 하위 은하단의 고온 가스이며, 이는 충돌하는 동안 왼쪽의 더 큰 하위 은하단을 통과했다. 광학 이미지를 배경으로 나타냈는데, 마젤란 망원경(Magellan Telescope)과 허블 우주 망원경이 관측한 은하를 오렌지색과 흰색으로 표시하였다. 청색 영역은 중력렌즈효과에 의해 결정된 암흑물질을 포함하는 총 질량의 분포를 나타낸다.

그러나 온도가 충분히 높으면 음전하를 띤 전자가 양전하를 띤 양성자로 강제로 합치게 되어 중성자를 만들 수 있는데 이런 현상은 우주의 나이가 3초 미만이고 온도가 섭씨 약 60억 도일 때 일어난다. 그 때, 중성자의 수는 양성자보다 약 1/6 정도였다. 중성자와 양성자는 결합하여 중수소가 될 수 있었지만, 감마선이 새로 형성된 중수소 핵을 빠르게 파괴해버리고, 이러한 상황은 온도가 섭씨 약 10억 도 또는 우주의 나이가 약 2분이 될 때까지 지속된다. 그 후에는 중수소 핵이 생존할 수 있고, 거의 모든 중성자는 양성자와 결합하여 중수소 핵을 형성하게 된다. 그런 다음 2분 만에 매우 신속하게 거의 모든 중수소 핵이 결합되어 헬륨 핵을 형성한다. 우주의 나이가 약 20분이 될 무렵에, 우주는 냉각되고 밀도는 낮아져서, 몇 억 년 후에 원자들이 별들 속에서 다시 모일 때까지 더 이상의 핵반응은 일어나지 않게 된다.

몇몇 중수소 핵은 빅뱅 이후 처음 몇 분 동안을 살아남아 오늘날 성간과 은하간 구름에서 발견되고 있다. 살아남은 양은 중수소 핵을 헬륨 핵으로 결합시키는 핵반응의 속도에 따라 달라진다. 이 반응 속도는 반응에 참여할 수 있는 중수소 핵이 얼마나 많은지에 따라 달라진다. 이는 또한 그 당시 우주의 물질 밀도에 따라 달라진다. 시간을 거꾸로 생각하여, 우주의 있는 바리온 물질의 비율을 계산할 수 있고, 결과는 약 15% 정도로 다른 방법으로 얻어낸 결과와 완전히 일치한다.

또 다른 독립적인 증거가 은하단의 암흑물질이 많음을 알려준다. 아인슈타인의 일반상대성이론에 따르면, 공간은 강한 중력장 근처에서 휘어져 있다. 중력에 의한 공간 왜곡의 한 결과는 멀리 있는 은하로부터의 빛의 경로가 유리 렌즈가 빛을 굴절시키는 것과 거의 같은 방식으로 은하단 근처를 통과할 때 휘어진다는 것이다. 은하의 이미지는 이 "중력렌즈효과gravitational lensing effect"에 의해 은하단의 질량에 따라 왜곡된다. 이런 방법으로 은하단의 암흑물질의 양을 추정할 수 있고, 이는 엑스선 관측으로부터 얻은 양과 잘 일치한다.

중력렌즈효과는 찬드라의 엑스선 관측과 함께 암흑물질의 존재에 대한 가장 사실적이고 확실한 증거를 제공한다. 첨부된 총알 은하단Bullet Cluster의 이미지는 (30쪽 그림 9) 엑스선을 방출하는 고온 가스(분홍색)와 별들에서 나오는 가시광선(오렌지색과 흰색)을 보여준다. 엑스선 관측에 따르면 총알 은하단은 가장 에너지가 높은 관측현상 중 하나로, 고속으로 충돌하는 두 개의 큰 하위 은하단으로 구성되어 있다. 중력렌즈효과를 사용하여 천문학자들은 은하단의 총 질량 중심(파란색)이 고온 가스의 중심과 떨어져 있음을 추론하였다. 이 분리는 두 하위 은하단 사이의 빠른 충돌로 인해 발생했을 가능성이 크다. 각 하위 은하단의 고온 가스는 공기 저항과 유사한 저항력에 의해 움직이는 속도가 줄어든다. 대조적으로 암흑물질은 충돌에 의해 느려지지 않는데, 그것은 암흑물질은 중력을 통하는 것 이외에는 그 자체 또는 가스와 약하게 상호 작용하거나, 또는 전혀 작용하기 않기 때문이다. 암흑물질의 질량은 유령처럼 서로 통과하여 뜨거운 가스보다 앞서 이동하여 이미지에서 보이는 분리 현상을 일으키게 된다.

은하단 간의 이러한 격렬한 충돌은 드물지만, MACSJ0025.4−1222(그림 10)를 포함한 6개의 다른 은하단을 통해 총알 은하단의 결과를 확인할 수 있다. 종합하면 우주에서 가장 많은 물질이 암흑물질이라는 결론이 나온다.

그러나 모든 과학자들이 이러한 결론을 받아들이는 것은 아니다. 1980년대 암흑물질에 대한 최초의 증거가 발표된 이래, 회의론자 그룹은 중력 법칙을 수정함으로써 암흑물질의 증거를 보여주는 모든 관측 사실을 설명할 수 있다고 주장해왔다. 이 가운데 주목할 만한 인물은 이스라엘의 와이즈만 연구소Weizmann Institute의 모르데카 밀그롬Mordecai Milgrom인데, 그는 자신의 이상을 실현시키기 위해 전통적인 천체 물리 이론가로서의 경력을 포기하고 지난 32년 동안 자신의 모델에 관한 99개의 논문을 출판했다(예, Milgrom 1983). 수정된 중력 이론에서는 암흑물질이 없기 때문에, 중력장은 총알 은하단에서 관찰되는 것과는 반대로 뜨거운 가스와 공간적으로 일치해야 한다. 밀그롬은 총알 은하단과 그와 유사한 은하단의 관측 사실이 그의 이론에 문제를 제기하고 있음을 인정하지만, 아직 포기하지는 않았다. 그는 최근의 논문(2015)에서 "반짝이는 것이 모두 금이 아닌 것처럼, 모르는 모든 것이 암흑물질이 아니다. 총알 은하단에서 보이는 것은 단지 은하단의 고유한, 아직 탐지되지 않은 적은 양의 바리온 물질을 암시하는 것일 수도 있다."라고 기술하였다.

암흑물질의 본성이 확실하게 알려질 때까지 우리는 열린 마음을 가져야 한다. 일단 관련 분야를 연구하는 대부분의 천체 물리학자들은 암흑물질이 존재하고 있다고 가정하고, 그것을 발견하거나 그것들이 우리가 볼 수 있는 바리온 물질에 어떻게 영향을 미치는지를 알아내도록 연구해야 한다.

10 | MACSJ0025.4-1222 은하단

고속으로 합병하는 두 하위 은하단을 보여주는 이미지. 대부분 고온 가스 형태의 보통물질의 분포는 분홍색으로 표시되며, 전체 질량-주로 암흑물질-의 분포는 파란색으로 표시된다. 은하는 흰색과 청색이다. 찬드라를 통해 알려진 고온 가스(약 섭씨 7천만 도)의 분포는 분명히 은하와 암흑물질의 분포와 다르다. 이미지의 크기는 각 거리로 3.2분인데, 이는 약 지구에서 56억 광년 떨어진 거리를 고려하면 400만 광년에 해당한다.

11 | 엘 고르도 은하단

지구로부터 70억 광년 떨어진 엘 고르도 은하단(EL Gordo Galaxy Cluster) ACT-CL J0102-4915의 허블 망원경 가시광선 자료(빨강, 초록, 파랑) 위에 덮어씌운 찬드라 엑스선 자료(분홍)의 합성 이미지. 태양 3천조 개의 질량으로 추정되는 이 은하단의 엄청난 질량 때문에 천문학자들은 이 은하단에 엘 고르도(스페인어로 "뚱보")란 별명을 붙였다. 푸른색 구름으로 보이는 총 질량의 분포(약 80%는 암흑물질)는 중력렌즈효과의 작용에 의해 결정되었다. 엑스선 이미지는 엘 고르도가 마치 한 혜성의 모습을 가진 것 같이 보이게 해준다. 가시광선 자료와 더불어 이 이미지는 엘 고르도가 시간당 수백만 km의 속력으로 충돌 중인 두 은하단들의 산물임을 드러낸다. 총알 은하단(그림 9)과 마찬가지로, 각 은하단 안의 뜨거운 가스는 충돌로 인해 느려졌지만 암흑물질은 그렇지 않다. 이 이미지는 약 770만 광년을 가로지르는 지역을 담고 있다.

3

이 차가운 암흑물질 가설의 매력적인 특징은

그것의 상당한 예측 능력이다.

조지 블루먼솔 외, 〈차가운 암흑물질로 은하들과 거대 규모 구조 형성하기〉, 1984

차가운 암흑물질

암흑물질dark matter의 존재가 입증되고 있다는 관점에서 볼 때 천체물리학 분야, 사실은 모든 물리학 분야에서 풀어야 할 가장 시급한 문제는 "암흑물질이 무엇인가?"하는 질문이다.

우리는 이 질문에 대한 답을 모르지만, 그것이 무엇이 아닌지는 점점 더 명확해지고 있다. 앞 장에서 논의했듯이, 우주 안에 존재하는 중수소 양에 대한 관측들, 우주배경복사에서 보이는 미세한 요동 패턴, 그리고 은하단들에 대한 찬드라의 관측은 모두 우주 안에 바리온 물질보다 약 5~6배의 암흑물질이 있다는 결론을 보여주고 있다.

블랙홀은 이상적인 암흑물질 후보다. 그러나 질량이 큰 별의 붕괴에 의해 생성된 항성 질량 블랙홀stellar mass black hole은 바리온 물질로 만들어져 있어 후보가 될 수 없다. 그러나 우주의 나이가 몇 초가 되기 전인 극초기 우주에서 원시 블랙홀이 만들어졌을 가능성이 있다. 그런 경우에는, 원시 블랙홀primordial black hole은 중수소와 헬륨을 생성하는 핵반응이 일어나는 시점 이전에 이미 존재했을 것이고, 우주 마이크로파 배경에 소위 음향 피크의 규모를 설정하는 과정에 참여하지 않았을 것이다.

1974년 영국 케임브리지 대학의 스티븐 호킹Stephen Hawking은 호킹 복사hawking

radiation로 알려지게 된 과정에 의해 블랙홀이 수십억 년 안에 증발할 것이라고 예측한 논문을 발표했다. 이 복사는 빈 공간 또는 진공이 실제로는 비어있지 않기 때문에 발생한다. 대신에 그것은 극도의 짧은 시간 동안 불쑥 들어왔다 나가는 모든 종류의 가상 입자들이 들끓는 바다이다. 이것은 양자론의 불확실성 원칙에 따라 에너지가 진공으로부터 차용될 수 있기 때문에 가능하지만 또한 에너지가 신속하게 상환돼야 한다. 빌린 금액이 클수록 더 빨리 상환돼야 한다. 예를 들어, 전자와 양전자(전자의 반입자)로 구성된 가상 입자 한 쌍을 만들기 위한 에너지는 10해분의 1초 안에, 공식 과학 용어를 사용하면 1 zepto second 안에 상환돼야 한다.

호킹은 블랙홀 근처에 가상 입자 한 쌍이 만들어지면 그중 하나는 소멸되기 전에 블랙홀에 빨려 들어가고 다른 하나는 우주로 빠져 나갈 가능성이 있음을 보여주었다. 이 경우 한 가상 입자는 실제가 된다. 이를 위한 에너지는 블랙홀에서 나온 것이므로 그 블랙홀은 이 과정을 통해 서서히 에너지와 질량을 잃는다.

호킹 복사는 약하다고 예측되는데 실제로 검출된 적이 없지만 몇 회의론자들이 있음에도 불구하고 블랙홀 천체 물리학 분야의 대부분의 전문가들은 이 과정의 일부는 반드시 발생해야 한다고 생각한다. 호킹 복사의 한 결과는 1조 kg(대략 작은 혜성의 질량) 미만의 질량을 가진 블랙홀들은 빅뱅 이후 138억 년 동안 모든 질량을 방출한 것을 보여준다. 혜성보다 큰 질량을 지닌 블랙홀들은 원칙적으로 미시중력렌즈gravitational microlensing로 검출될 수 있다. 미시중력렌즈는 원시 블랙홀이 별 앞을 지나갈 때 그 배경 별로부터의 복사 안에 검측 가능한 짧은 신호가 나타나는 현상이다. 지금까지 이런 현상을 관측하는 데는 실패했다. 현재 상황으로는 소수의 천체물리학자들이 원시 블랙홀들이 암흑물질을 설명해 줄 것으로 믿고 아직 확인되지 않은 미확인 입자에 주의를 집중하고 있다.

알려진 유형의 어느 입자도 암흑물질이 되기 위한 필요조건에 맞지 않는다는 사실은 천문학뿐만 아니라 물리학에도 심오한 함의를 지니고 있다. 모든 원자는 핵과 전자로 구성되어 있고 모든 핵은 단지 여섯 가지 유형의 쿼크로 구성되어 있음을 말하는 소위 입자 물리학의 표준 모델은 소립자의 존재 유형을 설명해 주었고, 또 한 때 발견되지 않았던 입자들의 존재를 예측하는 데 많은 성공을 거두었다. 그러나 표준 모델은 암흑물질을 설명하기 위해서 수정돼야 한다.

입자 물리학자들 사이에서 선호하는 후보들의 한 범주는 제안된 표준 모델의 확장인 초대칭supersymmetry 이론이다. 알려진 입자들은 두개의 일반적인 부류 중 하나에 속한다. 입자들은 이탈리아 물리학자 엔리코 페르미Enrico Fermi의 이름을 따서 명명된 페르미온fermion이거나, 인도 물리학자 사티엔드라 보즈Satyendra Bose의 이름을 따서 명명된 보오존boson이다. 모든 원소를 구성하는 양성자, 중성자, 그리고 전자들은 혼자 있기 좋아해서 다른 페르미온들과 같은 양자 상태를 공유하는 것을 원하지 않는다. 이것은 좋은 일이다. 그렇지 않다면 우리 스스로를 포함한 우리가 알고 있는 물질은 존재하지 않을 것이다. 각 원자의 전자들은 연속적으로 더 큰 껍질 또는 궤도를 차지해야 하기 때문에 지구상에 발견되는 정상 상태의 원자들은 지나치게 가까이 쥐어짜질 수 없다. 이 세상의 모든 물질이 밀집된 방울이 되지 않은 것이 바로 이런 이유 때문이다. 페르미온과 달리 보오존은 여러분의 관점에 따라 좀 더 사교적이거나 덜 차별적이다. 많은 보오존들은 같은 상태를 차지할 수 있다. 가장 친숙한 보오존은 빛의 입자인 광자이다. 그리고 물론 표준 모델에서 중요한 입자인 힉스 보오존higgs boson이 있다. 힉스 보오존은 영국 물리학자이며 1964년에 그러한 입자의 존재를 제안한 여섯 명의 물리학자 중 하나인 피터 힉스Peter Higgs의 이름을 따서 명명됐다. 힉스 보오존은 보이지 않는 장field인 힉스 장higgs field에서 기원되었다고 가정한다. 이 장은 모든 공간을 채우며 또 바리온과 경입자가 어떻게 질량을 얻는지를 결정하는 데 근본적인 역할을 한다. 힉스는 스위스 제네바에 있는 거대 중입자 충돌기Large Hadron Collider, LHC에서 일하는 물리학자들에 의해 2012년에 발견되었다. 그 다음 해, 힉스와 벨기에 물리학자인 프랑수아 엥글레르Francois Englert는 힉스 보오존 연구에 대한 공로로 노벨 물리학상을 공동수상했다.

초대칭이라 불리는 이론의 일반적인 부류는 각 페르미온을 한 보오존 파트너에 또는 그 반대로 연결시킨다. 광자는 페르미온 파트너로 포티노photino를 가진다. 전자는 보오존 파트너로 셀렉트론selectron을 가진다. 그리고 다른 것들도 마찬가지다. 이 입자들은 전기적 중성이어야 하기 때문에 종종 뉴트랄리노neutralino라는 일반 이름으로 묶여 불린다. 그렇지 않으면 이 입자들은 전자기장과 상호작용하고 빛을 생성하게 될 것이다. 초대칭 이론에 따르면 뉴트랄리노는 빅뱅 초기 순간의 초고온 상태에서 풍부하게 생성되고 암흑물질을 설명할 수 있을 정도로 충분히 생존한다.

그것은 모두 부기 또는 계정 정산으로 요약된다. 아인슈타인의 유명한 공식 $E = mc^2$가 지닌 여러 심오한 함의 중 하나는, 충분히 높은 에너지를 가진 두 개의 입자들(말하자면 광자들)의 충돌은 입자, 반입자antimatter의 새로운 쌍을 만들 수 있다는 것이다. 빅뱅 초기의 고온, 고밀도 상태에서 우주는 극도로 높은 에너지를 가진 광자들로 채워졌고, 이들은 방대한 양의 입자와 반입자를 만들었다. 한 입자의 반입자는 그 입자와 같은 질량을 가지고 있지만 반대 전하를 가지고 있다. 이러한 입자–반입자 쌍 중 일부는 암흑물질 입자일 수 있다. 입자–반입자 쌍 생성에 반하는 역과정은 입자와 반입자가 서로 소멸되며 두 개의 광자를 생성하는 과정에서 발생한다. 소멸의 빠름은 충돌수의 빠름에 따라 달라진다. 이것은 다시 입자들의 밀도와 속력에 의존하는데, 이 둘 모두 초기에는 매우 컸지만 우주가 팽창하고 식음에 따라 빠르게 감소했다. 원시 입자 국물primordial particle soup에는 탄생과 파괴 사이의 평형에 의해 결정된 함량을 가진 매우 다양한 종류의 입자들이 담겨 있다. 그 상황은 우주 은행 계좌에 비유할 수 있는데, 입자의 예금과 출금이 계속되면서 한 입자 계좌의 잔고는 예금과 출금에 따라 결정된다.

진행 중인 냉각은 입자들의 에너지에 따라 다양한 입자의 계좌를 효과적으로 닫았다. 더 무거운 입자에 해당하는 고에너지 계정은 더 무거운 입자를 만들기 위해서 더 많은 에너지를 가진 광자가 필요하기 때문에 저에너지 계정보다 먼저 닫혔다. 팽창의 초기 단계에서, 새로운 입자는 생성되지 않았고 오래된 입자는 반입자 파트너와 함께 소멸되었기에, 이것은 무거운 입자의 계정을 고갈시키는 효과가 있었다.

우주 진화 초기의 한 임계점에서 우주는 여전히 고에너지 광자들 간 충돌에 의해 입자–반입자 쌍이 생성될 수 있을 정도로 충분히 뜨거웠다. 그러나 입자들이 서로를 발견하여 소멸되기 전에 가스가 팽창하고 엷어졌다. 한 입자의 반입자는 어디엔가 있었지만, 이 둘이 만날 기회가 급속히 줄어들고 있었다. 그러고 나서 입자들은 팽창에 관한 세부 사항들과 그 입자들의 질량에 의해 결정된 개수로 존재하도록 "얼어 붙었다."

은행 계좌에 비유하자면, 자산 즉 특정 입자–반입자의 함량이 동결된다. 이 동결 과정은 약하게 상호 작용하는 무거운 입자 또는 WIMP Weakly Interacting

Massive Particle가 빅뱅big bang 후 1조분의 1초 안에 생성되었을 수 있음을 의미한다. 가상 입자인 WIMP의 질량은 매우 불확실하지만 대부분의 추정치는 양성자 질량의 몇 배에서 수백 배의 범위 안에 있다.

WIMP는 선호되는 암흑물질 후보이지만 비활성 중성미자sterile neutrino, 액시온axion, 비대칭 암흑물질asymmetric dark matter, 거울 암흑물질mirror dark matter 및 외재성 암흑물질extradimensional dark matter을 포함한 다른 가능성들도 적극적으로 고려되고 있다. 이들 중 비활성 중성미자는 엑스선으로 붕괴될 가능성이 있어서 최근 가장 많은 주목을 받기도 했다(4장 참조).

입자 물리학자들은 빅뱅 후 1조분의 1초의 조건과 유사한 조건을 만들기 위해 LHC를 사용해서 암흑물질을 설명할 수 있는 표준 모델의 수정본을 도출하려 힘쓰고 있다. 하지만 천체 물리학자들은 공간을 주의 깊게 관찰하면서 수퍼 컴퓨터에 의해 만들어진 시뮬레이션을 길잡이로 활용하고 있다.

천체 물리학자들은 일반적으로 암흑물질의 정확한 성격에 대한 논쟁에서 어느 한편을 들지 않는다. 오히려 그들은 암흑물질 입자 후보들을 은하와 은하단을 형성할 가스 덩어리가 처음으로 자라기 시작한 결정적인 시기에 그 가상 입자가 가지는 속력과 관련된 세 가지 넓은 범주로 분류한다.

> **뜨거운 암흑물질**: 은하와 은하단을 형성할 덩어리가 처음으로 자라기 시작한 때 광속에 가까운 속력으로 운동하는 중성미자와 같은 입자들
>
> **차가운 암흑물질**: 은하 형성 이전 가스가 생성되기 시작했을 때 천천히 운동하던 입자들
>
> **따뜻한 암흑물질**: 뜨거운 암흑물질과 차가운 암흑물질 사이의 속도를 가진 입자들

뜨거운 암흑물질 입자는 매우 빠르게 움직여서 은하 한 개 정도 질량을 지닌 덩어리들이 빠르게 분산되었을 것이다. 수천 개 은하들의 질량을 가진 구름, 즉 한 은하단 크기의 구름만이 형성될 수 있었다. 이 구름들이 작은 구름들로 부서지고 그리고 이들이 은하들이 될 수 있을 정도의 더 작은 구름들로 부서졌을 것이다. 다시 시간을 돌리면, 은하가 없는 구름이 발견될 것이다. 조금 후에 더 작

은 구름, 그 다음엔 형성 과정에 있는 은하들의 무리로 조각나고 있는 구름들이 발견될 것이다. 별 형성 과정에서도 비슷한 것이 관측된다. 큰 구름들은 별들의 무리로 조각나는 작은 구름들로 부서진다. 이 과정이 은하와 같은 더 큰 규모에서도 그렇게 작동하리라고 기대하는 것은 합리적으로 보인다.

그러나 우주는 이 합리적인 계획에 협조하지 않았다. 은하들이 처음 생성될 때 우주는 상향식 과정bottom-up process을 선호하는 것처럼 보였다. 이것은 은하 크기 질량이나 더 작은 규모의 덩어리로 될 수 있는 차가운 암흑물질로 성취될 수 있다. 은하들이 먼저 형성된다. 그러면 은하들은 무리들로 합쳐진다. 그리고 이 역과정에서 무리들은 은하단이 되기 위해 모인다. 차가운 암흑물질 모델은 은하들이 어떻게 형성되었는지를 이해하는 데 있어 우리를 중요한 돌파구로 이끌었다. 그것이 없었다면 천체 물리 모델을 만드는 사람들은 꼼짝할 수 없었다. 확실히 덩어리는 빅뱅 원시 가스 안 중력의 영향 아래 형성된 것이지만 은하들을 만들기에 충분할 정도 빠르게 성장하지는 않았다.

처음 몇 십만 년 동안 보통물질은 대부분 원시 가스에서 자유롭게 돌아다니는 양성자와 전자로 구성되어 있었다. 전자가 수소 원자를 만들기 위해 양성자와 결합하기에는 여전히 너무 뜨거웠다. 광자와 전자 사이의 빈번한 충돌은 물질 덩어리가 너무 빨리 붕괴되는 것을 막는 압력을 만드는 효과가 있었다. 타이어 펌프의 피스톤을 압축하면 근본적으로 같은 일이 발생한다.

일단 전자와 양성자가 원자를 형성하기 위해 결합하면, 양성자와 전자 사이의 충돌수는 급격히 줄어들게 되고 또 압력도 내려가게 되고 따라서 중력이 그 무리들을 압축할 수 있다. 그러나 컴퓨터 시뮬레이션은 이것이 너무 작고 또 너무 늦었음을 알려주고 있다. 수십억 개의 별을 가진 은하들이 빅뱅 후 수십억 년에 이미 형성되었다는 관측을 설명하기에 충분할 만큼 은하들이 빨리 자라기는 어렵다. 수십억 년은 긴 시간이지만 우주급팽창에 대립하는 요소였다. 만약 중력이 가스들을 빠르게 끌어당길 수 없었더라면 위 모델들이 제안한 일들은 전혀 일어나지 않았을 것이고, 그래서 우리는 은하도 없고, 별도 없고, 행성도 없는 우주 안에서 꼼짝도 하지 못하고 있을 것이다. 분명히 이것은 받아들일 수 없는 것이었다.

이 문제는 차가운 암흑물질을 도입해서 해결되었다. 암흑물질은 광자에 의한 영향을 받지 않기 때문에 암흑물질 덩어리는 광자 압력을 느끼지 못하고 더 많은 암흑물질을 붕괴시키고 당길 수 있으며 그로 인해 은하 형성에 시동을 걸 수 있었다. 레이첼 서머빌Rachel Somerville과 로밀 데이브Romeel Dave(2015)가 말했던 것처럼, 수치적 방법론과 컴퓨터 연산 속도의 발전으로 시도된 이 돌파구는 "차가운 암흑물질 모델의 패러다임 내에서 구조의 공식화를 시뮬레이션할 수 있는 우리 능력의 탁월한 발전"을 가능하게 했다.

은하와 은하단의 형성에 관한 상세한 컴퓨터 시뮬레이션은 일반적인 주장들을 뒷받침해 왔다. 찬드라 이미지들은 은하군과 하위 은하단의 합병에 의해 만들어지는 은하단들의 많은 예들을 제공한다(34쪽 그림 11, 43쪽 그림 12). 차가운 암흑물질 가설의 기본 개요가 거대 규모에 정확하다는 것은 의심의 여지가 거의 없는 것으로 보인다. 그러나 서머빌과 데이브는 같은 논문에서 이렇게 주의를 주고 있다. "지금까지 발표된 모델들에 포함된 물리적 과정들은 은하의 진화를 완전하게 서술하기에는 충분하지 않을 수 있다. 그래서 많은 우여곡절과 놀라움이 앞으로의 연구에서 밝혀지게 될 것이다."

암흑물질의 매력적인 측면 중 하나는 단순성이다. 그것이 무엇이든, 그것은 단지 존재한다. 그것은 은하와 은하단의 형성을 설명하고자 하는 컴퓨터 시뮬레이션에서 다루기 쉽게 만들어준다. 그것은 중력을 통하지 않고는 다른 물질들과 작용하지 않기에 자기장에 의해 방향을 바꾸지도 않고, 복사에 의해 에너지도 잃지 않고, 다른 입자들과의 충돌로 인해 이리저리 튀지도 않는다. 그렇지 않을까? 컴퓨터 모델과 관측이 더 정교해짐에 따라 차가운 암흑물질 패러다임에 대한 몇 가지 문제들이 떠올랐다.

더 작은 규모에서는, 그러니까 은하의 중심부와 왜소은하 안에서는 위 모델에 대한 수정이 필요하다는 징조가 있다. 문제는 차가운 암흑물질의 중력에 영향을 받는 은하의 붕괴는 그 은하 중심에 있는 암흑물질의 밀집도에 급속도로 증가함 또는 뾰족함을 만들어야만 한다는 것이다. 그러나 천문학자들은 그러한 (밀집도의) 뾰족함을 관측하지 못했다. 대신 암흑물질 밀집도는 중심부 방향으로 부드럽게 증가한다. 이 문제는 초기에 발견되었지만 연구자들은 일반적으로 암흑물질 뾰족함의 결핍이 컴퓨터 시뮬레이션의 미세하지 않은 거친 특성과 은하와 은하단 중심부에서 암흑물질의 양을 측정하는 어려움의 한계를 아우르는 결과라고 가정하였고, 또 그것이 사실이길 희망했다. 20년간의 두 분야에 대한 극적인 개선 이후에도 위의 불일치는 여전히 남아 있다. 은하 중앙 지역에 대한 가시광선 관측이 그것을 확인해 주었다. 카네기 천문대의 앤드류 뉴먼Andrew Newman이 이끄는 천문학자 팀은 은하단의 중심부에서 암흑물질의 밀집도가 급격하게 정점에 이르기보다는 평평하게 떨어짐을 보이기 위해 허블 우주 망원경과 하와이 마우나케아산에 있는 수바루Subaru 망원경 및 켁 천문대의 가시광선 자료와 함께 아벨Abell 383 은하단에 대한 찬드라 엑스선 자료를 사용했다.

최근의 시뮬레이션은 초신성supernova이나 초대질량 블랙홀supermassive black hole의 존재와 관련된 활동에 의한 중심부로의 에너지 주입을 설명하는 것이나 또는 더 큰 은하들로 떨어지는 작은 은하들의 효과가 은하 규모에서는 그 문제의 전부는 아니더라도 일부분을 해결할 수 있다는 것을 제시한다. 그러나 이 과정들이 은하단에서 작동한다는 것은 명확하지 않다. 아벨 383 중심부의 암흑물질의 상대적인 결핍이 확인된다면, 이는 알려지지 않은 비중력적 힘에 의해 암흑물질 입자들이 서로 상호작용할 수 있다는 증거가 될 수 있으며 그렇게 될 때 차가운 암흑물질 모델에 대한 수정이 필요하다.

은하단 간의 충돌은 암흑물질 입자들의 상호 작용을 측정하기 위한 실험실을 제공한다. 충돌하는 은하단 내 별들이 서로 마주칠 기회는 극히 희박하다. 별이 크더라도 그들은 매우 멀리 떨어져 있어 밤에 지나가는 배처럼 서로 지나쳐 간다. 반면에 뜨거우며 엑스선을 방출하는 가스의 구름은 크고, 두 은하단이 충돌할 때 그 효과는 빠르게 달리는 오토바이 운전자가 경험하는 바람의 효과와 비슷하다. 오토바이 운전자의 헬멧이 단단히 매어지지 않았다면, 자신의 동작으로 인해 생긴 바람 또는 충차압ram pressure이 그 헬멧을 날려버릴 것이다. 같은 방식으로, 두 개의 은하단이 시속 수백만 km의 속력으로 충돌할 때 별들은 계속해서 원래 방향으로 나아가는 반면 가스 구름은 충차압을 경험하며 속력이 떨어지게 된다.

만약 암흑물질이 스스로 충돌한다면, 고온 가스만큼은 아니지만 암흑물질은 별 뒤로 뒤쳐져야 한다. 총알 은하단에서 별과 암흑물질의 분리가 관측되지 않은 것이 두 암흑물질 입자들 간의 충돌 빈도수에 제한을 준다. 이 충돌 빈도수 한계는 암흑물질 입자 간 충돌이 은하단 중심부의 암흑물질 밀집도에 대한 뾰족함이 결핍된 것을 설명할 수 있다는 가능성을 허용한다. 스위스 로잔 공과대학의 데이비드 하비David Harvey가 이끄는 연구는 은하단 간의 72번 충돌에 관한 찬드라와

12 | EMSS 1358 + 6245 은하단

약 40억 광년 떨어진 용자리(Draco)에 있는 이 은하단들의 찬드라 이미지. 찬드라 엑스선 분광 자료와 함께 이 이미지는 과학자들이 이 은하단 내 암흑물질의 질량이 정상 물질의 네 배 정도임을 결정하도록 허용한다. 암흑물질의 상대적인 비율은 은하단 중심부 방향으로 증가하고, 이 증가량의 정확한 측정은 천문학자들이 은하단의 암흑물질 입자들이 얼마나 빨리 서로 충돌하는가에 대한 한계를 이해할 수 있도록 해준다. 이 한계치는 우주 물질의 가장 일반적인 형태로 생각되는 암흑물질의 성질을 이해하려는 탐구에서 매우 중요한 정보이다.

허블 우주 망원경의 관측이 암흑물질 자체 상호작용 단면적(두 입자 사이의 충돌 확률)이 이전 한계의 절반에도 미치지 못한다는 것을 보여줬다. 이 한계는 충돌하는 암흑물질이란 선택에 대한 문을 닫는 것과 매우 비슷하다. 다른 과정들이 은하단 중심부의 암흑물질 밀집도에 대한 뾰족함 결핍을 일으키는 것처럼 보인다. 그러나 뾰족함의 부재를 확인하기 위해선, 중심부로 유입되는 에너지나 은하단의 중심부를 향해 떨어지는 더 작은 위성 은하들에 의한 암흑물질의 섞임을 설명하는 더 상세한 시뮬레이션과 함께, 더 많은 관측이 필요하다.

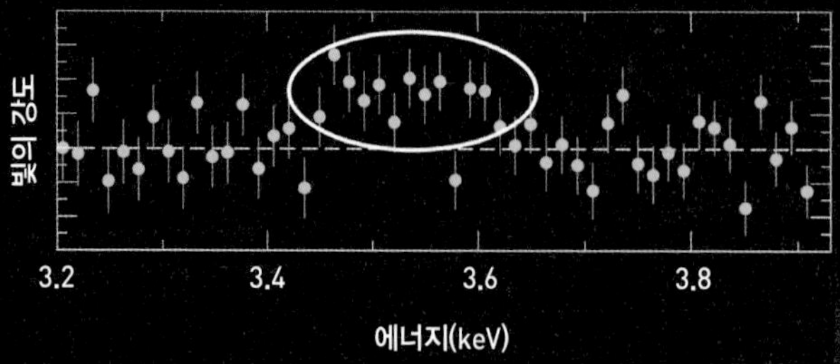

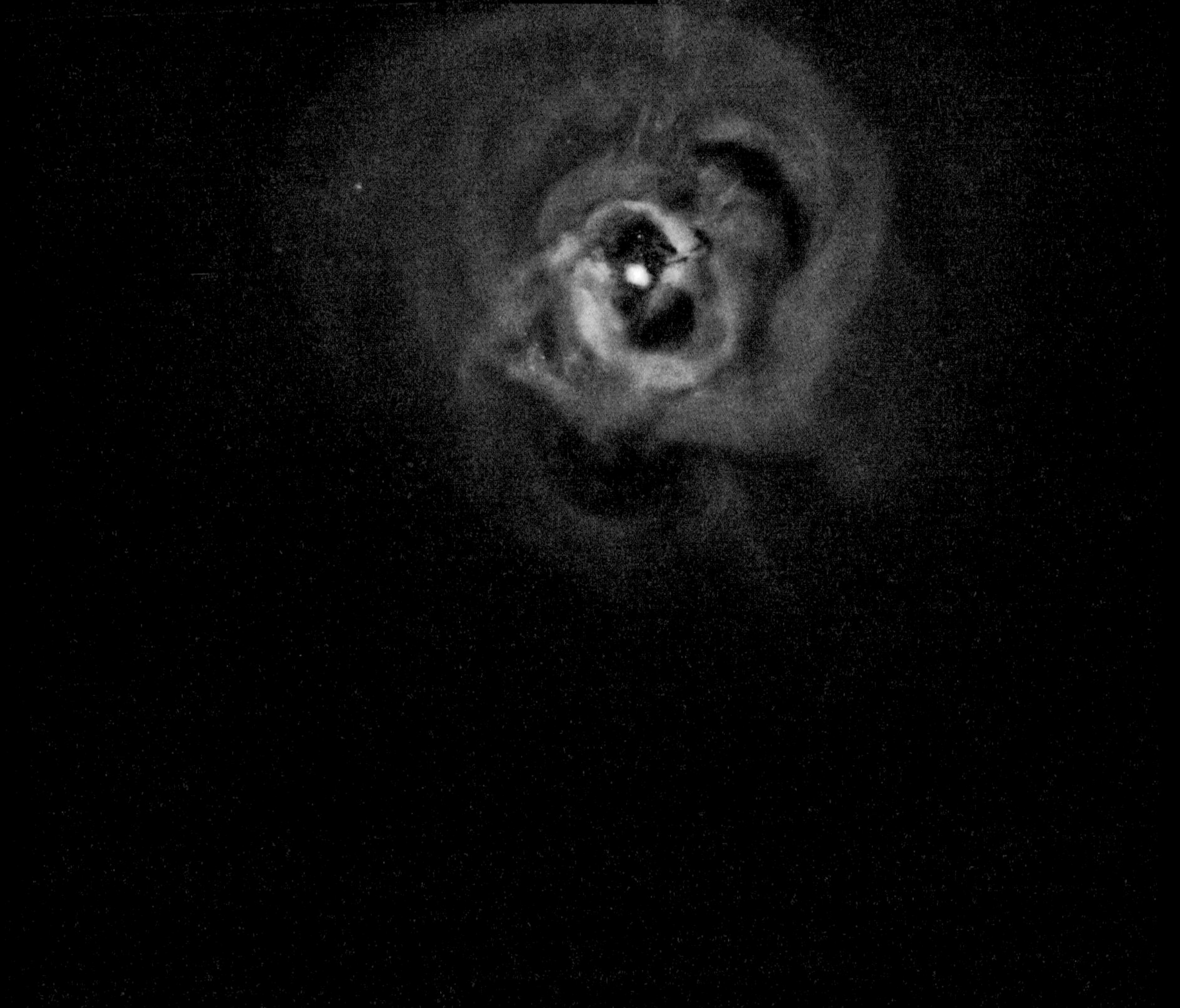

13 | 페르세우스 은하단

페르세우스 은하단 중앙부의 고온 가스를 보여주는 찬드라 이미지. 저에너지, 중에너지, 그리고 고에너지 엑스선은 각각 빨간색, 녹색 및 파란색으로 구분된다. 이 이미지의 면적은 가로가 약 768,000 광년이다. 가능한 암흑물질 붕괴 신호는 이미지 위쪽에 삽입된 엑스선 에너지(keV)의 함수로 엑스선 밝기를 보여주는 그래프에서 원으로 표시된다.

4

집게자 아저씨, 어서 와서 바나나를 세어주세요.

낮이 되었으니 저는 집에 돌아가고 싶어요.

자메이카 전통 민요

암흑물질이 바나나가 되다

바코드는 우리 주변 어디에서나 보이는 것이다. 50년 이상 사용된 바코드는 사람, 제품 및 위치를 식별할 때 쓰인다. 이를 한 번도 마주치지 않고 지나가는 날은 거의 없다. 마찬가지로, 천체 물리학자는 연구하는 중에 스펙트럼이라 불리는 우주의 바코드를 보지 않거나 참조하지 않고 지나가는 날은 거의 없다.

독일의 유리 제작자이자 광학 기계상, 요제프 프라운호퍼Joseph Fraunhofer가 2세기 전에 최초의 분광기를 발명하여 불빛과 태양의 스펙트럼선을 확인하는 데 사용한 후, 천문학자와 물리학자는 이를 널리 사용하기 시작했다. 1860년대에 독일 물리학자 구스타프 키르히호프Gustav Kirchhoff와 화학자 로베르트 분젠Robert Bunsen은 다양한 화학물질의 스펙트럼을 조사하고 분류하는 실험 프로그램을 시작했다. 그들은 분광학이 화합물에 존재하는 화학 원소를 확인하는 데 사용될 수 있으며, 이러한 원소 중 일부는 태양에 존재한다는 것을 보여줬다. 같은 시기에 영국의 천문학자인 윌리엄 허긴스William Huggins과 마가렛 허긴스Margaret Huggins는 분광기를 사용하여 별들이 지구에서 발견되는 것들과 동일한 원소들로 구성되어 있다는 것을 보여줬다. 뉴턴의 만유인력 법칙과 함께, 원소의 스펙트럼을 제어하는 구조인 원자 구조를 제어하는 물리법칙은 우주 전체에서 동일하다는 것을 암시해 주기 때문에 이 발견은 근본적으로 중요한 것이었다.

스펙트럼선의 기원은 20세기 초 양자 이론이 발전되기까지는 이해할 수 없었다. 양자 이론에 따르면, 핵에 결합되어 원자를 형성하는 전자는 자유롭게 움직일 수 없다. 그들의 움직임은 원자 구조를 지배하는 양자 규칙에 의해 엄격하게 규제된다. 이 규칙은 전자의 운동을 특정 에너지 준위 또는 양자 상태로 제한한다. 이러한 에너지 준위는 층계의 계단으로 유추할 수 있다. 층계를 오르내리려면 한 계단에서 다른 계단으로 이동하지, 계단 사이로 이동할 수 없다. 한 번에 두 계단 이상 이동할 수 있지만 절반 계단은 불가하다. 마찬가지로, 원자 내의 전자는 한 에너지 준위 또는 양자 상태에서 다른 준위로 이동할 수 있으며, 심지어 어떤 이동은 다른 것보다 훨씬 가능성이 높다. 주어진 이동의 가능성 또는 확률은 양자 역학의 원리로부터 계산될 수 있다.

전자가 하나의 양자 상태에서 더 낮은 상태로 이동하면, 그들은 광자를 방출한다. 이때 나오는 광자의 에너지는 양자 상태의 변화와 관련된다. 전자가 하나의 고유한 준위에서 다음 준위로 점프해야 한다는 양자학적 제한 때문에, 광자는 원자 에너지 준위의 배열에 의해 결정되는 고유의 에너지를 가지게 된다.

예를 들어, 수소 원자로부터 나오는 방사선은 무지개 색의 빨강에서 파랑까지 전체적으로 퍼져있지 않다. 오히려 스펙트럼선이라고 하는 매우 좁은 범위의 에너지 또는 파장에 집중되어 있다. 수소 원자에 의해 방출된 방사선의 패턴을 주의 깊게 연구하면 수소 원자의 준위에 관한 바코드를 볼 수 있게 된다. 모든 수소 원자에 대한 원자 바코드는 동일하다. 당신의 뒷마당의 새 집에 있는 물에서 추출한 수소 원자는 목성이나 성간 가스 구름에 있는 수소 원자와 같은 기본 구조를 가지고 있다. 수소는 어디에 있거나 같은 수소이고, 수소 원자 바코드와 일치하는 스펙트럼선을 찾으면 수소를 찾을 수 있다.

이런 방식으로 천체 물리학자들은 별들이 주로 수소로 만들어졌고, 약간의 헬륨과 소량의 탄소, 질소, 산소, 철 등과 같은 더 무거운 원소들로 혼합되어 있음을 알게 됐다. 이 무거운 원소들은 태양과 비슷한 농도이며, 전체의 몇 퍼센트 수준이다. 변화가 있긴 하지만, 성간 가스interstellar gas와 은하단galaxy cluster에 있는 가스에도 거의 같은 비율이 적용된다. 이러한 차이는 가스의 역사에 대한 결정적인 단서가 된다. 무거운 원소는 별에서 생성된 다음 점차적으로 또는 폭발적으로 우주로 방출되어 성간 가스의 무거운 원소의 양을 변화시키게 된다.

가장 오래된 것으로 알려진 별들은 비교적 초기 상태의 가스로부터 130억 년 전에 형성되었다. 관측에 따르면, 이 별들에 있는 무거운 원소들의 양은 태양의 것보다 수천 배 더 적다. 이는 새로운 별들이 생기는 장소인 성간 가스가 시간이 지남에 따라 무거운 원소들이 점점 풍부해진다는 명백한 증거이다. 은하단의 은하들 사이에 있는 가스는 태양의 약 30% 정도의 무거운 원소를 가지고 있다. 가장 오래된 별에서 결손만큼 극단적인 것은 아니지만, 이 차이점은 은하의 초신성에 의한 물질 방출로 인해 무거운 원소가 은하단 가스에 축적되는 과정이 진행 중임을 나타낸다. 은하단의 엑스선 스펙트럼에 대한 연구는 은하에서 무거운 원소들의 축적 과정을 연구하는 주요 수단 중 하나이며, 이는 또한 초신성의 빈도와 유형에 관한 중요한 정보를 알려준다.

2001년 어바인에 있는 캘리포니아 대학의 케브르크 아바자이안Kevoork Abazajian과 그의 동료들은 은하계의 엑스선 스펙트럼에는 암흑물질의 약하지만 검출 가능한 신호가 포함되어 있을 것이라고 제안했다. 그들의 주장은 암흑물질이 그 후보로 제안된 가상의 입자인 비활성 중성미자의 형태로 존재한다는 가설에 기반을 뒀다. 비활성 중성미자가 존재한다면, 수십억 년의 기간 동안 엑스선으로 붕괴될 것이다.

44쪽 그림 13은 페르세우스 은하단의 중심부의 찬드라 데이터에서 미확인된 엑스선 신호를 보여준다. 이 신호는 엑스선 에너지(kiloelectron volts 또는 keV로 표시)에 따른 엑스선 밝기 그래프로 보이는데 이 그림에서 원으로 표시된 데이터 점들이다. 이 신호는 ESA의 XMM-Newton 망원경을 사용하여 수집된 73개의 다른 은하단의 데이터에서도 볼 수 있다. 특정한 에너지(이 경우 약 3.56 keV)에서 높은 강도로 보이는 이 미확인 엑스선 방출선은 상당한 흥분과 논쟁을 불러일으켰다.

이 엑스선 방출선에 대해 가능한 흥미로운 설명 중 하나는 이 방출선이 비활성 중성미자의 붕괴에 의해 생성된다는 것이다. 이 방출선을 찾아내는 것은 감도 측면에서 찬드라와 XMM-Newton 망원경의 기능을 최대로 해야 하기 때문에, 관련된 과학자들은 조심스러워했다. "우리는 암흑물질의 설명이 어렵다는 것을 알고 있지만 우리가 옳다면 그 결과는 엄청날 것"이라고 연구를 주도한 하버드-스미스소니언 천체물리 연구소CfA의 에스라 벌불Esra Bulbul(2014c)은 말했다. "그래서 우리는 이 해석을 계속 시험해보고, 어디로 우리를 이끌어 갈지를 알게 될 것입니다." NASA의 고다드 우주 비행 센터의 공동 저자인 맥심 마르케비치Maxim Markevitch(2014)는 동의했다. 그는 또 "우리는 비활성 중성미자를 발견했다고 확신하기까지 해야 할 일이 많습니다. 그러나 그것을 찾아낼 수 있다는 가능성은 저희를 아주 흥분시키고 있습니다(2014)."라고 상황을 설명했다.

또한 다른 많은 과학자들도 흥분하게 되었다. 벌불과 그녀의 동료들이 공개적으로 접근 가능한 천체 물리학 데이터베이스인 Astro-ph에 자신의 논문을 올려놓은 지 수개월 안에 많은 연구 활동을 촉발시켰다. 이 논문은 암흑물질의 가능한 증거로서 방출선을 논하는 이론을 주로 포함하는 55개의 새로운 논문에서 인용되었다. 어떤 논문은 비활성 중성미자의 해석을 연구했고, 다른 것들은 엑시온과 같은 다른 유형의 암흑물질 입자가 검출되었을 수도 있다고 제안한다.

네덜란드 레이던 대학의 알렉세이 보이스키Alexey Boyarsky가 이끄는 다른 그룹은 벌불 등의 발표 10일 후에 Astro-ph에 유사한 논문을 게재했다. XMM-Newton 망원경을 이용하여 안드로메다 은하와 페르세우스 은하단 외곽을 관측하여 같은 에너지에서 방출선을 찾았다고 발표하였다. 이 논문은 방출선이 사실이고, 기계적 오류에 인한 것이 아니라는 증거를 강화시켰다.

그러나 일부 과학자들은 다른 이유로 흥분하였다. 발견되고 얼마 되지 않아 깊은 회의론을 담은 논문들이 Astro-ph에 개시되었다. 반대는 두 가지 측면에서 이루어졌다. 하나는 데이터 분석이 제대로 되지 않았고 신호가 존재하지 않는다는 주장이다. 또 다른 반대 의견은 이 방출선이 고도로 이온화된 칼륨, 염소 또는 아르곤 원자에 의해 설명될 수 있다는 주장이다. 칼륨으로 설명할 수 있는 가능성은 캘리포니아 대학 산타크루즈 캠퍼스의 테슬라 젤테마Tesla Jeltema와 스테파노 프러퓨모Stefano Profumo(2014a)가 "암흑물질 조사가 바나나로 가다: 3.5 keV 방출선에 대한 칼륨 (및 염소)의 기여"라는 제목으로 Astro-ph에 발표했는데, 이 제목은 바나나의 높은 칼륨 함량에 따른 것이다. 저널 편집자들이 장난스러운 제목을 원하지 않아, 이 논문의 제목은 "은하 중심에서 3.5 keV 방출선의 발견과 천문학적 대상에서 방출선의 기원에 대한 비판적 시각"(2015)으로 출판되기 전에 변경되었다.

벌불과 그녀의 동료들은 염소가 아닌 칼륨과 아르곤이 수수께끼의 방출선을 설명할 수 있다고 인정했지만, 그 원소의 양은 우주의 다른 장소에서 보통 관찰된 것의 10배가 되어야 한다고 주장했다. 그렇게 말하지는 않았지만, 다른 말로 표현하자면, 너무 많은 바나나가 필요하다는 것이다. 런던 자연사 박물관의 케네스 필립스Kenneth Phillips, 브로츨라프에 있는 폴란드 과학원의 바버라 실베스터Barbara Sylwester와 야누슈 실베스터Janusz Sylwester는 반드시 그런 것은 아니라고 반박하였다. 태양 및 다른 별의 플레어에서 아주 많은 양의 칼륨 이온이 관측된 적이 있었던 것이다. 마지막으로 뮌헨의 막스 플랑크 천체물리학 연구소의 마이클 엔더슨Michael Anderson과 동료들(Anderson, Churazov, 그리고 Bregman 2015)은 찬드라와 XMM–Newton 망원경을 이용하여 170개의 은하들에서 이 수수께끼 방출선을 찾아보았으나 아무것도 발견하지 못했다. 일부 이론가들은 검출하지 못한 것은 문제가 되지 않을 수도 있다고 밝혔다. 중성미자 붕괴를 일으키는 일부 과정은 빠르게 움직이는 암흑물질 입자에서 우선적으로 발생하는데 이러한 입자들은 은하보다는 거대한 은하단에 더 많이 있는 것으로 알려져 있다. 또 다른 가능성은 비활성 중성미자를 엑스선으로 변환하는 것이 특정 강도의 자기장을 필요로 하기 때문에 어떤 천체에서는 관찰되고 다른 천체에서는 관측이 안 되는 것은 놀라운 일이 아니라는 것이다. 이러한 논문들과 수십 개의 다른 논문들에서 얻을 수 있는 유일한 결론은 이 시점에서 비활성 중성미자가 암흑물질을 설명할 수 있는지에 대한 대답이 없다는 것이다.

비활성 중성미자는 천체 물리학자들 사이에서 관심을 끌고 논쟁을 일으킨 가장 최근의 암흑물질 후보이지만, 유일한 것이 결코 아니다. 이러한 논쟁 중 가장 주된 것은 차가운 암흑물질 WIMPWeakly Interacting Massive Particles(약하게 상호작용하는 무거운 입자)로, 위에서 설명한 바와 같이 이 입자는 감마선 및 쿼크quark로 붕괴될 것으로 예상된다. 사실 12개 이상의 그룹이 암흑물질 붕괴의 감마선 신호를 탐지했다고 주장했다. 그러나 하버드 대학의 탄수 데이란Tansu Daylan과 그의 동료들은 다음과 같이 논평했다. "모든 것은 아니라도 대부분의 신호는 암흑물질과 관련이 없으며, 대신 천체 물리학적, 환경적, 기계적 배경의 일정 조합에 기인한다. 그러한 잘못된 경보의 빈도를 감안할 때, 새로운 신호가 실제로는 암흑물질 붕괴의 결과라고 결론짓기 전에 매우 높은 기준을 적용하는 것이 현명할 것이다." 데이란과 공동 저자들(2014)은 한발 더 나아가 이러한 비판은 자신들의 연구에는 적용되지 않는다고 말했다. "그러나 이 논문에서 설명한 감마선 신호는 이전에 보고된 것보다 암흑물질의 검출일 가능성이 훨씬 더 높다는 데 충분한 이유가 있다."고 설명하면서 이는 강력한 신호가 검출되는데 이 신호는 "기이한 또는 뜻밖의 특징이 없는" 쿼크로의 붕괴 때문에 가능하다고 주장한다.

그러나 프러퓨모는 공동 저자인 에릭 칼슨Eric Carlson과 함께, 회의론자의 역할을 다시 하면서, 데이란과 그의 동료의 결과는 단지 또 하나의 잘못된 경보이며 "기이하다"는 것은 보는 사람에 따라 달라진다고 논평했다. 최근 Astro-ph에 발표를 통하여 그들(2014)은 은하 중심의 초과분은 최근에 고에너지 양성자가 주입된 것으로 쉽게 설명되며 "초과분을 설명할 수 있는 표준적인 천체 물리학적 메커니즘이 없다는 것을 주장하는 것은 이르다."고 주장하였다.

따라서 암흑물질의 수수께끼가 풀렸다는 데 대하여 여전히 의심의 여지가 많다. 그리고 그 발견은 하늘뿐 아니라 지구와 거대 중입자 충돌기Large Hadron Collider, LHC와 같은 특별한 장소에서도 계속된다. 이 연구는 찬드라와는 관계가 없지만 암흑물질 검색과 관련이 있다.

만일 WIMP가 암흑물질이라면, 우리는 암흑물질의 바다에서 수영하고 있으며, 10억 개 이상의 WIMP가 매 초마다 우리 몸을 통과하게 된다. 그렇다면 왜 망원경이 필요할까? 왜 지구상에 탐지기를 설치하지 않나? 많은 물리학자들은 이런 생각을 해왔고, 일부는 자신의 경력 중 상당 기간 동안 연구비를 모으고, 암흑물질을 탐지하기 위해 기기를 만들고, 찾지 못하면 더 큰 탐지기를 만들기 위해 더 많은 돈을 모으고 있다.

문제는 WIMP의 "약하게 상호작용하는"이라는 부분이다. 암흑물질을 찾기 위한 실험은 영웅적인 성격을 띠고 있다. 거대 지하 크세논 검출기Large Underground Xenon, LUX에는 전화 부스 크기의 용기에 368 kg의 액화 크세논이 들어 있다. 이 검출기는 사우스다코타주에 있는 폐금광 지하 약 1.6 km 깊이에 초순수 물로 채워진 7.6 m짜리 수조에 들어있다. 수백 kg의 요오드화 나트륨 결정체를 사용하는 DAMA / LIBRA 실험은 이탈리아의 그란사소산에 약 1.6 km 깊이에 묻혀 있다. 이 실험들의 기본 목표는 WIMP와 상호작용에 의해 생성된 매우 희미한 빛의 섬광을 탐지하는 것이다.

지금까지 LUX 실험은 성공하지 못했지만, LUX의 과학자들은 2016년 말까지 계속 실험했다. 그러나 다른 과학자들은 LUX가 너무 작아, 질량이 100배 정도 큰 탐지기가 있어야 예상되는 WIMP를 볼 수 있다고 생각한다. 2019년으로 예정된 증축 계획에서는 현재보다 약 20배의 액체 크세논을 더 사용하게 된다.

LUX 실험에서의 부정적인 결과 보고와는 달리, DAMA / LIBRA 실험자들은 긍정적인 검출 결과를 주장했다. 그러나 소수의 과학자들만 성원을 보내고 있다. 그들은 실제 신호이지만 암흑물질과 다른 것, 예를 들어 암석에서 침출된 중성자의 붕괴에 의해 생성된 것으로 보인다는 데 동의했다. 비활성 중성미자에 대한 논란과 마찬가지로, 이러한 회의론은 물리학계에서 오랜 친구들 사이의 관계를 다소 뒤틀어지게 만들었다.

실험실에서 직접 암흑물질을 찾거나 간접적으로 천문학 관측을 하는 수동적인 접근법을 취하기보다, 입자 물리학자들은 암흑물질을 만들어보고자 시도했다. 암흑물질 입자는 아마도 빅뱅의 처음 몇 나노 초에서 생성되었기 때문에 온도가 1000조 도(10^{15})°C였을 때의 조건을 재현하는 입자 가속기가 암흑물질을 생성할 수도 있다.

LHC가 이를 수행하는 적절한 기계일 수 있다. 스위스와 프랑스 아래에 있는 9.6 km 길이의 터널에서 이 놀라운 장비는 양성자를 빛의 속도의 99.999994%로 가속시켜 정면충돌을 일으켰다. 2012년에 과학자들은 충돌 잔해에서 오랫동안 추구된 힉스 보오존에 대한 설득력 있는 증거를 발견했다. 다음 실험에서는, 단지 시작에 불과하지만, 빛의 속도의 99.999998%로 증가하게 된다. 이는 거의 증가하지 않는 것처럼 보이지만 이러한 속도에서는 이 증가분은 입자의 에너지를 두 배로 증가시킨다. 아마도 암흑물질은 쿼크와 중성미자의 가설적 초대칭 파트너인 스쿼크squark나 스누트리노sneutrino의 형태로 되어있을 수도 있다. 이 연구를 통하여 물리학자들이 암흑물질에 대한 증거를 포함하여 흥미로운 것을 볼 수 있다고 여기는 새로운 에너지 영역으로 들어가게 된다.

일부 이론적 아이디어는 암흑물질 입자의 질량과 에너지가 LHC의 범위를 넘어서 있다고 생각한다. 대기에 의해 산란되는 감마선으로부터 빛의 섬광을 포착하기 위해 향후 10년 동안 100개 이상의 지상 망원경을 건설할 예정인 국제 프로젝트인 체렌코프 망원경 군Cherenkov Telescope Array은 LHC의 10배의 에너지에 해당되는 새로운 창을 열 것이다.

비관론자들에게는, 마리오 리비오Mario Livio와 조 실크Joe Silk(2014)가 최악의 시나리오라고 부른 말이 있다. “첫째, 기존의 많은 연구들이 가정하고 있듯이, 암흑물질은 한 종류의 입자가 아닐 수 있다. 둘째, 입자는 중력만으로 상호작용할 수 있으며 기존 감지기에는 실제로 보이지 않을 수 있다.”

여기에 많은 사람들이 최악의 시나리오보다 더 나쁜 시나리오라고 생각하는 말도 있다. 즉, “암흑물질은 존재하지 않는다.”라는 말이다. 리비오와 실크는 대부분의 천체 물리학자들의 태도를 반영하여 같은 책에서 다음과 같이 언급했다. “대부분의 연구자들은 특히 실험 방법이 아직 열려 있기 때문에 새로운 물리 법칙이 필요하지 않다고 생각한다. 그러나 불쾌한 놀라움은 항상 가능하다.” 그렇지만, 불쾌한 놀라움이란 것은 놀란 사람에 따라 다르다는 사실을 기억해두자.

FANTASTIC
UNIVERSE

14 | 아벨 2052 은하단

지구에서 4억 5천만 광년 떨어져 있는 아벨(Abell) 2052라는 은하단의 합성 이미지. 찬드라 엑스선 자료는 파랑색으로, ESO(European Southern Observatory)의 VLT(Very Large Telescope)로 관측한 광학 자료는 오렌지색으로 표현되었다. 아벨 2052는 지난 70억 년 동안에 은하단의 탄생율과 성장률이 감소되고 있다는 관측적 사실을 보여주기 위해 사용되고 있는 86개의 은하단 중에서 하나이다. 찬드라 망원경에 의해 발견된 수천만 도에 달하는 거대한 나선구조는 거의 백만 광년에 걸쳐 퍼져 있는데 이는 은하단이 커지고 있는 현상에서 비롯된 효과이다. 작은 은하단이 큰 은하단에 빨려 들어가고, 두 개 은하단의 합성 중력의 작용 아래 뜨거운 가스들이 철벅거리며 튀어나오게 된다. 이 이미지를 가로지르는 거리는 130만 광년 정도이다.

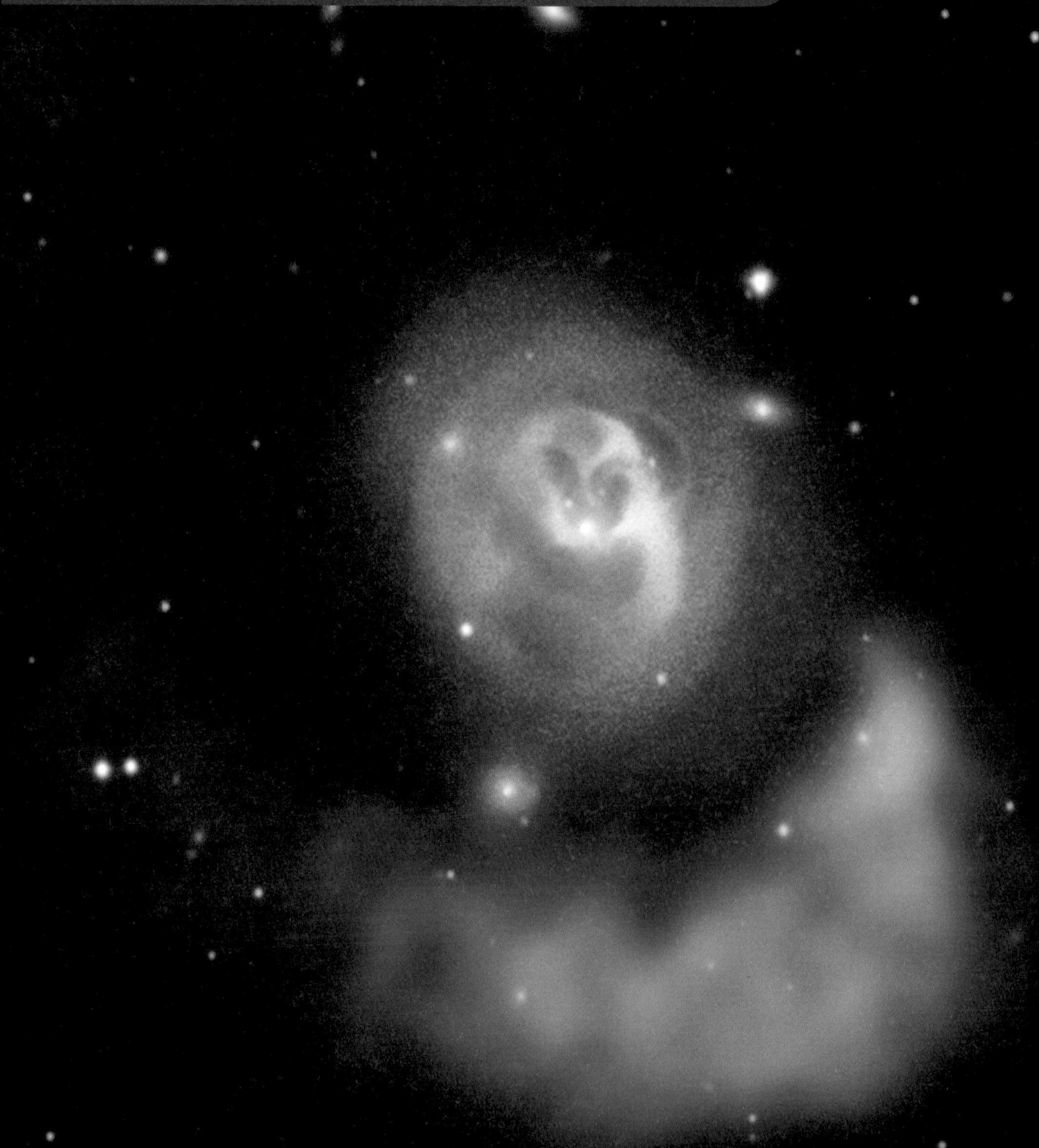

5

어둠 속 깊숙히 뚫어지게 바라보면서

오랫동안 나는 거기 서있었지.

이상하게 여기며, 두려워하며 …

에드거 앨런 포, 〈갈까마귀〉, 1845

경이로우면서도 무시무시한 캄캄한 곳

천문학자들은 캄캄한 곳을 깊숙이 그리고 오랫동안 바라보는 일을 한다. 그 캄캄한 곳에서 천문학자들이 최근에 발견한 사실들은 경이로움을 느끼게 해주었을 뿐만 아니라 암흑성dark star, 암흑물질dark matter과 암흑에너지dark energy 같은 보이지 않는 우주의 주요 특성들을 밝혀내주었다.

약 400년 전에 위대한 천문학자 요하네스 케플러Johannes Kepler는 밤에 하늘이 캄캄하다는 바로 그 사실이 우주의 본성에 대해 어떤 심오한 것을 드러내주고 있다는 것을 알아차렸다. 만일 우주가 무한하고 빛을 내는 별들로 균일하게 꽉차있다면 시선을 어디에 두든 그 시선은 결국 한 별의 표면에 도달하게 될 것이라고 케플러는 추론하였다. 그래서 별들 사이에는 캄캄한 빈 공간이 없고 하늘은 그래서 밤에 캄캄하면 안 되는 것이다. 케플러는 우주가 무한한 것이 아니라 유한하기 때문에 캄캄하다는 주장으로 문제를 해결하였다. 그러나 그 후 300년이 지났을 때 아인슈타인의 중력이론은 유한한 우주는 빛이 빠져나올 수 없는 휘어진 우주임을 밝혀주었기 때문에 케플러의 설명은 설득력을 잃게 되었다.

멀리서 오는 빛이 성간 가스에 의해 흡수되기 때문에 밤하늘이 캄캄하다는 주장 역시 이 문제를 해결해주지 못했는데, 가스는 결국 가열되어서 빛을 내기 때문이다. 별들과 은하들이 뭉쳐져서 점차 덩어리들의 간격이 커지기 때문에 밤하늘이 캄캄하다는 설명은 원리적으로는 가능하지만, 은하들을 관측하고 우주배경복사를 관측해서 밝혀진 우주가 거시적으로 볼 때 균일하다는 관측적 사실에 위배되기 때문에 받아들여질 수 없다.

시인 에드거 앨런 포Edgar Allan Poe가 150여 년 전에 〈유레카〉라는 산문시에서 암시했던 해결책은 우주가 정적이지 않지만 그렇다고 무한히 오래되지도 않았다는 것이다. 빅뱅이론은 현재 우리가 보고 있는 우주가 140억 년 전에 아주 밀도가 높은 상태에서 팽창해오면서 진화해오고 있다는 것을 가정하고 있다. 이런 빅뱅이론을 지지하는 증거들이 아주 많이 있다. 별들은 영원히 살지 않는다. 우주에 있는 모든 별들을 출발한 빛이 지구까지 도달하여 지구의 밤하늘을 별빛으로 균일하게 채우기에는 별들의 생애가 너무 짧다. 대부분의 별들은 죽어서 사라지게 되면서 밤하늘의 공간에 캄캄하고 텅 빈 공간을 많이 남겨놓게 되었다. 이 사실과 함께 우주가 팽창하면서 별빛의 파장이 사람의 눈에 보이지 않는 긴 파장으로 이동된다는 사실도 관측되면서 캄캄한 밤하늘이 왜 생겨나는지 이해할 수 있게 되었다.

과거 몇 년 동안 천문학자들은 관측을 통해 하늘이 우리가 생각했던 것보다 더 캄캄할 수도 있을 것이라고 밝혔다. 수십억 광년 떨어진 은하들에서 일어나는 Ia형 초신성type Ia supernova이라 불리는 특이한 별의 폭발에서 나오는 빛은 예측된 거리에서 나올 것이라 추측되는 빛보다 더 어둡다. 이 현상을 설명하는 데 3가지 가능성이 존재한다. 그런 초신성에서 나온 빛이 지구로 오는 과정에서 티끌이나 원자입자에 의해 흡수되어 버렸다는 것이 첫 번째 가능성이다. 두 번째 가능성은 초신성이 먼 과거에는 그렇게 밝지 않았을 것이라는 점이고, 세 번째 가능성은 추정된 거리가 오차가 심해서 실제 초신성은 생각보다 더 멀리 떨어져 있고 그래서 더 어둡게 보인다는 것이다.

지구로 오는 과정에서 티끌에 의해 희미해진다는 가능성은 배제될 수 있을 것 같다. Ia형 초신성의 고유 밝기 또는 광도는 이미 잘 이해되었다는 것을 보여주기 위한 수많은 연구가 지난 몇 년 동안 수행되었다. 이 연구는 상당히 가까운 곳에서 일어난 많은 Ia형 초신성 폭발의 연구 결과에 바탕을 두고 있다. 수십억 광년 떨어진 곳에서 관측될 수 있는 초신성은 다른 형태를 지닐 수 있거나 또는 별들이 다른 형태로 폭발했을 가능성은 있지만, 수백 개의 초신성들을 자세하게 연구해본 결과 이런 가능성은 희박한 것으로 밝혀졌다. 멀리 있는 초신성이 어두워진 것에 대해 가장 잘 설명해주는 것은 초신성 폭발이 일어난 은하들이 원래 추정되었던 것보다 10~15% 더 멀리 떨어져 있다는 것이다. 이 설명은 우주의 팽창이 감속되고 있지 않다는 놀라운 결론에 이르게 한다. 직관적으로는 은하들의 중력이 우주급팽창을 저지하는 작용을 해 팽창이 느려지게 할 것이라는 것이 분명해 보인다. 그러나 오히려 우주급팽창은 가속되고 있다. 돌멩이를 공중으로 던지는 장면을 생각해보자. 이때 이 돌멩이가 서서히 속도가 떨어져서 지구로 떨어지는 대신 지구를 떠나 우주공간으로 더 가속되어 나가는 것과 마찬가지 현상이 된다.

천문학자들은 어떻게 이런 우주에 관한 근본적인 사실을 지금까지 밝혀내지 못했을까? 어쨌든 우주급팽창은 거의 1세기 전에 발견되었다. 칠레나 하와이의 산꼭대기에 설치된 고성능의 망원경들뿐만 아니라 허블 우주 망원경을 자유자재로 사용하고 있다 할지라도 한 은하까지의 거리를 측정하는 것은 아주 어렵다. 그리고 천문학자들이 거리를 예측해서 전체 우주의 구성에 대한 우리의 사고를 바꾼다기보다는 오히려 그 거리예측이 틀리는 경우가 많았다.

이에 대한 설명은 간단하다. 은하들까지의 거리를 결정하는 일은 우리가 생각하는 것보다 아주 어렵다는 것이다. 대단히 어렵다. 천문학자 에드윈 허블Edwin Hubble(1936)은 이런 작업을 도전이라고 웅변적으로 표현하였다. "언젠가 우리는 망원경으로 가능한 최고의 한계에 도달할 것이다. 그때 우리는 그림자들을 측정하고 아주 드물게 일어나는 현상들을 관측한 결과에 내포되어 있는 작은 실수들을 찾아 나서게 될 것이다." 현재 허블의 이름을 따서 허블법칙, 허블상수 그리고 허블 우주 망원경 등의 명칭을 사용하고 있다.

팽창하는 우주에 대한 이야기는 아인슈타인의 연구와 함께 시작되었는데, 사실 아인슈타인의 연구와 함께 시작된 새로운 이야기들이 많이 있다. 1905년에 아인슈타인은 특수상대성이론을 발표하여 시공에 대한 우리의 개념이 상대적임을 보여주었는데, 특수상대성이론에서 이런 개념은 시간과 공간을 통과하고 있는 우리의 운동에 따라 달라진다. 아인슈타인은 이런 종속성에 대한 정확한 성질은 두 개의 원리를 조합함으로 결정될 수 있음을 보여주었다. 첫 번째 법칙은 상대성원리로 자연현상에 대한 실험은 서로 다른 실험실이 서로에 대해 움직이고 있다 할지라도 등속운동을 하고 있다면 어디에서나 같은 결과를 나타낸다는 것을 말해준다. 예를 들어 여러분이 만일 팔을 편 상태에서 손에 있는 공 하나를 아래로 떨어뜨린다면, 여러분이 정지해 있든지 등속으로 움직이고 있는 기차나 비행기 안에 있든지에 상관없이 그 공은 여러분 발끝에서 팔 길이 정도에 떨어지게 될 것이다. 두 번째 원리는 진공에서 빛의 속도는 일정하다는 것이다. 다시 말하지만 빛의 맥박을 측정해보면 그 측정이 움직이고 있는 기차에서 이루어지거나 철도역에서 이루어지든 맥박의 속도가 일정하다는 것이다.

이 이론은 빛의 태도에 대한 많은 수수께끼를 설명해주면서 깜짝 놀랄 정도의 성공을 거두었다. 아인슈타인은 모든 것이 상대적이라는 것을 보여주었는데, 이는 상대운동이 그곳에 작용하는 기본물리법칙들에 영향을 주지는 않지만, 시간과 공간에는 예측 가능한 방법으로 영향을 미친다는 것을 의미한다. 예를 들자면, 방사능 입자의 붕괴에 대해 측정된 수명을 두 관측자가 관측했을 때, 한 관측자가 다른 관측자에 대해 상대적인 운동을 하고 있을 때는 두 사람의 관측 결과가 다르다는 것이다. 아인슈타인은 더 나아가 상대운동은 또한 입자의 에너지측정에도 예측 가능한 방법으로 영향을 준다는 것을 보여주었는데, 이는 $E = mc^2$ 이란 아주 유명한 공식으로 이끌어주는 결론이다. 여기서 c는 빛의 속도이고 E는 m의 질량을 지닌 입자의 에너지이다. 이 방정식이 필연적으로 말해주는 흥미 있는 결과는 질량이 없는 빛 입자인 광자가 자신이 가지고 있는 에너지에 상응하는 질량을 가지고 있는 것처럼 생각할 수 있다는 것이다. 아인슈타인에 의하면 이 법칙은 광자가 별들의 중력에 의해 영향을 받는 다는 것을 암시해준다. 예를 들어 멀리 있는 별에서 나온 빛은 아마 그 앞에 있는 별의 중력장에 의해 굴절되었다는 것이다. 실제 한 별에서 방출된 빛은 그 별 자신의 중력의 영향을 받기도 한다.

중력이 빛에 미치는 영향을 이해하기 위해서는 중력에 대한 더 깊은 이해가 필요한데 이 문제는 아인슈타인이 그 다음으로 연구한 주제이다. 1905년에 발표한 이론을 아인슈타인은 특수상대성이론이라 불렀는데, 이 이론은 일정한 속도로 움직이는 상대운동이란 특별한 경우를 다루기 때문이다. 창의적인 아인슈타인은 그 이론을 그런 상태로 놓아두길 원치 않았기 때문에, 상대운동이 등속이 아닐 때 어떤 일이 일어나는지 연구하기 시작했다. 다시 말해, 그는 그의 이론을 등속운동을 하는 특별한 경우에만 적용하는 것이 아니라 가속을 포함한 일반적인 상대운동의 경우에도 적용해보길 원했던 것이다. 가속의 주원인이면서 어디에나 존재하는 원인은 중력에 의한 가속이다. 그래서 그는 본질적으로 중력이론을 연구하고 있었던 것이다. 12년 정도의 아주 힘든 연구 끝에 아인슈타인은 일반상대성이론을 발표하였다.

뉴턴의 중력이론에서는 질량이 있는 곳에 중력장이 생성된다. 이는 뉴턴의 중력법칙으로 기술되는데, 이 중력장은 뉴턴의 운동법칙과 연결되어 운동을 자세히 예측하게 해준다. 야구공, 위성 그리고 지구중력장 안에 있는 모든 물체들의 운동을 계산하는 데 이 방법이 아주 훌륭하게 사용된다. 태양 주위를 공전하고 있는 행성과 혜성, 은하 안에 있는 별들의 운동과 은하들의 운동까지도 훌륭하게 계산될 수 있다. 이 방법은 훌륭하지만 완전하지는 않다. 어떤 극한의 경우에서는 잘못된 결과를 만들어낸다. 왜냐면 뉴턴법칙은 중력이 시공간에서 미치는 영향을 무시하기 때문이다.

아인슈타인이 이런 효과를 포함하기 위해 그의 상대성이론을 일반화시켰을 때 그는 뉴턴법칙과 비슷한 두 개의 방정식을 제안하였다. 첫 번째 법칙은 중력장을 약간 다른 방법으로 기술한다. 이 법칙은 시공이 중력에 의해 어떻게 휘어지는지를 설명해준다. 뉴턴의 운동법칙에 해당하는 두 번째 방정식은 빛과 물질이 휘어진 공간에서 어떻게 움직이는지 설명하고 있다. 예를 들어, 공간을 가로지르는 빛은 수직선으로 움직이지 않고 휘어진 경로를 따라 운동한다. 본질적으로 그 빛의 앞에 놓인 별은 중력렌즈로 작용하게 되어 그 별의 뒤에 있는 별에서 오는 빛을 휘어지게 한다. 이 예측은 1919년 일식 때 널리 홍보되어 극적으로 치러진 시험을 통과하여 확증되었다. 멀리 있는 별에서 온 빛이 태양을 지나면서 아인슈타인이 예측했던 만큼 굴절된 것으로 관측되었다.

망원경의 성능이 아주 좋아지면서, 중력렌즈효과gravitational lensing effect는 천문학자들이 멀리 있는 은하들과 은하단의 질량을 측정할 때 사용되는 표준도구가 되었는데, 이는 총알은하단 및 다른 은하단에 있는 암흑물질의 양을 측정하는 것을 설명하는 과정에서 이미 다루어진 바 있다. 빛이 아주 극단적으로 휘어지는 현상은 블랙홀 주변에서 일어나는데, 그곳에서는 중력이 너무 강해서 빛뿐만 아니라 블랙홀에 가까이 지나가는 모든 것들이 블랙홀 속으로 빨려 들어가 버린다. 가스들이 블랙홀 속으로 나선운동을 하면서 빨려 들어가면서 블랙홀의 거대한 중력이 가스들을 가속시키고, 압축하면서 수백만 도까지 가열하게 되는데 이런 현상은 엑스선 망원경으로 잘 연구되었다.

자연이 블랙홀의 존재를 허용할 것이라고 생각하지 않았던 알버트 아인슈타인Albert Einstein에게 엑스선 망원경 기술은 아주 먼 미래의 일이었다. 그는 우주를 하나의 전체로 간주하는 데 집중하였다. 그는 2개의 가설을 세웠다. (1) 우주에 존재하는 물질들은 공간 전체에 거의 균일하게 분포되어 있다. (2) 우주의 크기는 시간에 무관하다. 우주가 자신의 무게에 폭축하지 않고 유지하기 위해 아인슈타인은 그의 방정식에 "우주상수cosmological constant"라는 추가항을 삽입하였다. 이 우주상수는 우주가 수축하지 않도록 유지해주는 역할을 하였다. 블랙홀과 같은 경우를 연구하다가 아인슈타인의 예리한 물리적 직관이 실패를 인정하게 만들었다. 우주가 일정한 반경을 지니고 있다는 그의 가정은 잘못된 것으로 판명되었다. 이는 이해 가능한 오류였다. 1917년에 그가 일반상대성이론을 우주 전체에 적용하는 논문을 발표했을 때는 사실상 거의 모든 사람들이 우주가 큰 규모에서 정적이라고 믿고 있었다. 그러나 아인슈타인은 거의 모든 사람에 속한 사람이 아니었다. 고정관념에서 벗어난 사고를 할 수 있는 사람이 바로 아인슈타인이었다. 물론 증거가 결여된 상태에서는 우주가 큰 규모에서 변화하지 않는다고 가정하는 것은 완전히 자연스러운 것이었다. "모든 것은 가능한 간단하게 만들어야 하지만 너무 간단해서도 안 된다."라고 하는 말에서 아인슈타인은 다른 경우를 언급한 것으로 알려지고 있다.

문제점은 정적인 우주가 너무 간단했다는 것이다. 1917년 미국 아리조나의 플래그스태프에 있는 로웰 천문대에 근무했던 천문학자 베스토 슬라이퍼Vesto Slipher는 이미 몇몇 나선 성운에 있는 원자에서 나오는 복사가 더 긴 파장으로 편이되어 있다는 증거들을 수집하고 있었는데, 이런 적색편이는 우리로부터 멀어지고 있다는 것을 말해주고 있다. 이런 성운들이 실제 우리은하와 같은 은하들이고 또 우주는 팽창한다는 사실이 정립되기까지는 또 다른 수년의 관측이 필요했는데, 그 작업의 상당량은 허블에 의해 수행되었다. 아인슈타인이 상대성이론을 발표하고 난 후 몇 년 동안에는 그 가능성을 연구하지는 않았던 것 같았지만 몇몇의 과학자들은 그런 가능성을 연구했었다. 네델란드 과학자인 빌렘 데시트르Willem de Sitter, 러시아의 알렉산드르 프리드만Alexander Friedmann, 벨기에의 조르주 르메르트Georges LeMaître, 미국의 하워드 로버트슨Howard Robertson 등은 각자 독립적인 연구를 통해 우주상수 없는 일반상대론적 방정식들이 우주가 수축하든 또는 팽창하든 어느 경우라도 다 설명할 수 있다는 논문들을 발표하였는데, 수축과 팽창은 어떤 초기값을 가정하는지에 따라 달라진다. 아인슈타인은 이런 결과를 우주에 대한 올바른 기술이라 인정한 후 일반상대론적 방정식에 우주상수를 도입한 것은 순수한 이론적인 관점에서 볼 때 부자연스러운 것이기에 폐기되어야 한다고 선언하였다.

대부분의 천문학자들은 아인슈타인의 의견에 동의하였고, 그 후 거의 50여 년 동안 그런 연구를 하는 우주론학자들은 얼마나 빨리 우주공간이 팽창하고 있어서 그들의 관측이 우주상수를 고려하지 않은 우주모델에 얼마나 잘 일치하는지 이해하는 데 노력을 기울여 왔다. 그들의 1차적 목표는 우주의 나이를 추정해보고 우주 내에 팽창을 멈추게 할 정도로 충분한 물질이 존재하는지의 여부를 알아보는 데 있었다. 아이디어는 우주 내에 충분한 물질이 있다면 우주의 자체 중력이 팽창을 억제하는 역할을 해 감속하게 하고 아마 수백억 년이 지난 어느 때 폭축하게 될지도 모른다는 것이었다. 우주의 나이는 팽창률로부터 계산되고, 또 우주의 운명은 팽창이 얼마나 느려지고 있는가의 측정으로부터 결정되는 것이다.

이는 개념적으로는 간단하지만 허블이 언급한 것처럼 실제적으로는 아주 어려운 작업이다. 그러나 그의 이름을 딴 허블 우주 망원경이라는 대형 망원경과 지상 망원경 그리고 CCD를 이용한 검출기 등의 덕분에 1980년대와 1990년대에 엄청난 진전이 이루어졌다. 우주의 팽창이 100억 년에서 150억 년 전 사이의 어느 곳에서 시작되었다는 증거들이 밝혀지게 되었다. 지금까지는 순조롭게 인정되었다. 우주의 나이는 약 20% 정도의 오차가 있었기 때문에 우주론학자들은 정확한 나이를 더 연구할 필요가 있다는 점을 인정하였지만, 실제 연구는 우주급팽창의 변화율을 측정하는 데 집중되었다. 1960년대에 우주배경복사cosmic microwave background radiation가 발견되자 천문학자들과 천체물리학자들은 빅뱅이론이 맞다고 확신하게 되었다. 100억 년에서 150억 년 전 사이에 존재했던 아주 밀도가 높고 뜨거운 상태에서 현재의 우주가 진화되었다. 그러나 아직도 미해결 난제들이 많이 남아 있는 실정이다.

이런 난제들 가운데 중요한 것 하나는 균일성 문제이다. 마이크로파 배경복사는 왜 그렇게 일정한 밝기를 보이는가? 전체 하늘에 대해 1%보다 작은 균일성을 나타내고 있다. 이런 균일성은 우주에 있는 물질이 빅뱅 이후 백만 년도 되지 않아 극도로 편평해졌음을 의미한다. 소리파나 또는 열전도가 그렇게 편평하게 하는 역할을 하고 그 지점 이전에서는 아주 평형에 가까운 상태를 만들어냈음이 분명하다. 표준 빅뱅모델에 근거하여 간단하게 계산해보면 이런 일이 일어나기에는 시간이 충분하지 않다는 것을 알 수 있다. 그런데 이런 일이 실제 일어났다.

이 문제는 내가 여름학기에 미적분 강의를 할 때 얼굴 표정은 좋지만 문제를 잘 풀지 못하고 버릇없기까지 한 학생들을 만나는 것과 유사하다. 시험지에 작성한 그들의 답은 아주 훌륭하고 또한 균일했다. 이 상황은 두 가지 가능성을 제시한다. 한 가지 가능성은 그들 모두 주어진 문제를 풀어가는 데 똑같은 접근을 하는 훌륭한 학생들이라는 것인데 이것은 내가 특별히 좋은 선생님이라는 의미가 된다. 다른 가능성은 공부 잘하는 학생들과 다른 학생들 간에 비밀리에 소통하는 불법행위가 발생했을 가능성인데 이는 곧 내가 아주 특별한 선생이 아니라 형편없는 감독자임을 의미한다. 후자가 옳다는 독립적인 확증들이 많이 있다. 공부 잘하는 학생들은 문제를 빠르게 풀었지만 곧바로 시험지를 덮어두지 않았다. 대신 그들은 감독자가 잘 속아 넘어가도록 주의를 산만하게 하기 위해 몇 가지 질문을 하면서 학급 나머지 학생들이 정답을 돌려 보게 한다. 시험시간이 끝나면 그들은 시험에서 아주 균일한 성적을 받게 된다. 즉, 이 학급의 성적은 평형을 이루게 된다.

우주배경복사의 균일성은 이와 비슷한 어떤 현상이 우주진화의 아주 초기에 발생했다는 것을 암시해준다. 그러나 어떻게 그런 일이 일어났을까? 이 수수께끼는 이런 균일성이 발견되고 나서 20년 정도 풀리지 않고 있었고, 그래서 가끔 이야기되기는 했지만 나중에 다루어져야 할 문제로서 별로 관심 받지 못했었다. 그러는 동안에 매사추세츠 공과대학MIT의 앨런 구스Alan Guth와 스탠포드 대학의 안드레이 린데Andrei Linde 같은 몇몇 천체물리학자들이 우주진화 초기의 10^{-45}초 정도에 일어난 일들에 대한 모델을 제시하였다. 이런 급팽창우주 모델은 천문학자들에게 관측되는 아주 차분한 팽창으로 안정되기 전 어느 순간에 우주가 아주 짧은 기간 동안에 급팽창inflation을 겪었다면 균일성 문제가 해결될 수 있다고 가정하였다.

우주는 천천히 팽창하다가 거의 모든 영역이 똑같은 온도와 밀도를 지니는 평형에 도달하였다가 극도로 짧은 시간에 아주 급속도로 팽창하였고, 그 후에 우주는 다시 가열되어 다음 100억 년 정도 정상적인 방법으로 팽창을 하면서 현재 우리가 관측하고 있는 우주를 형성하게 되었을 것이다.

급팽창이론은 우주의 곡률이 거의 0에 가깝다고 확실하게 예측한다. 구의 곡률은 구의 반경이 증가할 때 그에 반비례하여 감소한다. 그래서 골프공은 농구공보다 곡률이 더 크고, 농구공의 곡률은 지구의 곡률보다 더 크며, 지구곡률은 태양곡률보다 더 크다. 급팽창우주모델이 예측하는 바와 같이 우주가 우리가 현재 관측하는 우주 크기보다 엄청나게 크다면 곡률은 사실상 0에 가까울 것이다. 아인슈타인의 이론 맥락에서 볼 때, 우주의 곡률은 Ω의 크기에 따라 달라진다. 이 숫자는 우주의 합성 질량에너지밀도와 임계밀도의 비이다. 질량에너지밀도가 임계값과 같을 때 우주의 곡률은 0이 되고 Ω = 1이 된다. Ω = 1이 진화하는 우주에 대해 가장 자연스러운 값으로 여겨지지 때문에 이런 설명은 아주 큰 미적인 강점을 지니고 있다. 다른 값을 사용하면 임의적인 미세조정이 필요한 것 같다.

그러나 문제점이 하나 존재한다. 천문학자들이 우주에 있는 암흑물질에 예측할 수 있는 최적의 수를 포함하여 관측가능한 모든 질량에너지밀도를 다 합쳐본다 해도, 전체를 대표하는 데는 부족하였다. 아무리 최선을 다해 봐도 우주의 곡률을 0으로 만드는 데 필요한 질량의 30~35%밖에 설명할 수 없었다.

이 문제를 어떻게 해결할 것인가? 우주의 질량밀도cosmic mass density에 대한 추정이 3배 정도 낮게 결정되었을 수 있는 것 같다. 몇몇 학자들은 급팽창 모델과 우주의 나이 같은 다른 우주론적 문제들을 근거로 하여 우주의 곡률이 실제 0이라고 주장하고 있었다. 이 주장을 지지하는 방법은 우주상수나 또는 미지의 에너지밀도 같은 것을 부활시키는 것이다. 우주상수에 대한 관측적 확증이 그 당시에는 아주 개략적이긴 하였지만 이런 주장은 당시 저명한 천문학자 아서 에딩턴Arthur Eddington(1978)에 의해 이미 제안된 관점과 일맥상통한 점이 있었다. "관측적 결과들이 이론에 의해 확증될 때까지는 관측 결과들을 너무 과도하게 신뢰하지 않는 것이 좋은 방법이다."

그러나 대부분의 천문학자들은 에딩턴으로부터가 아니라 세익스피어William Shakespeare에게서 힌트를 얻어냈다. 그들은 세익스피어가 "호레이쇼, 천지간에는 자네의 철학으로 상상하는 것보다 더 많은 것들이 있다네."라고 한 말을 믿고 있었다. 그들은 어떤 결정을 내리기 전에 관측자료를 기다렸다. 1990년 후반에 과학기술의 발달에 힘입어 그런 자료가 확보되었다. 천문학자들은 큰 CCD 카메라를 이용하여 하늘의 더 넓은 영역에서 Ia형 초신성을 찾는 탐사관측을 할 수 있었던 것이다. 이런 탐사관측은 우주의 팽창이 감속되고 있는 것이 아니라 가속되고 있다는 것을 보여주었는데 이런 결과는 바로 거의 모든 사람들이 발견하기를 기대했던 결과이다. 이런 놀랄 만한 결과를 얻어낸 공로로 로렌스 연구소의 사울 펄무터Saul Perlmutter, 존스홉킨스 대학의 애덤 라이스Adam Reiss 그리고 호주국립대학의 브라이언 슈미트Brian Schmidt가 노벨상을 받게 되었다. 펄무터가 주도했던 연구팀과 라이스와 스미스가 주도했던 연구팀 같은 큰 연구그룹에서 수행되었던 이들의 연구는 우주급팽창이 가속되는 양은 $\Omega = 1$인 우주와 거의 일치한다는 것을 보여주었다. 이 결과는 우주상수나 또는 다른 형태의 에너지가 우주의 질량에너지밀도의 약 70% 정도를 제공해주고 있음을 의미하게 된다. 암흑물질과 연관지어 유추하면서 마이클 터너Michael Turner는 $\Omega = 1$을 만들어주는 데 필요한 질량에너지밀도를 "암흑에너지"라 불렀다. 터너는 이보다 수년 전에 이미 당시에 그가 X-성분이라 부른 그런 우주에너지의 성분이 곡률 문제를 해결해 줄 수 있다고 주장한 적이 있다. 천문학자들은 아직까지도 암흑에너지가 무엇인지 잘 이해하고 있지 못하지만, 그래도 암흑에너지의 성질은 공간 자체의 성질과 직접적으로 연결되어 있다는 점에는 동의하고 있다.

초신성 관측에서 얻은 증거들은 그러나 칼 세이건Carl Sagan(1980)이 《코스모스》란 책에서 언급해서 대중화된 "특별한 주장은 특별한 증거를 필요로 한다."라는 구절을 사용해야 된다는 것을 설득하고 있었다. 과학에서 그런 증거들은 보통 독립적인 연구자들에 의해 수집된 독립적인 증거들이다. 만일 증거들을 모으는 데 사용한 기술들이 연구자들마다 다르다면 더 좋다. 서로 다른 다양한 증거들은 암흑에너지가 중요한 역할을 하고 있는 우리가 살고 있는 우주에서 일어나고 있다는 개연성을 높여준다. 이렇게 지지해주는 증거들은 마이크로파, 광학 그리고 엑스선 망원경으로 관측한 자료들을 사용하면서 더욱 설득력 있게 되면서 우리가 이해하는 우주시간을 빅뱅이 일어난 지 30만년 후부터 현재까지로 확장시켰다.

빅뱅의 잔광인 마이크로파 우주배경복사는 전천에서 균일한 것으로 관측된다.

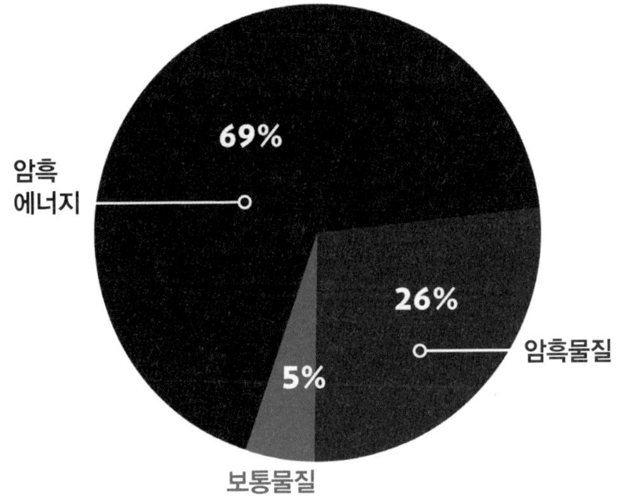

15 | 우주의 에너지 분포

일치모델이 설명하는 우주 전체의 에너지 분포. 암흑에너지는 우주 에너지의 69%를 차지하고 있고, 암흑물질은 26%, 그리고 보통물질은 5%를 차지하고 있다. 보통물질만 망원경으로 직접 검출할 수 있다.

우주론적 연구에서 가장 위대한 업적 중 하나는 마이크로파 복사에 민감한 2개의 위성에 의해 관측된 아주 미세한 온도변화 또는 100만분의 1정도에 해당하는 미세한 요동의 발견이었다. 두 개의 위성은 2001년부터 2010년까지 작동되었던 NASA의 WMAP Wilkinson Microwave Anisotropy Probe 위성과 2009년부터 2013년까지 작동되었던 ESA의 플랑크 위성이다. 이런 온도요동은(그림 8을 참고) 평균보다 아주 약간 높거나 낮은 밀도를 가진 물질덩어리에 의해 야기된다. 이런 덩어리는 우주의 팽창률과 음속 같은 양에 따라 얼마만큼 더 커지는지 결정되는데, 즉 우주의 질량에너지밀도와 우주의 구성성분에 따라 달라진다. 이런 음파에 의한 진동은 마이크로파 우주배경복사 지도에서 미세한 패턴을 보여준다. WMAP와 플랑크 위성의 자료는 모두 필요한 암흑에너지의 양이 137억 년의 우주나이를 필요로 한다는 것을 보여줘서, 우주 나이에 관해 복잡한 논쟁이 필요 없게 해주었다. 가장 나이가 많은 별의 나이는 110억 년보다 더 큰 것으로 밝혀졌는데, 이런 결과는 몇몇 우주모델이 주장하는 것과 맞지 않았던 것이다.

WMAP와 플랑크 위성 관측에서 검출된 빛의 덩어리짐은 오늘날의 은하들이 형성된 후 100억 년 동안 커져왔기 때문에 이 덩어리짐의 패턴은 물질의 분포에 각인되어 남아 있는 것이고 그래서 1억 년 후에 형성된 은하들의 분포에도 나타난다. SDSS의 주된 목적 중의 하나는 우주에서 은하들의 현재분포를 결정하는 것이다. SDSS팀은 하늘에서 3,816제곱도(직경으로는 약 50억 광년 정도 된다) 되고 거리가 50억 광년이 넘는 46,748개의 밝은 적색은하들의 표본을 살펴보았다(21쪽 그림 5 참조). 은하들 분포에서 덩어리짐은 WMAP와 플랑크 위성에서 예측한 것과 일치해서 또 다른 측면에서의 증거를 제공한다.

찬드라 망원경의 은하단 관측은 아주 독립적인 확인을 해주었다. 스탠포드 대학의 스티브 앨런Steve Allen 교수 연구팀은 10억 광년에서 80억 광년에 달하는 은하단을 연구하는 데 찬드라 엑스선 위성을 사용하였다. 이런 자료는 다시 속도가 커지기 전에 우주급팽창 속도가 느려졌던 때까지의 시각까지 거슬러가게 해준다.

은하단들은 우주에서 폭축이 일어난 천체들 중 가장 큰 천체들이기 때문에 은하단에서 바리온물질과 암흑물질의 상대적인 양을 관측해보면 우주 전체에 퍼져 있는 그런 물질들의 상대적 함량비를 알아낼 수 있게 될 것이다. 관측들과 컴퓨터 시뮬레이션은 뜨거운 가스와 암흑물질의 상대적 함량비는 시간에 따라 거의 변하지 않는 것임을 보여주고 있다. 아주 멀리 있는 은하단에 대해 가스비라고 부르는 이런 비율을 결정하는 작업은 공간의 곡률을 어떻게 가정하는가에 따라 달라진다고 하는 사실이 아주 흥미롭다. 공간의 곡률에 좌우된다는 것은 곧 암흑에너지의 양에 따라 달라진다는 것을 뜻하게 된다. 은하단에 대해 가스비를 추정하는 것은 암흑에너지의 양이 얼마만큼 된다고 가정했느냐에 따라 달라진다. 암흑에너지의 양은 그래서 가스비에 올바른 결과를 얻게 될 때까지 조정될 수 있다. 이렇게 해서 암흑에너지의 양을 추정할 수 있다. 이와 비슷한 방법으로 단위를 맞추어볼 수 있다. 저울의 한쪽에 양배추를 놓고 다른 쪽에는 알려진 무게추를 올려놓은 후 균형이 잡힐 때까지 무게추를 더해보면 양배추의 무게를 재볼 수 있는 것이다.

앨런의 연구팀은 아주 넓은 영역의 거리에 분포된 42개의 은하단을 관측한 찬드라 엑스선 자료를 분석하였다. 현재 관측되는 양을 설명하는 데 필요한 암흑에너지의 양은 초신성 관측과 마이크로파 우주배경복사 관측에서 얻은 값들과 일치한다.

아주 멀리 떨어져 있는 초신성의 관측들은 우주의 팽창이 우주에 있는 모든 물질들의 중력적 인력에 의해 약 90억 년 동안 느려지고 있었음을 보여주고 있다. 암흑에너지는 50억 년 전까지는 지배적이지 못했는데, 그때 우주의 팽창은 감속모드에서 가속모드로 전환되었다.

초기에 중력이 우세했던 상황은 은하들과 은하단들이 팽창하는 가스들을 농축하도록 하는 데 아주 중요했다. 가속팽창의 밀어냄과 중력의 감속하게 하는 인력 사이의 밀고 당기는 겨루기는 우주의 팽창률을 결정해준다. 은하단들이 아직 형성되는 과정에 있기 때문에, 암흑에너지의 양은 또한 은하단이 형성되고 커지는 속도에 영향을 준다. 이런 은하단들의 가속이 없다면 우주는 현재의 절반 정도의 비율로 팽창하고 있을 것이다. 은하들이 더 많이 합병되면 될수록 더 많은 은하들이 은하 군으로 이끌려 갈 것이고 더 많은 은하군들이 은하단으로 합병되게 될 것이다.

얼마나 빨리 은하단들이 실제 형성되는지 연구해보면 우주의 팽창속도의 변화 역사를 알게 될 것이고 암흑에너지의 양을 알 수 있게 될 것이다. 그런 연구를 하기에 가장 좋은 방법은 찬드라 엑스선 위성으로 은하단을 관측하는 것이다. 이런 관측은 아주 큰 거리에 있는 은하단들의 질량을 결정하는 데 사용될 수 있고 그래서 암흑에너지에 의해 생성되는 우주가속 팽창cosmic acceleration의 증거들을 발견하는 데 사용될 수 있다.

하버드-스미스소니언 천체물리 연구소CfA의 알렉세이 비크리닌Alexey Vikhlinin 연구팀이 이 작업을 수행했다. 2009년에 발간된 연구논문에서 그들은 찬드라 엑스선 자료를 사용하여 70억 광년까지의 거리에 있는 86개의 은하단(아벨 2052 포함)들의 질량을 결정한 후에 관측된 질량이 큰 은하단의 개수가 우주가속 팽창이 없을 때 예측되는 양보다 5배나 적다는 것을 보여주었다(54쪽 그림 14 참조). 질량이 큰 은하단의 형성률은 지난 수십억 년 동안 느려지고 있는데 이는 우주가 가속하고 있다고 가정했을 때 예측되는 현상과 일치한다.

비크리닌은 "이런 결과는 우주가 발육이 저해된 것이라고 표현할 수 있다."라고 말했다. "우주급팽창을 가속시키는 힘이 무엇이든지 그 힘은 우주의 발달을 감속시키고 있는 것이다." 다양한 증거들은 이제 암흑에너지가 수수께끼 조각의 하나임을 보여주고 있는데, 암흑에너지는 우주에 대한 많은 관측들을 서로 일치하게 만들어주고 있다. 사실, 우주론학자들은 가끔 현재 우리의 지식을 일치모델concordance model이라 기술되는 사실들의 집합이라고 언급하고 있다(그림 15). 2015년에 플랑크 위성 공동 연구팀에 의해 발표된 자세한 분석에 의하면, 우주에 있는 질량-에너지 중 거의 5% 정도가 양성자, 중성자와 전자로 구성된 보통물질이고, 26%가 암흑물질이고, 나머지 69%가 암흑에너지로 구성되어 있다고 한다. 일치모델은 우주배경복사의 존재와 구조를 설명해줄 수 있는데, 은하들 분포에서 거시적 구조, 중수소를 포함한 수소와 헬륨 같은 가벼운 원소의 함량비, 그리고 우주의 가속팽창cosmological acceleration이 이해될 수 있다.

일치모델은 우주의 전체 형태와 구성성분을 이해하는 데 지난 20여 년 동안 수행된 인상적인 과정을 보여주고 있다. 그러나 사소한 곳에 문제들이 늘 존재하듯, 일치모델은 다루기 힘들어서 괴롭히는 세부적인 문제를 몇 가지 지니고 있다. 그중 한 가지는 우리가 암흑이라고 부르는 우주에서 95%를 채우고 있는 것이 정확하게 무엇인가 하는 것이다. 이는 아직 완전히 이해되지 않은 형태여서, 아직 우주에서 존재하는지 여부가 결정적으로 중요하고 그 존재 여부가 우주의 운명을 결정하게 될 것이다.

이런 문제를 고려해본다면 실제로는 세부적인 사항이 밝혀지지 않은 상태이다. 오히려 이 문제는 해결해야 할 아주 중대한 문제이다.

FANTASTIC UNIVERSE

16 | 아벨 383 은하단

지구에서 23억 년 정도 떨어진 아벨(Abell) 383 은하단의 합성 이미지. 찬드라 망원경의 엑스선 관측 자료는 자주색으로 표현되었고 허블 우주 망원경, 유럽남방천문대의 초대형 망원경(Very Large Telescope, VLT)과 SDSS의 광학 자료는 파랑색과 하얀색으로 표현되었다. 아벨 383은 관측된 은하단의 증가율이 아인슈타인의 중력이론의 예측과 일치한다는 것을 보여주기 위해 연구자들이 사용하고 있는 42개 은하단 중 하나이다. 이 이미지의 한쪽 거리는 420만 광년이다.

6

우주상수가 지배하는 우주는 사람이 살기에는 이상한 곳이다.

데이비드 스퍼걸, 〈해결해야 할 우주론의 문제점들〉, 2015

암흑에너지란 무엇인가?

암흑에너지에 대해서 두 가지 모델이 존재한다. 그중 하나는 암흑에너지는 텅 빈 공간과 관련된 에너지(진공에너지)라는 것인데 이 에너지는 시공에 걸쳐 항상 일정해서 소위 우주상수cosmologic constant에 대응되는 개념이다. 다른 모델은 시공을 지나면서 변화하는 에너지장인데, 이 에너지장은 스칼라 에너지장 또는 정수의 에너지장으로 알려져 있다. 최근에 발견된 힉스장higgs field이 바로 이런 에너지장으로, 아원자입자들의 질량을 결정해준다. 그래서 우주가 탄생 이후 1초도 안 되는 아주 초기에 우주의 급팽창 또는 지수적 팽창을 야기시킨 것으로 여겨지는 급팽창 에너지장이다. 암흑에너지에 대한 이론을 제시하는 것은 아주 어렵다고 판명되었다.

진공에너지는 암흑에너지를 가장 쉽게 설명해주는 개념이다. 지금까지 암흑에너지에 대한 다양한 연구 결과들은 진공에너지가 상수의 값을 지닌다는 사실을 말해주고 있다. 그러나 진공에너지에 대한 물리적 근거는 밝혀지지 않았다. 아인슈타인은 정적우주static universe를 설명하기 위해 그의 일반상대성이론 방정식에 우주상수를 도입하였지만, 허블 및 다른 천문학자들이 우주가 팽창한다는 것을 보여주고 난 후에는 우주상수가 불필요하다고 포기하였다.

양자물리가 발전하면서 과학자들은 하이젠베르크의 불확정성원리가 입자들을 극도로 짧은 시간 동안 생기게 했다가 사라지게 한다는 것을 인정하고 있다. 전자는 나노 초의 1조분의 1이란 짧은 시간에 생겨났다가 없어진다. 그래서 빈 공간 또는 진공은 실제 비어있지 않은 것이다. 이런 소위 가상입자들은 수소원자들의 에너지 준위의 차를 만들어내고 입자질량을 달라지게 만든다. 이런 현상을 램 편이lamb shift라고 부르는데 윌리스 램Willis Lamb은 1947년에 로버트 러더포드Robert Retherford와 함께 이것을 발견한 학자들 중의 한 사람이다. 1955년에 램은 이 발견으로 노벨물리학상을 수상하였다.

양자 진공guantum vacuum과 관련된 에너지밀도를 추정해보는 시도는 진공 에너지밀도가 관측되는 양보다 60~120배 정도 커야 한다는 터무니없는 결과를 초래하였다. 이런 엄청난 차이를 해결하기 위한 만족할 만한 설명이 그 후에는 발표되지 않았다. 유럽원자핵 공동연구소CERN의 거대 중입자 충돌기Large Hadron Collider로 소립자들의 발견이 활발해지면서 소립자들의 성질에 대한 이해가 증진되면서 가까운 미래에 진공에너지vacuum energy에 대한 의문이 해명될 것으로 기대된다.

시사하는 점은 암흑에너지가 수십억 광년의 우주거리 규모에서 큰 영향을 미친다 할지라도 백만 광년 이하의 거리 규모에서는 아주 작아서 영향을 미치지 못한다는 것이다. 이는 공간이 산산이 흩어지는 것을 막아주기 때문에 우리에게는 좋은 일이지만 왜 그렇게 작은 값을 지니는지를 설명하려면 아주 정교한 미세조정이 필요하다.

다른 아이디어는 우주가 많은 우주들 중의 하나에 불과하다는 것인데, 각각의 우주는 서로 다른 값의 진공에너지를 지니고 있다. 작은 값의 진공에너지를 지닌 그런 우주들은 단지 항성들과 은하들의 형성을 가능하게 한다. 본질적으로 우리는 큰 값의 진공에너지를 지닌 우주에서는 살 수 없기 때문에 우리가 존재한다는 사실과 그 존재에 대해 걱정하고 있다는 사실은 우리가 살고 있는 우주의 진공에너지 값이 작아야 한다는 것을 의미하고, 그래서 우리는 흩어져 없어질 걱정을 하지 않아도 된다. 아직까지는 과학자들은 걱정을 하고 있고 또 걱정을 해야 한다. 나의 옛날 스승 중 한 분인 브루노 로시Bruno Rossi도 상당히 중요하지 않은 것 같은 몇몇 이상한 관측들과 관련하여 이렇게 언급한 바 있다. "우리가 그것들에 대해 이해하고 있지 못하고 있는 한 우리는 그들이 얼마나 중요한지 알지 못한다."

진공에너지 또는 우주 상수는 그 이름이 말해주는 것처럼 시공에서 일정하다. 더 일반적인 가능성은 가속팽창이 소위 말하는 스칼라장 또는 정수라고 부른 역장에 의해 움직여진다는 것이다. 그런 모델 중 하나는 스칼라장 에너지밀도가 아주 초기의 복사와 물질의 에너지밀도의 흔적이고, 그래서 시간이 지난 후의 우주 에너지밀도를 결정해준다는 것을 가정하고 있다. 이런 흔적을 나타내주는 성질은 이상한 우주의 우연의 일치에 대한 설명을 제공해줄 수 있다. 왜 암흑물질과 암흑에너지에 대한 에너지밀도가 똑같은가?

과학자들이 암흑에너지를 발견했을 때 그 암흑에너지가 우주의 전체 에너지밀도의 척도인 $\Omega = 1$을 만들어주기 때문에 들떴던 일을 생각해보자. 암흑에너지가 많은 문제점들을 해결해주었기 때문에 그들은 당연히 흥분할 만했다. 그러나 왜 암흑에너지가 거의 70%를 기여하고 암흑물질이 거의 25%를 기여하며 나머지 5%가 바리온물질로 채워지는가? 이런 비율이 뭐가 그리 특별한 건가? 왜 질량에너지밀도의 한 형태가 다른 형태를 희생하여 우위를 점할 수 없었는가? 우리가 우주진화에서 어떤 특별한 기간에 살고 있기 때문에 이런 현상이 일어나는가? 모델을 추적해보면 왜 이런 에너지밀도가 이런 값을 지니고 있는지에 대해 기술할 수는 있지만 어떤 실제적인 설명을 할 수는 없다.

여러 가지 형태의 스칼라장이 제안되었지만 아직까지는 확실하다고 떠오르는 것이 없다. 특히, 진공에너지와 관련해서 스칼라장의 세기가 왜 작은지 또는 암흑물질과 암흑에너지 사이에 존재할지 모르는 어떤 관계에 대해 만족할 만한 물리적인 설명이 있는지는 아직까지 발표되지 않았다.

앞으로의 연구에서 중요한 목표 중 하나는 진공에너지와 암흑에너지 후보 같은 스칼라장 사이를 구별하는 것이다. 이 일을 하기 위한 가장 유망한 방법은 암흑에너지 밀도와 암흑에너지 압력 사이의 정확한 관계를 찾아내는 것이다. 암흑에너지는 그 압력이 음수라는 특이한 성질을 지니고 있다. 가스가 팽창할 때 일반적으로 가스에너지는 감소한다. 암흑에너지는 그 반대의 성질을 지니고 있어서, 암흑에너지의 양은 우주가 팽창하면서 증가한다. 팽창하는 우주의 발견과 함께 에너지 보존은 우주론적 시간 규모에서는 파기되는데, 그러나 그런 일은 이미 오래전에 일어났다. 은하단의 형성 및 다른 연구들에 대한 더 자세한 사항들은 압력과 에너지밀도에 대한 정확한 관계에 따라 달라지기 때문에 관측은 이런 관계에 대한 한계를 설정할 수 있고 이런 관계가 시간에 따라 변하는지의 여부를 결정할 수 있다. 현재까지는 모든 관측들이 압력과 에너지밀도의 비율이 일정하다는 결과를 보여주지만 시간에 따라 변한다는 것과 같은 다른 값들도 완전히 배제되지는 않고 있다.

암흑에너지에 대한 모든 증거들은 암흑에너지에 대한 관측을 해석하는 데 아인슈타인의 일반상대성이론을 이용하고 있다. 우주가속 팽창이 암흑에너지의 증거가 아니라 중력이론이 극도로 큰 거리 규모에서는 변형되어야 한다는 증거는 아닐까?

우주가속 팽창을 중력법칙을 변화시켜서 설명하려 시도하는 모델들은 몇 가지 관측적인 시험을 통과해야 한다. 이런 모델들은 초기 우주에서의 물리조건들을 우주 초기 수분 동안에 일어난 수소핵융합에 의해 생성된 헬륨의 양 또는 빅뱅이 일어난 후 수십만 년 동안 우주의 상태를 보여주고 있는 우주배경복사의 요동의 정도에 대해 성공적으로 잘 계산해낸 결과를 못 쓰게 할 정도로 변화시켜서는 안 된다. 모델들은 또한 빅뱅이 일어나고 수십억 년 지난 후에 생겨난 은하단들에 대한 관측된 증가율을 설명해낼 수 있어야 한다. 이런 시험은 찬드라의 관측으로 수행되었다.

은하단의 증가율에 대한 관측은 일반상대성이론의 수정을 요구하는 이론들의 예측을 이용하여 비교될 수 있다. 이전에 논의한 바와 같이, 그런 테스트는 아인슈타인의 일반상대성이론이 옳다고 가정하고 암흑에너지의 존재를 설정하는데 사용되었다. 결국 절박한 시점에는 필사적인 조치가 필요하다. 그런 이론을 f(R) 중력이라 부르는데, 여기서 R은 우주의 곡률이고 f(R)은 일반상대성이론과의 다른 이론편차를 기술하는 대수함수이다. f(R) 이론에는 우주급팽창의 가속이 에너지의 이상한 형태로 야기되지 않고 중력의 변형으로 생겨난다. 그런 변형은 여러 종류의 끈이론과 양자물리와 중력이론을 통일하려 시도하는 이론들에서 예견되어왔다. 이런 시도는 암흑물질을 폐기하기 위한 모르데카 밀그롬Mordecai Milgrom의 시도와 비슷한데, 밀그롬의 시도와 같이 이런 시도는 은하단의 크기 규모에서의 물리를 다룰 때 문제가 된다.

추가힘의 이론에서 나타나는 문제점은 이 이론이 추가적인 에너지밀도를 암시하고, 또 팽창을 아주 약간 감속시킨다는 것을 암시한다는 것이다. 빅뱅 후 초기 수십만 년 동안에 일어나는 문제를 피하기 위해 가상적인 추가힘의 크기를 조정해보는 것은 가능하지만, 은하단이 형성되는 수십억 년 단위에서 이는 걸림돌이 된다. 이것은 왜 찬드라 같은 엑스선 망원경이 은하단을 관측하고 우주의 진화를 연구하는 데 필요한 민감한 도구인지 보여주고 있다.

독일 막스 플랑크 연구소의 파비안 슈미트 Fabian Schmidt는 CfA의 알렉세이 비크리닌 Alexey Vikhlinin과 시카고 대학의 웨인 후 Wayne Hu와 함께 찬드라 망원경이 49개의 은하단을 관측한 자료를 가지고 시간에 따른 은하단의 증가율을 결정하였다. 컴퓨터 시뮬레이션과 우주배경복사의 요동자료 그리고 은하와 초신성의 거시적 분포자료와 함께 이 자료는 아인슈타인 이론의 f(R) 변형이 0.01%보다 작은 규모에서 검출되지 않음을 보여준다. 1억 3000만 광년에서 수십억 광년의 거리에 적용되는 이런 한계는 찬드라 자료 이전의 한계를 백 배 이상 개선한 것이다.

두 번째 연구에서, 코펜하겐 대학의 데이비드 라페티 David Rapetti 연구팀은 찬드라와 ROSAT Roentgen Satellite 엑스선 자료를 이용하였다. ROSAT은 1990년에서 1999년까지 엑스선 관측을 수행하였다. 엑스선 자료들은 얼마나 빨리 은하단이 우주시간 cosmic time에서 성장하는지를 보여준다. 광학 자료와 우주배경복사 자료와 함께 이 결과는 아인슈타인 이론에 근거한 은하단 성장율의 예측을 테스트하는 데 사용되었다(70쪽 그림 16). 초신성과 은하단의 거리와 같은 기하학적인 연구에서 얻은 자료들도 모두 포함되었다. 관측과 이론이 거의 완전히 일치한다는 것이 발견되었다. 이런 일치는 증가율이 다른 것을 주장하는 어떤 다른 중력모델과도 반대하는 의견을 제시하고 있다. 특히 5차원 모델은 아인슈타인 이론보다는 더 느린 은하단 증가율을 예측하게 되는데, 중력이 다른 차원으로 들어가면서 큰 거리 규모에서는 약해지기 때문이다. 이 모델은 찬드라가 관측한 은하단의 증가율과 충돌하고 있다.

로저 블랜포드 Roger Blandford (2015)는 아인슈타인 일반상대성이론 100주년 기념 리뷰논문에서 다음과 같이 언급하였다. "일반상대성이론이 적용 가능한 영역에서 어떤 변화는 경험적 수정을 할 필요가 없어 보인다." 다시 말하자면 아인슈타인 이론은 아직까지 제일 괜찮은 이론이다.

중력을 변형하는 다른 대안모델은 우리가 살고 있는 은하수가 아주 크고 거의 구형영역의 중심에 놓여있다는 것을 가정한다. 거의 구형영역은 우주의 평균

밀도보다 낮은 밀도를 지니고 있다. 그런 모델이 우주가속 팽창에 대한 모든 증거들을 설명할 수 있는지의 여부를 점검해봐야 한다.

향후 10여 년 동안 망원경을 이용해서 과거 100억 년에 걸친 우주의 거시구조large-scale structure of universe에 대한 지도를 만들고 하늘의 많은 영역에서 물질의 분포를 추적하게 될 것이다. 이런 관측들은 일반상대성이론에 대해 더 엄중한 테스트를 하게 될 것이고 또한 암흑에너지의 성질에 대해 더 자세히 알아내게 될 것이다.

그럭저럭 하는 동안에 우리는 어두운 미래를 고려해보는 시점에 왔다. 암흑에너지는 아주 끔찍한 성질을 지니고 있다. 즉 우주가 팽창하면서 더 많은 암흑에너지를 생성해낸다는 것이다. 얼마나 더 부정확한지는 모르지만, 그런 척력적인 태도는 결국 감당할 수 없게 될 것이다. 이 자료들은 수십억 년 동안 계속 증가하는 암흑에너지가 공간을 아주 급속하게 떼어놓을 수 있어서 은하단이 묶임 상태에서 벗어나서 우리은하 같은 개별 은하들이 해체되고 태양계가 해체되어서 최종적으로 물질들 자체가 가속하는 공간에 의해 잘게 조각나게 될 것임을 보여준다. 우주는 빅립big rip 상태로 끝나게 될 것이다. 에드거 앨런 포Edgar Allan Poe의 공포소설처럼 완전히 무서운 결말이다.

FANTASTIC UNIVERSE

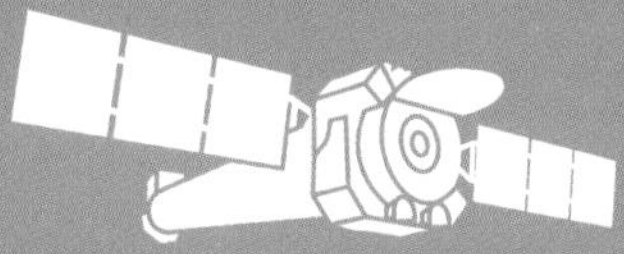

17 | 은하단의 충돌

찬드라 엑스선 이미지와 허블 광학 이미지를 합성하여 만든 지구에서 54억 광년 거리에 위치한 거대한 은하단 MACSJ0717.5+3745(줄여서 MACSJ0717)의 모습. 네 개의 은하단이 충돌하고 있는데, 이러한 현상이 자세하게 관측된 것은 이 이미지가 처음이다. 허블 이미지는 A~D에 위치한 개개의 은하를 보여주고, 찬드라 이미지는 은하단 질량의 대략 5배 정도에 해당하는 뜨거운 가스를 보여준다. 찬드라 이미지의 색은 가스의 온도를 나타낸다. 붉은 보라색으로 보이는 지역의 온도는 6천만 도, 파란색 지역은 2억 도에 달한다. 화살표는 세 개의 은하단이 평면상에서 대략적으로 어떤 방향으로 움직이는지 보여준다. 이 은하단들은 1,300만 광년 정도 되는 거리에 걸쳐 늘어진 은하, 가스, 암흑물질의 필라멘트 구조(왼쪽 화살표)와 거의 평행하게 움직인다.

7

그래서 우리는 은하단과 은하단의 필라멘트 구조가

어떻게 그물 구조를 엮어내는지 묘사하였다.

J. 리처드 본드, 레프 코프만, 드미트리 포고샨, 〈어떻게 은하는 우주 그물 구조를 엮는가〉, 1996

우주 그물 구조

수백만 광년 단위의 규모로 볼 때, 우주의 물질 분포는 균일하지 않다. 대신, 물질들은 우주의 그물이라고 알려진 복잡한 구조를 만들어낸다. 우주 그물cosmic web이라는 용어는 토론토 대학의 리처드 본드Richard Bond, 하와이 대학의 레프 코프만Lev Kofman, 토론토 대학의 드미트리 포고샨Dmitri Pogosyan이 만들었다. 1996년에 발표된 그들의 선구적인 논문은 초창기 우주에서 원시적인 물질 덩어리의 중력적 수축에 의해 우주의 그물 구조가 자연적으로 형성되는 과정을 묘사한다.

2장에서 논의한 것처럼, 우주 그물 구조의 존재는 은하의 분포에서 쉽게 알아차릴 수 있다(17쪽 그림 3). 우주 그물 구조는 우주에서 가장 큰 구조들로 구성되어 있다. 무거운 은하단은 복잡한 필라멘트 구조filament structure와 좀 더 적은 양의 은하와 가스들이 분포하는 2차원적 면sheet 구조가 교차하는 지역에 위치한다. 나머지 우주의 대부분의 영역은 거의 물질 없이 비어 있는 빈터void가 차지하고 있다. 중력의 인력으로 인해 빈터에서 면 구조, 면 구조에서 필라멘트, 필라멘트에서 은하단으로 물질이 흘러 들어간다. 각각의 구조 안에는 우주 그물 구조가 형성되기 전부터 만들어진 작은 규모의 은하 구조들이 위치한다.

우주 그물 구조의 형성을 재현한 컴퓨터 모의실험은 우주의 대부분의 질량이 필라멘트 구조에 포함되어 있고, 중력의 강을 따라 흘러 결국에는 은하단으로 흘러갈 것임을 보여준다. 본드와 그의 동료들은 마치 달이 지구에서 가까울 때와 멀 때 잡아당기는 중력의 세기가 달라 지구에 조수가 발생하는 것처럼, 초기 우주의 중력장의 조석tide이 우주 그물 구조를 만든다는 것을 밝혔다. 먼저 질량이 수축하여 가스와 은하로 이루어진 벽 혹은 면 구조를 만들고, 면 구조가 수축하여 필라멘트를 만들고, 필라멘트에서 은하단으로 물질이 흘러간다. 본드와 그의 동료들의 획기적인 연구가 발표된 지 거의 20년 후, 컴퓨터가 점점 발달하면서 우주 구조의 진화를 보여주는 컴퓨터 모의실험은 점점 정교해졌다. 최근의 모의실험들은 아주 정교한 공간 해상도를 갖고 있을 뿐 아니라, 별 형성, 초신성 폭발, 블랙홀로의 물질 유입으로 인해 발생하는 막강한 에너지 피드백과 같은 물리적인 현상들도 포함하고 있다. 이러한 모의실험 중 최근의 가장 야심찬 시도는 MIT의 마크 보글스버거Mark Vogelsberger가 이끄는 다국적 프로젝트 일러스트리스illustris이다. 일러스트리스 모의실험은 프랑스, 독일, 미국에 있는 수퍼 컴퓨터를 사용하여 진행되었다. 일러스트리스는 8,192개의 컴퓨터 코어에서 1,900만 CPU 시간(1대의 컴퓨터로 1,900만 시간, 혹은 2,000년 걸리는 작업량) 동안 작업한 지금까지 수행된 컴퓨터 모의실험 중에서 가장 거대한 것이었다. 그림 3은 150억 년 전부터 현재까지의 암흑물질의 밀도의 진화를 보여준다. 그림의 밝은 부분은 필라멘트가 교차하는 부분에 위치한 은하단을 보여준다. 이러한 은하단은 수백억 개의 별들로 이루어진 은하가 수백에서 수천 개 모여 형성된다.

78쪽의 그림 17은 찬드라 우주 망원경이 포착한 이 과정의 종착역을 보여준다. 무거운 은하단 MACSJ0717.5+3745(줄여서 MACSJ0717)은 지구로부터 54억 광년 떨어진 곳에 위치한 천체로 4개의 개별 은하단의 충돌에 의해 형성됐다. 이 거대 은하단은 은하단 사이의 거대하고 복잡한 충돌 과정을 보여주는 첫 번째로 발견된 예이다. 1,300만 광년의 거리에 걸쳐 뻗어져 있는 필라멘트 구조를 통해 은하단으로 쏟아지는 은하, 뜨거운 가스, 암흑물질들의 반복적인 충돌이 이 은하단에서 발생한다. 가스 덩어리들 사이의 충돌은 뜨거운 가스들이 천천히 움직이게 한다. 반면에 대부분이 빈 공간인 은하의 경우는 천천히 움직이지 못해 가스보다 앞서 움직이게 된다. 각 은하단의 움직임의 속력과 방향은 은하의 평균 분포와 뜨거운 가스가 가장 많이 모여 있는 곳의 위치 차이를 연구해서 구할 수 있다. 2억 도가 넘는 가스의 분포는 그림 17에서 서로 다른 색으로 표현되어 있다. 그림에서 가장 뜨거운 가스는 파란색으로, 차가운 가스는 붉은 보라색으로 나타나 있다. 허블 우주 망원경에서 얻은 광학 이미지는 은하들의 분포를 보여준다.

그림 17은 (A, B, C, D로 표기되어 있는) 4개의 서로 다른 은하단에 속한 은하들의 분포와 3개의 빠르게 움직이는 은하단의 방향을 보여준다. 각 화살표의 길이는 지면에서 수평한 방향으로 움직이는 은하단의 대략적인 속도를 나타낸다. 은하단의 움직임의 방향이 은하, 가스, 암흑물질이 흘러가는 필라멘트 방향과 대략 평행함에 주목해보자. 이는 켁 천문대Keck Observatory에서 얻은 자료를 활용하여 은하단의 시선 방향에서의 속도와 은하단 사이의 3차원 구조 및 충돌의 역학적 특성을 파악한 것이다.

좌측 하단의 D 은하단에 위치한 차가운(빨간색) 가스 영역은 충돌 이전부터 지금까지 계속 유지되고 있는 것으로 보인다. A 은하단은 현재의 반대 방향에서부터 주 은하단을 한 번 지나쳐 다시 떨어지는 것으로 보인다. A와 D 은하단 모두 필라멘트에서 만들어진 것으로 추측된다. 반면, B 은하단의 기원은 잘 알려져 있지 않다. 이 은하단은 시선 방향 속도가 다른 은하단들에 비해서 훨씬 빠르다. 어쩌면 필라멘트 구조의 바깥쪽 경계로부터 떨어지면서 포물선 궤적으로 주 은하단을 향해 움직이거나, 더 작은 구조의 필라멘트를 따라 주 은하단을 향해 떨어지고 있는 것일지도 모른다. 은하단 C의 은하와 뜨거운 가스들은 MACSJ0717 전체의 움직임과 나란히 움직인다. 때문에 C 은하단이 전체 은하단의 유력한 중심이라고 할 수 있다. 넓은 영역의 엑스선 이미지는 은하단과 연결된 거대 규모의 필라멘트 구조의 위치를 대략적으로 보여준다. 물질들이 이 필라멘트들을 따라 은하단으로 흘러간다.

MACSJ0717은 암흑물질과 바리온 물질들이 필라멘트를 따라 은하단으로 끌려가는 것을 보여주는 가장 대표적인 예일 것이다. 하지만 은하단에서 가스 필라멘트 구조에 있는 바리온 물질들을 검출하기란 쉽지 않은 일이었다. 천문학자들은 바리온 물질들이 필라멘트에 존재해야 한다는 것을 알고 있었다. 빅뱅 이후 몇 분 사이에 발생한 수소가 헬륨으로 합성된 과정을 바탕으로 단위면적당 존재하는 양성자의 양을 확실하게 계산할 수 있었다. 현재까지 137억 년의 시간 동안 우주의 팽창 등의 효과를 고려해 계산해보면 500세제곱미터당 100여 개의 양성자가 존재해야 한다. 이 계산은 대부분이 빈 공간이라 할 수 있는 우주 전체 영역

18 | 우주 그물 구조에서 발생하는 엑스선

먼 우주에 위치한 퀘이사에서 발생한 다양한 에너지의 엑스선이 전달되는 과정을 여러 색의 파동으로 도식화한 이미지. 엑스선이(하얀색으로 표시된) 은하단 사이의 필라멘트 구조 안에 있는 가스를 통과하면서, 특정 범위의 에너지를 갖고 있는 엑스선(여기에서는 노란색)은 가스의 산소 원자에 의해 선택적으로 흡수된다.

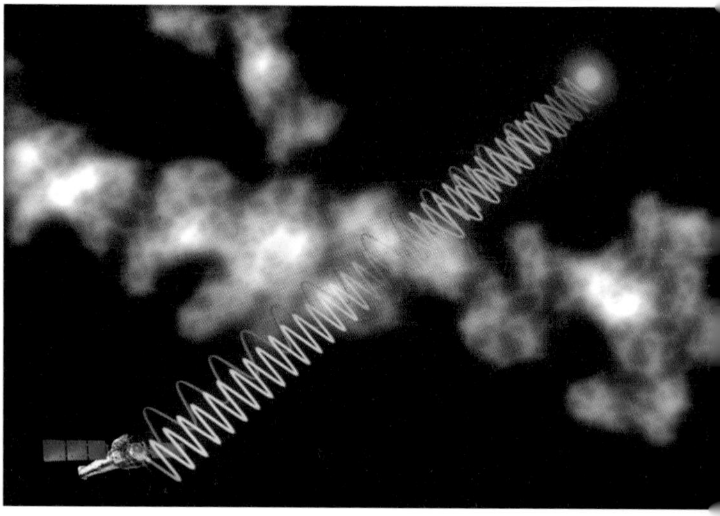

의 평균을 구한 것이다.

여기서 문제가 발생한다. 은하 안에 포함된 별과 가스 덩어리 등의 물질과, 은하단에 포함된 뜨거운 가스의 양을 모두 추산해보아도 빅뱅 모델로 계산한 물질의 양과 비교했을 때 고작 절반밖에 되지 않는다. 나머지 절반은 어디에 있는 것일까? 가장 설득력 있는 추측은 이 물질들이 우주 그물 구조에 포함되어 있다는 것이다. 마치 중력의 강이 만들어낸 계곡에 안개가 펴져있는 것처럼 말이다. 이 절반의 물질을 찾기 위해 여러 과학자팀들은 허블과 찬드라 우주 망원경을 이용하여 연구해 왔다. 우주 그물 구조의 발달을 보여준 컴퓨터 모의실험들은 필라멘트 구조에 위치한 가스는 10만~1000만 도 사이의 온도일 것이라고 예측했다. 이 가스를 뜨뜻미지근한 은하간 사이 물질이라는 의미로 WHIM Warm-hot intergalactic medium 이라고 부른다. WHIM 가스는 주로 엑스선을 방출하게 된다. 이 엑스선 방출은 전자가 원자를 때리면서 발생하는데, 그 세기는 매우 약할 것으로 추측된다. 필라멘트에서 원자들이 흔치 않고 엑스선 방출이 어렵기 때문이다. 오히려 필라멘트보다 먼 우주에 있는 밝은 천체에서 방출된 엑스선이 필라멘트 구조 안에 위치한 원자에 흡수되어 WHIM의 존재가 밝혀지는 경우가 있다.

허블 우주 망원경은 먼 곳에 있는 퀘이사에서 방출된 빛을 WHIM이 흡수하는 현상을 관측하여 숨길 수 없는 관측적 증거를 제시하였다. 퀘이사는 은하 중심의 초대질량 블랙홀에 물질이 빨려들어 가면서 발생하는 엄청난 빛의 방출 현상을 말한다. 허블이 관측한 이 퀘이사들은 100억 광년 혹은 그보다 더 멀리 떨어진 곳에 위치한다. 즉 우리가 이 퀘이사들을 관측할 때의 우주는 40억 년보다 젊었을 때의 우주이다. 퀘이사에서 방출된 빛이 지구로 여행하는 동안, 빛은 하나 이상의 은하 사이의 공간을 통과하게 된다. 몇몇 빛들은 흡수될 것이고, 퀘이사의 스펙트럼에서 그림자처럼 검은 선으로 보이게 된다. 허블 우주 망원경이 바로 이러한 그림자들을 자외선 영역에서 발견한 것이다. 하지만 이러한 관측들의 분석 결과, 예상되는 WHIM는 오직 10%만이 발견되었다. 이에 대한 적절한 설명은 WHIM이 백만 도 이상의 높은 온도를 가질 거라는 것이다. 이러한 경우 WHIM에 포함된 산소 이온의 바깥쪽에 있는 많은 양의 전자들이 벗겨져 나가면서 엑스선 영역에서만 관측될 가능성이 있다.

매사추세츠 공과대학MIT, 하버드-스미스소니언 천체물리 연구소CfA, UC 어바인, 오하이오 주립대학의 여러 그룹들이 퀘이사를 관측해서 뜨거운 가스로 이루어진 시스템의 여러 부분들을 알려주었다. WHIM(그림 18, 19)에 포함된 뜨거운 가스 성분에 대한 최선의 증거는 UC 어바인의 타오타오 팡Taotao Fang과 동료들이 발견한 것으로, 지구에서 40억 광년 떨어진 엑스선 천체의 스펙트럼에 나타난 뜨거운 가스의 흡수선이다. 이 흡수선을 만들어낸 가스는 조각가 자리의 벽 구조에 포함된 가스로 추측된다. 조각가자리의 벽 구조(그림 19)는 지구에서 4억 광년 떨어진 은하들이 수백만 광년에 걸쳐 형성하고 있는 종잇장 같은 구조이다. 이때 발생한 배경 퀘이사 빛의 흡수는 찬드라와 XMM-Newton 망원경 관측에서 모두 발견되었고, 그 세기는 컴퓨터 모의실험에서 예측된 것과 일치하였다.

컴퓨터 모의실험에서 예측한 것처럼, WHIM은 실제로 우주에 존재한다. WHIM은 은하들 사이의 고속도로처럼 물질들을 거대한 은하단으로 전달하면서 움직이고 있었다. 마치 "도시 중심부"에서와 같이 말이다.

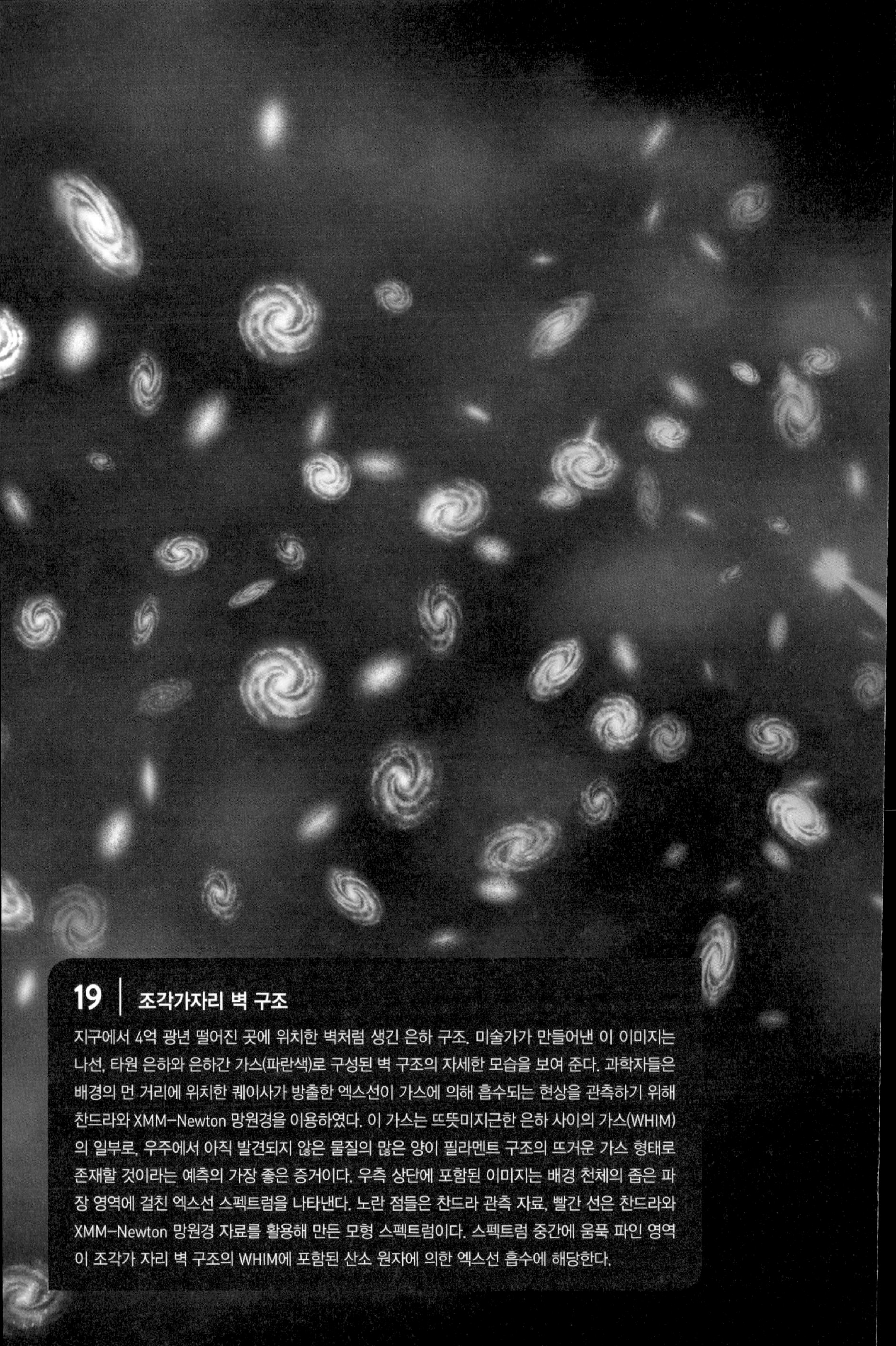

19 | 조각가자리 벽 구조

지구에서 4억 광년 떨어진 곳에 위치한 벽처럼 생긴 은하 구조. 미술가가 만들어낸 이 이미지는 나선, 타원 은하와 은하간 가스(파란색)로 구성된 벽 구조의 자세한 모습을 보여 준다. 과학자들은 배경의 먼 거리에 위치한 퀘이사가 방출한 엑스선이 가스에 의해 흡수되는 현상을 관측하기 위해 찬드라와 XMM-Newton 망원경을 이용하였다. 이 가스는 뜨뜻미지근한 은하 사이의 가스(WHIM)의 일부로, 우주에서 아직 발견되지 않은 물질의 많은 양이 필라멘트 구조의 뜨거운 가스 형태로 존재할 것이라는 예측의 가장 좋은 증거이다. 우측 상단에 포함된 이미지는 배경 천체의 좁은 파장 영역에 걸친 엑스선 스펙트럼을 나타낸다. 노란 점들은 찬드라 관측 자료, 빨간 선은 찬드라와 XMM-Newton 망원경 자료를 활용해 만든 모형 스펙트럼이다. 스펙트럼 중간에 움푹 파인 영역이 조각가 자리 벽 구조의 WHIM에 포함된 산소 원자에 의한 엑스선 흡수에 해당한다.

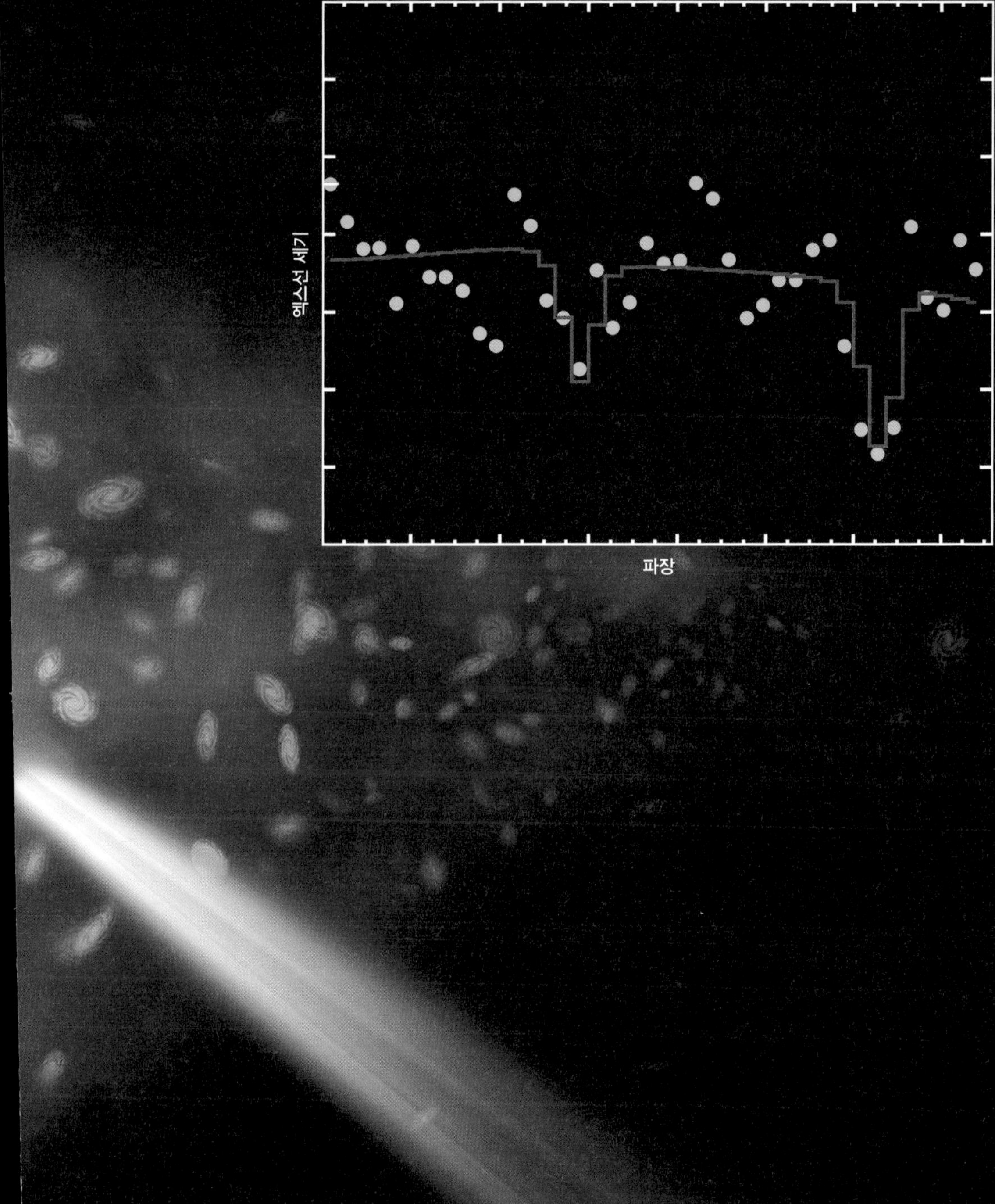
엑스선 세기
파장

2부

THE 무서운 우주

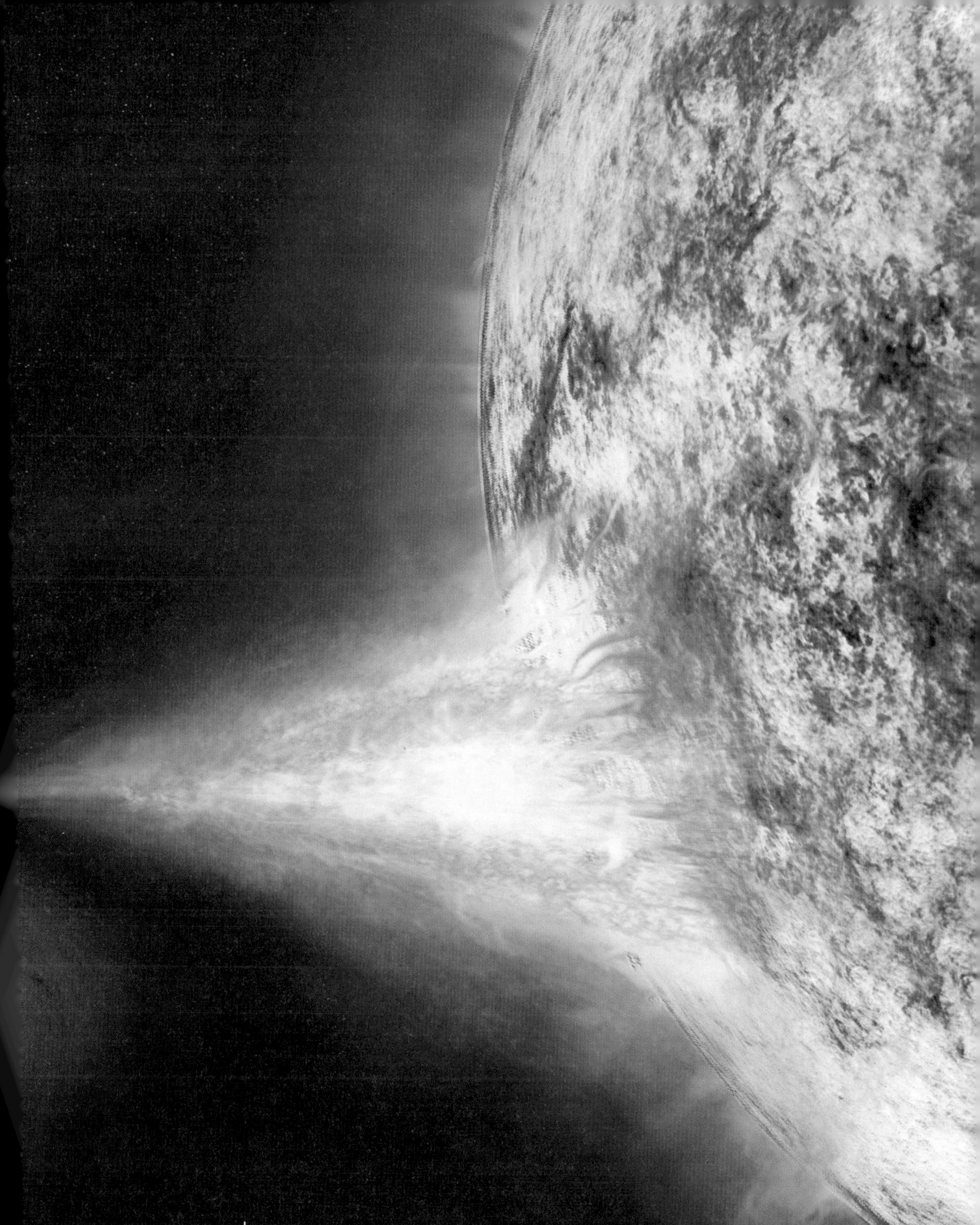

20 블랙홀에 유입되는 물질

질량이 큰 푸른색 동반성(companion star)으로부터 물질을 끌어당기는 블랙홀의 상상도. 유입되고 있는 가스물질은 블랙홀 주변에 회전하는 원반을 형성한다(이미지의 적색 및 오렌지색). 유입물질의 일부는 블랙홀 내부로 들어가기도 하고 일부는 매우 역동적인 제트의 형태로 외부로 날아간다.

21 | 블랙홀 주변 부착원반 내 가스물질

가스물질이 원운동을 하며 블랙홀을 향해 접근하면 가스입자 사이의 마찰력으로 인해 가스입자 온도가 섭씨 수백만 도로 가열된다. 가스입자가 좀 더 블랙홀 안쪽으로 이동해 사건 지평선 너머로 사라지기 직전에 가스입자는 엄청나게 가열되고 부풀어 올라 블랙홀 주위에 왕관 혹은 코로나 형태를 만든다. 어떤 경우에는 중력과 함께 자기력이 작용해서 가스입자들이 엄청나게 빠른 속도의 제트로 방출된다.

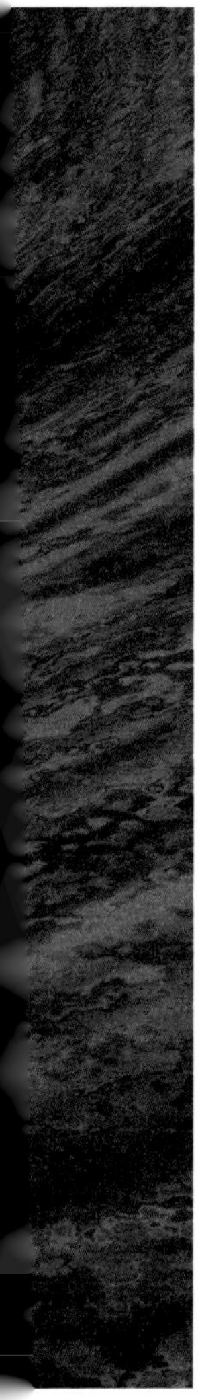

8

우리는 흐릿한 별빛에서 즐거움을 찾게 될 거야.

새뮤얼 테일러 콜리지, 〈나이팅게일〉, 1798

흐릿한 별빛에서 즐거움 만끽하기

천문학 분야에서 천체의 예상치 못한 밝기를 설명하는 것은 주요 도전 과제 중 하나이다. 예를 들면, 매우 강한 복사를 방출하는 은하의 중심부 열원 혹은 은하의 핵이나, 비정상적으로 밝은 초신성 따위이다. 가끔은 이렇듯 흐릿하게 빛나는 천체를 연구해서 중요한 발견이 이루어지기도 한다. 그중의 하나가 예상보다 어두운 초신성의 발견이다. 이 발견을 통해서 우리가 살고 있는 우주에 여전히 그 정체가 밝혀지지 않은 암흑에너지dark energy가 가득 차 있다는 주장들이 제기되었다.

3백 년 전 뉴턴의 중력이론이 발표된 이후 천문학자들은 중력수축gravitational collaps을 하고 종국에는 어두워지는(사실은 완전히 암흑 상태의) 별이 있을 것이라고 꾸준히 추측해 왔다. 그 근거는 중력이 너무 강해 심지어 빛조차도 중력으로부터 탈출할 수 없다는 것이다. 지난 40여 년간 천체물리학자들은 이들, 즉 암흑 상태의 별(현재의 블랙홀)이 존재하는 것에 대한 각종 증거를 모아 왔다. 그들은 질량이 너무 커서 어떤 방법을 사용해도 자체 중력의 힘에 반하게 작용하여 안정화시킬 수 없게 되는 특정한 천체를 찾아 왔다. 이 아인슈타인의 일반상대론에 따르면 이러한 천체는 중력수축을 계속하여 블랙홀이 된다.

태양 질량의 약 3배보다 가벼운 별은 중력수축이 진행되나 원자 내 핵력 덕분

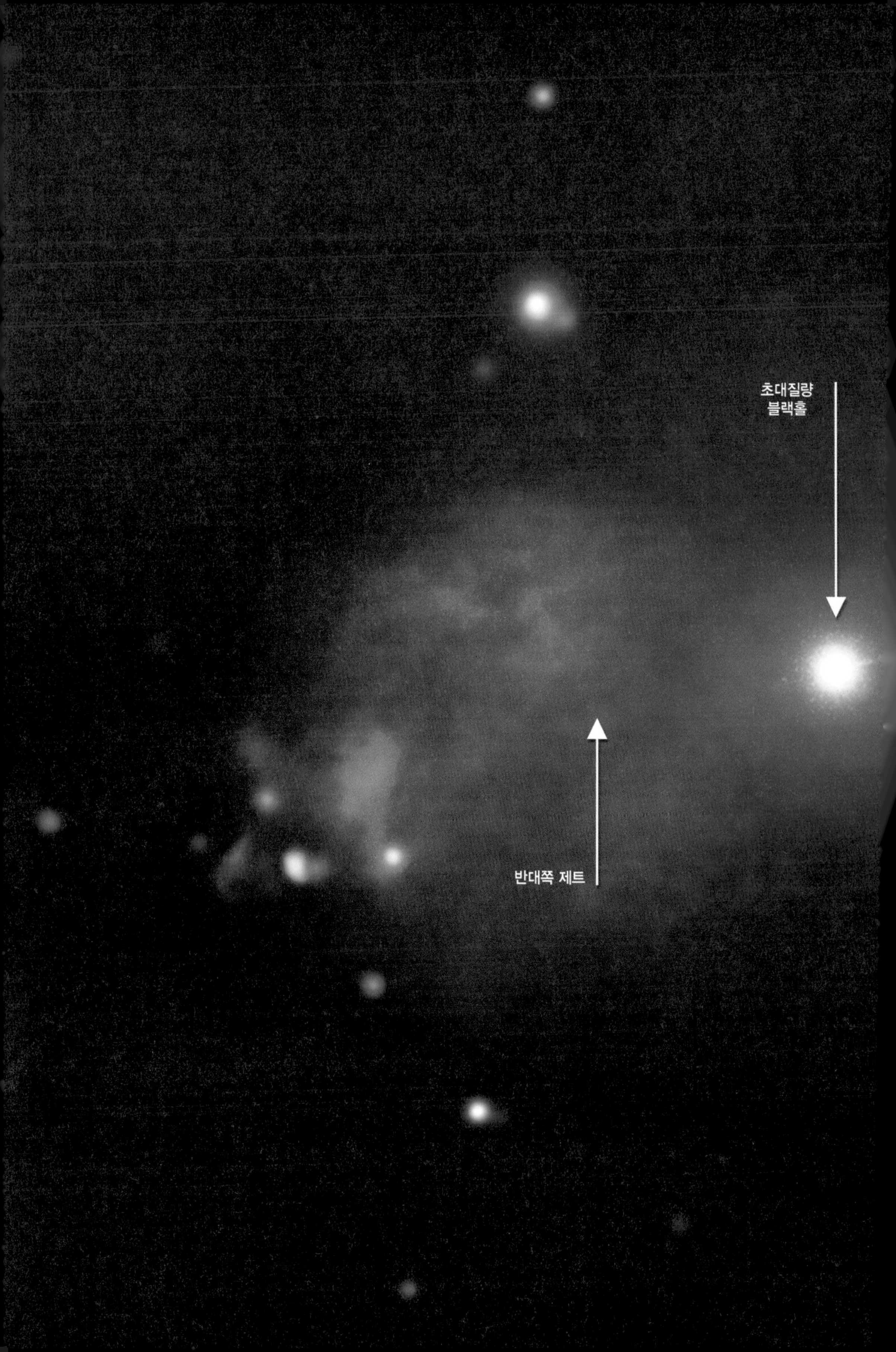
초대질량
블랙홀
반대쪽 제트

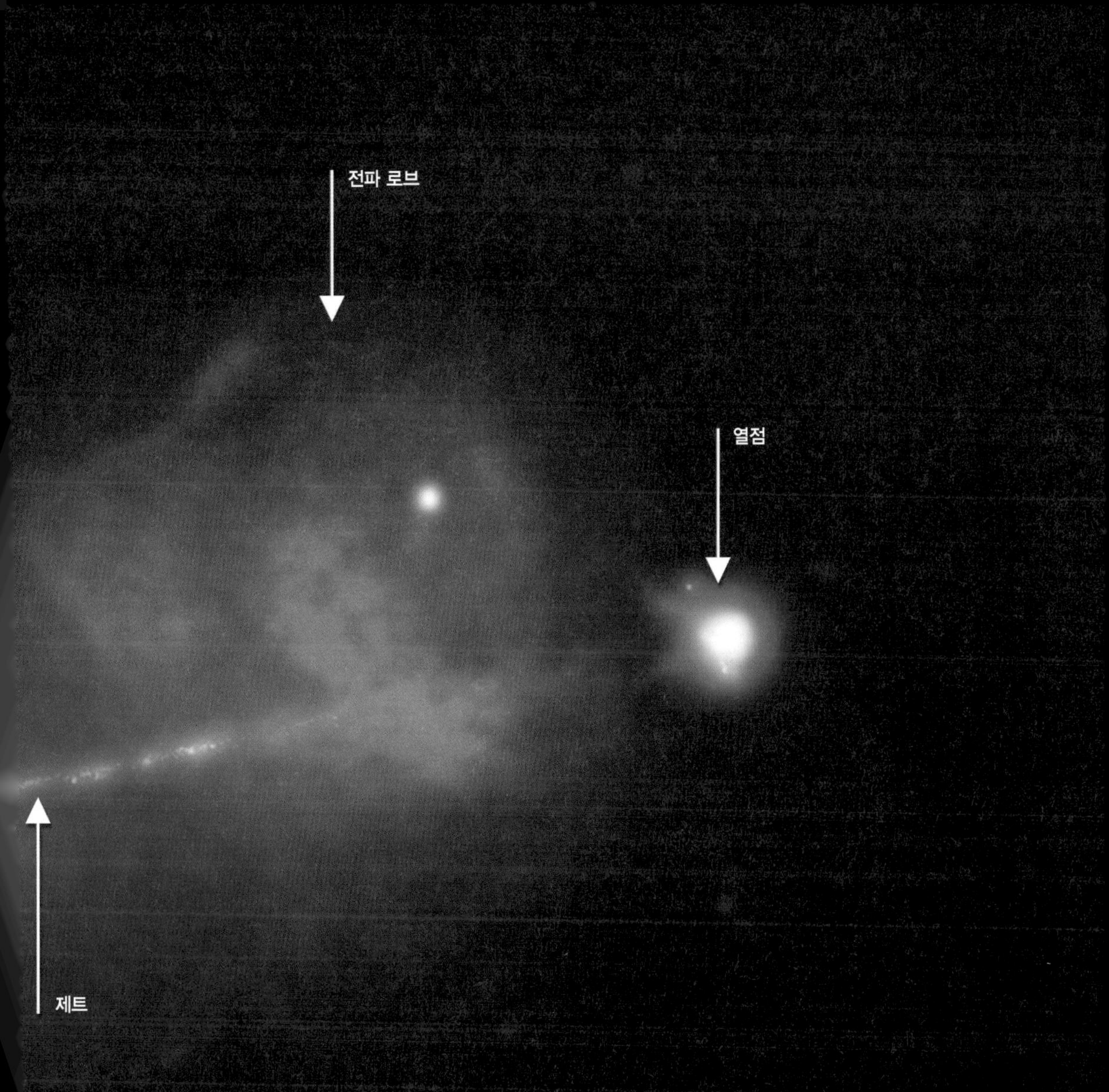

22 | 이젤자리 전파원 A

지구에서 약 5억 광년 거리에 있는 은하 이젤자리 전파원 A(Pictor A)의 다색 합성 이미지. 호주의 전파 망원경 ATCA(Australia Telescope Compact Array)로 관측된 전파 자료가 붉은 색, 찬드라 우주 망원경 엑스선 자료가 푸른색으로 표시되었다. 은하의 중심에 있는 초대질량 블랙홀 주위를 맴돌며 소용돌이치는 물질이 주변 입자들을 은하 사이의 우주 공간으로 빛의 속도에 필적할 만큼 빠른 속도의 제트로 분출시키고 있다. 이 결과 대략 3백만 광년의 공간에 걸쳐서 연속적인 엑스선 복사가 방출된다. 참고로 우리은하는 직경이 약 백만 광년이다. 보통 제트의 경우 양방향으로 진행하게 되나 이미지에서 오른쪽에 보이는 제트의 경우 관측자의 시선 방향으로 향하고 있어서 반대편의 제트에 비해서 밝게 보인다. 붉은색으로 보이는 전파 구름 혹은 전파 덩어리들은 그림에서 푸른색으로 보이는 은하간 물질에 의해서 감속된 제트에 의해서 만들어진다. 열점(hotspot)은 이 제트의 진행 종단점 근처에서 발생하는 충격파에 의한 것이다.

에 중성자별이 되면서 안정화된다. 현 과학 이론에 의하면 임계 질량보다 무거운 별은 블랙홀이 된다고 추정된다. 비록 질량이 큰 별이 어떻게 일생을 마치는가에 대한 이론은 완벽하지 않지만, 천체물리학자들이 보기에 우리은하에서만 최소 백만 개, 아마도 수억 개의 별이 블랙홀이 되었다고 추정하고 있다.

안타깝게도 블랙홀은 자신의 존재 유무를 쉽게 알려주지 않는다. 이론적으로 보면 블랙홀이 다른 별과 쌍성을 이루는 경우에 그 별에 미치는 중력효과를 파악해 존재 유무를 확인하게 된다. 그러나 은하에는 이러한 쌍성이 수십억 개가 있어서 블랙홀 찾기는 만만치 않다. 다행히도 자연계에 존재하는 그 어마어마한 숫자 덕분에 블랙홀 찾기가 가능하다. 모든 블랙홀의 약 절반 정도는 쌍성계를 이루고 있다고 추측되며 그중의 극히 일부만이 블랙홀과 그 동반성이 매우 가까워서 블랙홀이 동반성으로부터 물질을 끌어가게 된다. 이렇게 물질이 동반성으로부터 블랙홀로 전달되면서 부착원반accretion disk이라는 것이 형성되고 극한의 중력효과와 마찰력 때문에 이 가스물질은 수백만 도까지 가열된다(88쪽 그림 21). 이렇게 가열된 가스는 엑스선 망원경으로 관측할 수 있을 만큼 강력한 엑스선 복사를 방출한다.

지금 시점에서 알려진 유일한 것은 그 곳에 어두운 별이 있다는 사실이다. 물론 그 별은 중성자별neutron star일 수도 있다(그림 23). 사실 따져보면 엑스선 복사를 방출하는 대부분의 쌍성계에서 발견되는 것은 블랙홀이 아니라 중성자별이다. 이러한 어두운 별의 질량이 태양 질량의 약 3배 이상인지 확인하기 위해서는 엑스선 망원경과 광학 망원경을 이용한 관측이 필요하다. 아인슈타인의 상대론이 올바른 이론이라는 가정하에 질량이 태양의 3배 이상이면 그 어두운 별은 블랙홀이다. 최초의 블랙홀 후보인 백조자리 엑스선원-1은 이러한 과정을 거쳐 1972년에 발견되었다. 현재까지 이러한 방법으로 확인된 별의 질량 정도를 갖는 블랙홀 후보의 수는 약 20여 개이다. 여기서 굳이 "후보"라고 지칭한 이유는 질량을 추정해보니 중성자별이 되기에는 어두운 별의 질량이 너무 크기 때문이다. 물론 이 천체들은 이전까지 발견되지 않은 새로운 물질로 구성되었을 수도 있다. 그래서 중력이 너무 크더라도 잘 견대내고 있을 수도 있다. 비록 이렇게 해석될 가능성이 높지는 않지만 우리가 모르는 새로운 물리학의 내용일 수도 있다는 점을 간과해서는 안 된다.

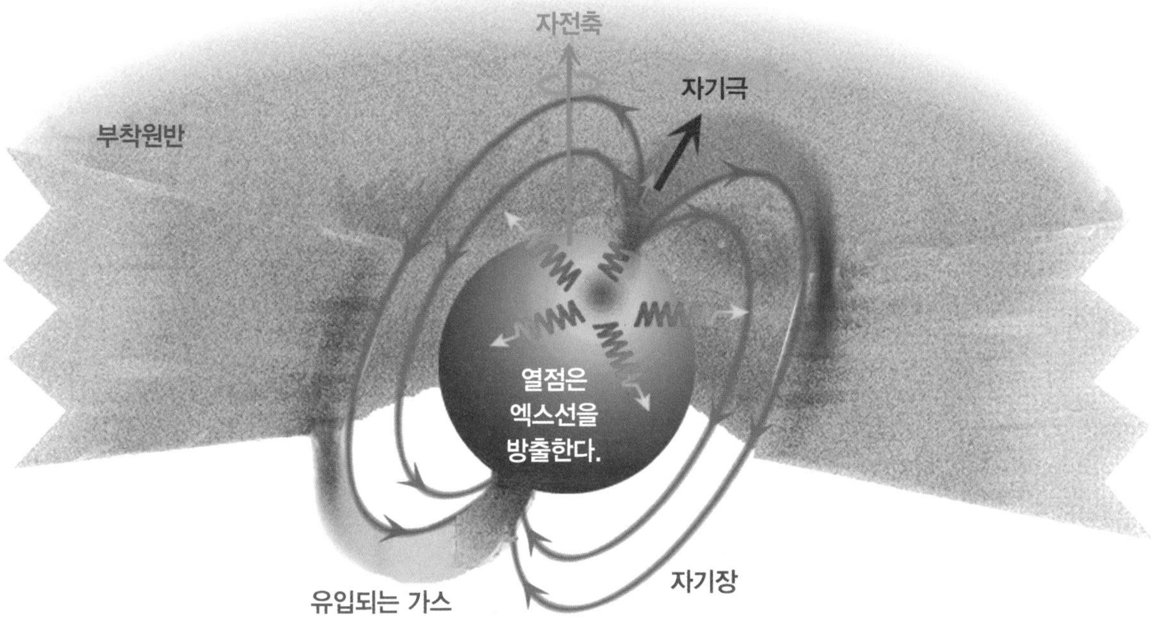

23 | 중성자별로 떨어지고 있는 물질의 모습

중성자별 근처의 부착원반에 있던 물질이 중성자별 표면으로 떨어지고 있는 모습의 개념도. 중성자별 근처 자기장의 세기가 매우 강하기 때문에 그중에서 자기장의 세기가 제일 약한 자기극 지역으로 물질이 유입된다. 이렇게 물질이 유입되어 표면에 충돌하는 지점을 열점이라고 부르며 중성자별의 자전축과 관측자의 방향 등 기하적인 구조에 따라 보였다가 보이지 않고를 반복하며 이러한 현상이 엑스선 방출에서 맥동현상으로 관측된다.

"블랙홀"이 있다고 명확히 보여주기 위해서는 사건 지평선, 즉 시공간에서 블랙홀과 그 밖의 우주를 구분하는 일종의 한 방향 막과 같은 경계면이 존재함을 밝혀야 한다. 사건 지평선 밖에서 물질, 복사, 그리고 에너지가 블랙홀 내부로 빨려 들어가지만 모든 것, 심지어 빛조차도 그 안에서 나올 수 없다.

약 수천 광년의 거리에서 블랙홀을 관측하는 경우, 태양 질량의 약 10배의 블랙홀은 약 15 km 크기의 그림자 영역(사건 지평선) – 중력반경이라고 명명하기도 함 – 을 갖는데, 이 크기는 너무 작아서 망원경으로 분해할 수 없다. 다만, 천체물리학자들은 간접적인 방법으로 이러한 사건 지평선 존재 유무를 확인할 수 있다.

사건 지평선의 중요한 특징은 바다의 표면처럼 보통 우리가 말하는 의미의 표면이 아니라는 것이다. 사건 지평선에 부딪히는 입자는 어떤 물체와도 충돌하지 않게 될 것이다. 이 입자는 마치 그곳에 아무것도 없는 것처럼 바로 통과해버릴 것이다. 원래 그 안쪽에는 아무것도 없기 때문이다.

질량이 큰 천체가 중력수축해서 사건 지평선을 만들고 마침내 블랙홀이 된다는 것을 증명하는 한 가지 방법은 사건 지평선이 표면이 아니라는 것을 보이는 것이다. 현재 관측되는 많은 엑스선 쌍성계를 살펴보면 이와 같은 내용을 확인할 수 있는데 엑스선 쌍성계의 밀집성compact star들은 주위에 표면을 갖고 있으나 사건 지평선을 갖지 않는다.

하버드–스미스소니언 천체물리 연구소CfA의 라메시 나라얀Ramesh Narayan과 제프리 매클린톡Jeffrey McClintock은 엑스선 쌍성계에서 사건 지평선을 찾는 몇 가지 방법을 제시했다. 이러한 방법 중에서 몇 가지는 중성자별과 블랙홀에 충돌하는 입자에 의한 엑스선 복사를 비교하는 것과 관련되어 있다.

중성자별과 블랙홀을 구분하는 한 가지 방법은 소위 말하는 I형 엑스선 분출이라는 현상이 존재하는지 확인하는 것이다. 동반성에서 끌어당겨진 가스입자들은 중성자별 표면에서 밀도가 높고 온도가 높은 영역을 만든다. 이렇게 만들어진 영역이 커지면서 임계 질량을 넘어서게 되면 핵폭탄처럼 폭발하고 축적된 물질을 우주 공간으로 날려버리고 이때 엑스선 분출현상이 나타난다. 이 현상은 사건 지평선이 아니라 실제로 표면을 갖고 있는 밀집성에서도 발생한다. 현재까지 이러한 엑스선 분출은 수천 개의 중성자별에서 관측되었지만 아직 블랙홀과 관련된 것은 보고되지 않았다. 이와 같이 블랙홀(블랙홀 여부가 확인되지 않았으니 블랙홀 후보라고 부르는 것이 적절하겠다)과 관련된 엑스선 분출이 아직 관측되지 않았다는 사실은 중력성gravastar이 존재하고 있다는 주장에 반하는 것이다. 중력성은 혼성어로서 "중력적으로 진공인 밀도가 높은 별"이라는 가설에 기반하며 암흑에너지에 의해서 풍선처럼 부풀어 오른 밀도가 매우 높은 공이다. 좀 더 그럴듯하게 표현하면 아인슈타인의 이론(상대성이론)을 일부 수정한 것과 관련되며 이렇게 수정하면 이 천체는 표면을 갖게 된다.

블랙홀 주변의 사건 지평선 존재를 판단할 수 있는 강력한 방법은 엑스선 신성을 연구하는 것이다. 이 천체는 앞서 언급한 엑스선 쌍성계의 일부분이며 가끔 플레어 현상을 보이고 길게는 몇 달 동안 매우 밝아지고 그 이후 일 년 혹은 수십 년에 걸쳐서 천천히 어두워지고 이후 다시 플레어 현상을 보인다. 이와 같은 변화를 설명하기 위한 방법은 본래 밀집성 주위의 원반 형태가 엑스선 신성이 조용한 시기에는 없어진다는 것이다. 이와 같이 조용한 시기에는 동반성으로부터의 물질유입양도 적고 당연히 엑스선 방출량도 매우 적게 된다. 다만 중성자별의 경우 어떻든 표면으로 입자들이 충돌하며 그 결과 엑스선 복사가 발생하므로, "조용한 중성자별"도 표면을 갖지 못해 충돌이 이루어지지 않는 블랙홀보다는 상대적으로 밝다.

공전주기가 비슷한 엑스선 쌍성계는 가스입자가 유입되는 비율 역시 유사하다는 것이 관측으로 알려졌다. 이와 같은 정보를 이용하여 CfA의 나라얀과 매클린톡, 그리고 마이클 가르시아Michael Garcia는 조용한 상태에 있는 중성자 신성과 블랙홀 신성의 엑스선 광도를 비교하면 블랙홀의 사건 지평선 존재 유무를 판단할 수 있을 것이라고 제안했다. 만약 위의 두 천체 모두에 소위 표면이라는 것이 존재하면 조용한 상태에 있는 두 천체의 엑스선 밝기는 대략 비슷할 것이다.

관측 및 분석 자료에 따르면 조용한 상태에 있는 중성자 신성의 엑스선 광도는 블랙홀 신성에 비해 약 100여 배 밝으며 이 값은 사건 지평선을 갖는 블랙홀에서 예상되는 값과 유사하다. 이 결과는 블랙홀이 사건 지평선을 갖는다는 사실을 증명해주는 매우 강력한 증거로 현재까지 간주되고 있다.

항성 질량 블랙홀('stellar mass black-hole'을 번역한 것으로서 실제로는 태양 질량의 수~수십 배의 값)이 존재함을 증명하는 강력하고 다양한 증거들이 있다.

그러나 1H1905+000(이 숫자는 천체의 우주 공간상의 위치를 표시함)라는 천체의 엑스선 복사량과 관련한 매우 엄격한 한계에 관한 보고서에서 CfA와 네덜란드 위트레흐트 대학에 소속된 피터 존커Peter Jonker와 동료 연구진들은 이러한 한계점이 명연기와 같다고 논지하였다. 존커(2007)는 논문에서 "조용한 상태에 있는 블랙홀과 관련되어서 사건 지평선이 존재한다고 하는 증거들은 증명되지 않았다."고 결론을 내렸다. 반면에 CfA의 나라얀과 매클린톡, 그리고 여러 엑스선 쌍성계 연구의 전문가들은 천체 1H1905+000에 대한 존커 등의 연구 가치를 인정하지만 존커 등의 결론 – 사건 지평선 존재가 증명되지 않았다는 강력한 결론 – 에 대해서 예외적인 몇 가지 부분을 지적했다. 예를 들어 광학 관측을 수행하면 1H1905+000의 공전주기가 약 1시간으로 예측되나 나라얀 등이 연구한 자료에 포함된 천체들은 공전주기는 4~12시간이다(즉, 서로 성격이 다른 천체를 연구하는 것이다). 공전주기가 짧다는 것은 공전속도가 빠른 것을 의미하므로 상대적으로 주변 물질이 이와 같이 빨리 공전하는 중성자별에 빨려 들어가기가 어렵다. 1H1905+000과 같이 아주 강력하게 속박된 블랙홀은 현재까지 알려진 바가 없기 때문에 서로 비교하는 것은 마치 사과와 오렌지를 비교하여 결론을 도출하는 것과 비슷할 것이라고 주장한다.

파리 천체물리학 연구소의 장 삐에르 라소타Jean-Pierre Lasota(2008)는 자신의 리뷰 논문에서 매 순간마다 어떤 사실의 진위에 대한 기존 패러다임에 반하는 것이 물론 의미 있는 일이기는 하지만 1H1905+000의 경우에는 존커 등의 연구 결과가 기존의 패러다임에 변화를 줄 만큼 강력하지 않다고 결론지었다. 다만 그는 관측자들이 지속적으로 이렇게 시도해야 한다고 말하고 있다.

관측자들은 우리은하 더 나아가 그 너머에 존재하는 항성 질량 블랙홀을 찾기 위해 지속적으로 연구하고 있다. 이러한 연구의 목표는 (1) 별 중에서 블랙홀로 진화하는 비율을, (2) 이러한 블랙홀의 질량 한계를, (3) 별들이 얼마나 빨리 자전하는지를, 그리고 (4) 사건 지평선에 가까워지면서 물질의 행동 양태의 변화 등을 밝혀내는 것이다.

항성 질량 블랙홀의 질량은 적어도 태양의 질량보다 3배 이상 많을 것이라고 주장할 만한 많은 증거들이 있다. 다만 잘 알려지지 않은 것은 3배 이상 얼마만큼 무거운 질량을 갖는 블랙홀이 가능한가이다. 수치 계산으로 현재의 태양과 유사한 물질 구성을 갖는 경우 태양 대비 최대 15~20배 이상의 질량을 갖는 블랙홀이 만들어지지 않음을 확인하였다. 블랙홀로 진화하는 별의 경우 일생 동안 위의 값에 비해 훨씬 무거운 상태를 지나게 된다. 왜냐하면 진화의 끝 단계에 다다르면서 다양한 맥동 현상으로 별의 외부 껍질을 우주 공간으로 날려버려서 많은 양의 물질을 잃기 때문이다. 별 중심부의 핵연료가 더 이상 역할을 수행하지 못하게 되면 중심부 영역, 즉 별의 핵은 붕괴되어 안쪽으로 수축하고 태양 질량의 5~20배 정도에 해당하는 블랙홀이 만들어지며 이 과정에서 엄청난 규모의 충격파가 발생하고 초신성 폭발로 별의 잔해는 우주 공간으로 분출된다.

2007년 샌디에고 주립대학의 제롬 오로스Jerome Orosz와 동료들(여기에는 CfA의 나라얀과 매클린톡이 포함됨)은 연구 논문에서 가장 질량이 무거운 블랙홀을 발견했다고 주장하였다. 이 천체(그림 24 참조)는 M33-X7로 불리며 우리은하에서 약 3백만 광년의 거리에 있는 나선은하 M33 내에서 발견된 것이다. 찬드라 우주 망원경을 이용한 엑스선 자료와 하와이 마우나케아섬에 위치한 제미니Gemini 망원경을 이용한 광학 관측 자료를 이용하여 이 천체의 질량이 태양 질량의 약 15.7배라는 결과를 도출하였다.

매 3.5일마다 엑스선 밝기에서 식현상(여러 천체가 있는 경우 상호 운동으로 인해서 어느 천체가 다른 천체에 의해 가려지는 것)이 보이는 것은 M33-X7을 이해하는 데 중요하다. 찬드라 및 XMM-Newton 망원경을 이용한 관측 자료로부터 블랙홀이 동반성에 의해서 가려지는 시간을 알아냈고 이 값은 곧 동반성의 크기를 알려준다. 동시에 제미니 망원경을 이용하여 동반성을 관측해 이 엑스선 쌍성계의 궤도 운동 요소를 찾아냈고 이렇게 하면 두 천체의 질량을 유추할 수 있다. 이외에도 다양한 관측치를 이용하여 이 천체들의 질량에 관한 유추가 가능한 유용한 정보를 추출할 수 있다.

블랙홀 주변의 부착원반에서 물질이 블랙홀로 급격히 빨려 들어가는 양상은 블랙홀의 자전 속도에 따라 다르다. 일반적으로는 빠른 회전을 하는 경우에 물질들이 사건 지평선 가까이 다가갈 수 있다고 알려져 있다. 결과적으로 빠른 회전을 하는 경우에 가스입자의 온도가 더 뜨겁고 발생되는 엑스선 복사량도 많고 강력하다. 유입되는 물질에 의해서 발생되는 엑스선 복사량의 세기 및 엑스선 복사 스펙트럼을 분석하면 블랙홀의 자전율을 꽤 자세히 유추할 수 있다. 물론 이 때,

블랙홀의 자전이 두 천체의 공전 궤도면과 일치한다는 가정을 하게 되는데, 이 가정은 크게 문제될 것이 없다. 이러한 방법은 수십 년 동안 천문학자들이 별의 반경을 측정하기 위해 사용된 것이다. 보통 별의 복사량, 광도와 온도를 알고 있으면 적당한 공식을 이용해서 별의 반경을 계산할 수 있다. 이와 같은 방법을 연속스펙트럼 맞추기 기법이라고 하며, 부착원반에서의 연속스펙트럼 혹은 매우 부드러운 곡선으로 가정된 스펙트럼을 이용해서 원반 안쪽 반경의 크기를 계산할 수 있다. 블랙홀 주변 부착원반의 경우 원반 안쪽의 위치는 회전율에 따라 바뀌므로 원반의 크기를 유추하게 되면 곧 원반의 회전율을 유추할 수 있다.

이 기법을 천체 M33−X7에 적용해보니 M33−X7 블랙홀은 최대 회전율, 즉 빛의 속도의 약 84%의 속도로 회전하고 있음을 알아냈다. 이렇게 놓고 보면 블랙홀은 우주에 존재하는 가장 단순한 천체라고 말할 수 있다. 왜냐하면 질량과 회전율만이 블랙홀을 대표하는 변수이기 때문이다. 결론적으로 우리는 꽤 큰 혜성과 비슷하게 직경 약 23.3 km의 크기를 갖고 약 3백만 광년의 거리에 있는 M33−X7에 대해서 거의 완전하게 이해하고 있는 셈이다.

2015년 9월 14일 캘리포니아 공과대학의 벤자민 애벗Benjamin Abbott과 약 1,000여 명의 공동연구진이 레이저 간섭계 중력파 천문대Laser Interferometer Gravitational−Wave Observatory, LIGO의 2개의 검출기(그중 하나는 미국 워싱턴주의 핸퍼드에, 다른 하나는 루이지내아주의 리빙스턴에 설치되었음)가 약 7밀리초의 시간 간격(검출기 설치 장소의 위치 차이에 기인함) 이내에서 동시에 중력파에 의한 신호를 검출했다는 사실을 발표하면서 블랙홀 연구와 천문학 전 분야가 새로운 시대를 맞이하게 되었다. 측정된 신호는 일반상대론에서 예측하는 두 개의 블랙홀이 쌍으로 존재하는 계에서 두 블랙홀이 나선 운동 후 하나로 합쳐지는 경우에 발생하는 음향신호와 잘 일치하였다. 두 블랙홀의 합쳐지기 전 초기 질량은 각각 태양 질량의 36배, 29배로 예측되었고 하나로 합쳐진 최종 블랙홀의 경우 태양 질량의 약 62배 정도로 측정되었으며 병합 전후의 총 질량 차이, 즉 태양 질량의 약 3배에 해당되는 에너지가 중력파의 형태로 우주 공간으로 방출되었다. 이 천체(GW150914)는 현재까지 알려진 가장 무거운 블랙홀이다. LIGO는 2015년 12월 26일에 또 다른 두 개의 블랙홀이 하나로 합쳐져서 발생되는 중력파를 검출했으며 이 때 측정된 블랙홀 질량은 각 각 태양 질량의 14.2배와 7.5배였다.

FANTASTIC UNIVERSE

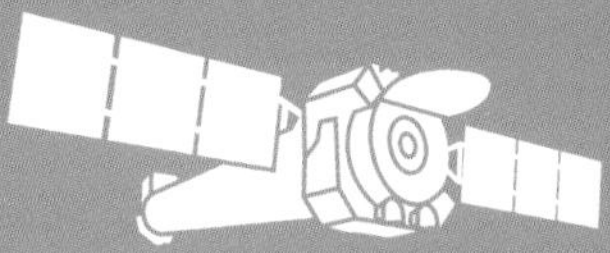

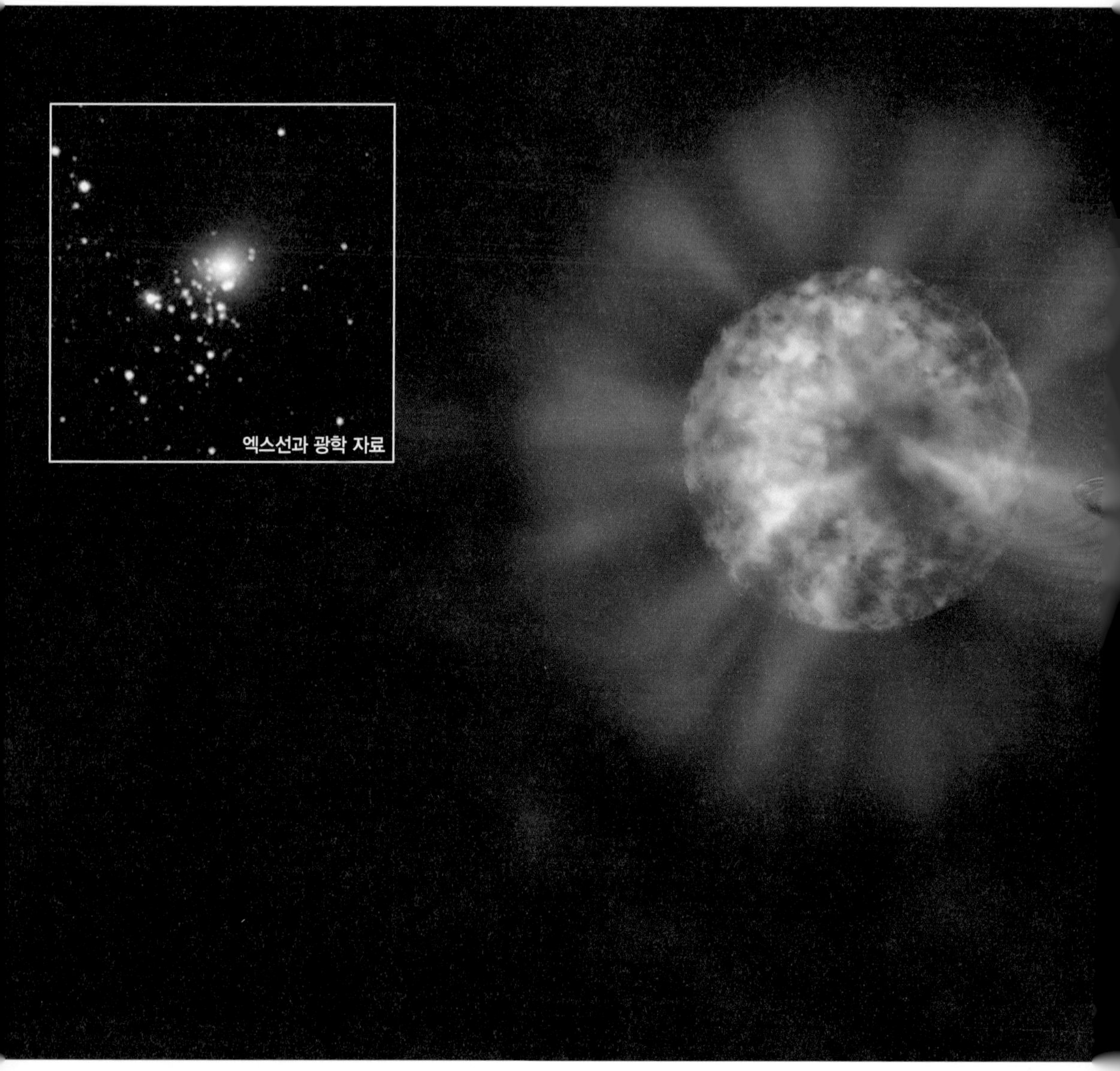

24 | M33-X7 블랙홀

우리은하 근처에 있는 외부은하 M33에서 발견된 항성 질량 블랙홀의 상상도. 태양 질량의 약 16배 정도인 블랙홀이 태양 질량의 약 70배 정도인 별(이미지에서 크고 푸른 천체) 주위를 공전하고 있다. 이 별에서 밖으로 분출되는 물질의 일부는 블랙홀 주변의 원반(이미지에서 오렌지색)에 끌려 들어간다. 블랙홀 주변의 원반 속 물질들은 나선 운동을 하며 점점 블랙홀 쪽으로 움직이며 마찰열이 발생해 온도가 수백만 도까지 증가하고 결국에는 엑스선이 방출된다. 왼쪽 위의 이미지는 찬드라 우주 망원경 자료(푸른색)와 허블 우주 망원경 자료를 동시에 복합적으로 표시한 것이다. 위에서 밝은 천체가 M33-X7 주위의 질량이 큰 젊은 별이고, 푸른색으로 보이는 천체가 찬드라 우주 망원경으로 발견된 M33-X7이다.

9

우리는 커(Kerr) 블랙홀에서 회전에너지를 효과적으로 뽑아낼 수 있는 천체물리학적 메커니즘-외부 전류에 의해 지지되는 자기장에 의한 전자기적 제동-이 존재함을 입증했다.

로저 블랜포드와 로만 즈나이엑, 〈커(Kerr) 블랙홀에서 전자기에너지 뽑아내기〉, 1977

백조자리 엑스선원-1, 마이크로퀘이사, 그리고 은하의 제트

1971년 미국 매사추세츠주 케임브리지에서 연구를 수행하던 과학기술자들은 우후루Uhuru 엑스선 위성을 이용하여 백조자리 엑스선원-1으로 명명된 천체의 엑스선 밝기가 1초 미만의 주기를 가지며 매우 급격히 변한다는 것을 발견하였다. 그 이후 몇 년 동안 이 천체에 대한 연구가 우후루 위성뿐만 아니라 광학 망원경, 전파 망원경 그리고 엑스선 검출기를 탑재한 로켓 등을 이용하여 집중적으로 이루어졌다. 그 결과 백조자리 엑스선원-1이 블랙홀이라는 주장이 제기되었다(87쪽의 그림 20에 보이는 것과 유사함). 당시 이론 천체물리학자들은 블랙홀에 대해 활발하게 논의했지만 실제 이러한 천체가 존재하는지에 대해서는 의문이 많았다. 이 후 블랙홀 권위자라고 말할 수 있는 스티븐 호킹Stephen Hawking 박사를 포함해서 천문학계에서 블랙홀이 존재한다는 사실을 받아들이는 데에 10년 이상의 시간이 필요했다.

블랙홀의 할아버지라고 할 수 있는 백조자리 엑스선원-1은 아직 주변 지역과 비슷할 정도로 어두워지지 않았다. 지구에서 6,070광년의 거리에 있는 이 천체는 항성질량 블랙홀 중 엑스선 밝기가 가장 밝으며 천체물리학자들에게는 블랙홀의 정체와 블랙홀 단계로 진입 시 물질의 행동 양태라는 주제를 연구할 때 가장 활발하게 논의되는 대상이다.

이러한 연구 내용 중의 하나는 2011년에 수행된 백조자리 엑스선원-1의 거리측정이다. 당시 매클린톡과 나라얀을 포함한 6개 대학의 연구진들은 가능한 모든 방법으로 백조자리 엑스선원-1과 동반성이 포함된 쌍성계를 연구하였다. 이렇게 해서 현재 우리가 알게 된 사실을 살펴보면 다음과 같다. 첫째, 백조자리 엑스선원-1의 질량은 태양 질량의 14.8배, 동반성의 질량은 태양 질량의 19.2배이다. 둘째, 이 쌍성계는 두 천체의 중력중심을 5.6일의 주기로 공전한다. 셋째, 두 천체 사이의 거리는 지구-태양 간 거리의 고작 1/5이다. 초거성(동반성)으로부터 물질이 밖으로 분출되고 블랙홀은 이 물질의 일부를 자신 주위의 부착원반으로 끌어들인다. 나선운동을 하며 블랙홀 주변으로 물질이 모여들면서 매우 강력한 중력에 의해 물질들은 고속으로 움직이고 동시에 천만 도 이상으로 가열된다. 이러한 뜨거운 원반물질이 현재 하늘에서 가장 밝은 엑스선 천체로 관측된다.

M33-X7 천체 연구에 적용된 기법을 똑같이 사용한 결과 백조자리 엑스선원-1은 현재 최대허용속도의 약 95% 정도의 속도로 회전하고 있다는 사실이 알려졌다. 사건 지평선은 초당 약 800회 이상의 속도로 빙빙 돌고 있다. 이 사실은 정말 중요한 결과인데(물론 이 결과는 추후 검증이 필요함) 그 이유를 한 가지만 들자면 회전하고 있는 블랙홀이 엄청난 양의 에너지를 축적하고 있기 때문이다.

블랙홀의 회전량을 추정하는 다른 방법은 1895년 빌헬름 뢴트겐Wilhelm Roentgen이 엑스선을 발견할 당시의 사용된 엑스선 형광X-ray fluorescence을 이용하는 것이다. 엑스선 형광현상은 고에너지를 갖는 엑스선 입자가 물질에 충돌하며 발생하는데 불안정한 원자가 생성되고 이 원자에 의해 엑스선 형광현상이 발생한다. 이 현상은 금속, 유리, 세라믹, 건물 구성 물질 등의 분석에 사용된다. 예를 들어 지화학geochemistry 연구, 경찰의 과학수사 기법, 고고학 연구, 그림 혹은 벽화, 오래된 문서 등의 고대 예술품 분석에 사용되고 있다. 천체물리학에서는 현재 강력한 성능을 갖는 찬드라 우주 망원경, XMM-Newton 망원경을 이용해서 위와 같은 엑스선 형광현상을 보이는 블랙홀 주변의 사건 지평선 근처에 존재하는 물질의 특성을 연구하는 것이 가능해졌다.

엑스선 형광현상은 고에너지 엑스선이 원자에 충돌하여 가장 낮은 에너지 준위에 있던 전자가 원자에 속박되지 않고 자유전자가 되고 결국에 불안정한 상태의 원자로 만드는 과정에서 발생한다(그림 25 참조). 불안정한 상태(즉, 안쪽의

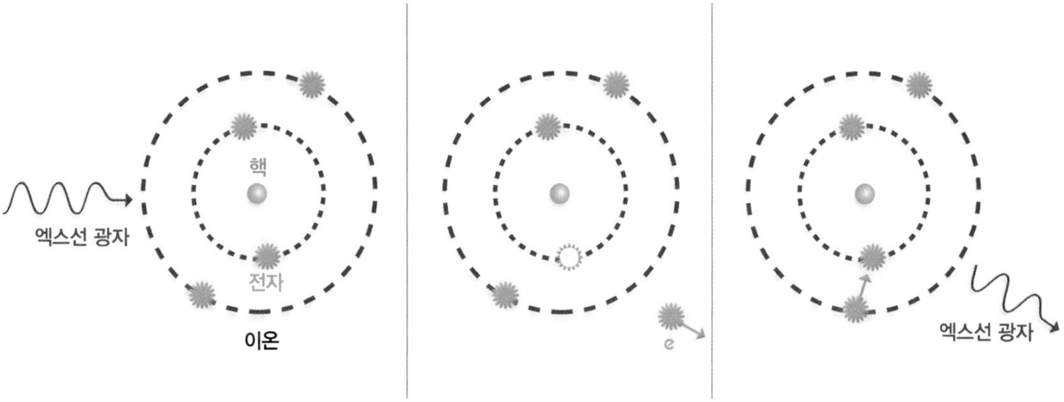

25 | 엑스선 형광

철 원자에서 엑스선 형광이 발생하는 모습. 고에너지 엑스선이 철 원자에 충돌해 원자 내 가장 낮은 에너지 준위의 전자를 원자의 속박으로부터 자유롭게 하여 원자는 불안정한 상태에 놓인다. 불안정 상태의 원자 내에서 높은 에너지 준위에 있던 전자는 즉각적으로 낮은 에너지 준위로 천이하며 특정 에너지를 방출한다. 이러한 현상은 블랙홀 주변의 매우 고온의 가스에서 엑스선이 방출되어 블랙홀 근처로 나선운동하며 접근하는 철 입자에 충돌하여 철 원자를 위와 같은 높은 에너지 준위로 유도하면서 발생한다. 불안정한 철 원자는 즉각적으로 낮은 에너지 준위를 이동하며 엑스선 형광선을 방출한다.

전자가 빠져나간 상태)의 원자에서 에너지 준위가 높은 곳에 있던 전자가 낮은 에너지 준위로 내려오고 원자의 특성 및 에너지 준위의 차이에 해당하는 엑스선 광자가 방출된다. 이런 현상은 에너지에 따라 관측되는 엑스선 밝기의 스펙트럼에서 예리한 피이크를 형성하게 되기 때문에 엑스선 방출선이라 부른다. 블랙홀 주변에서는 매우 고온의 가스에서 발생되는 엑스선 광자가 블랙홀로 나선운동을 하며 접근하는 물질 내 원자들과 충돌하면서 형광현상이 발생한다. 특히 철 원자에서 발생되는 엑스선 형광방출선의 경우 보통의 엑스선 망원경을 이용한 연구가 가능한 에너지 영역에서 매우 강한 엑스선을 방출하기에 중요하다고 할 수 있다.

천체물리학에서 보통 엑스선 반사 분광학이라고 불리는 엑스선 형광현상과 관련된 중요한 특징은 연구를 위해 지구에서 블랙홀까지의 거리 정보가 필요 없다는 것이다. 이러한 특징은 천문학에서 관심 있는 천체의 거리를 결정하는 것이 어려운 경우에 특히 그 진가가 드러난다. 도플러 효과와 함께 블랙홀 주변의 강한 중력에 의해 스펙트럼의 모양이 변하며 가스의 회전 정도와 블랙홀 주변의 공간 왜곡 등 충분히 예측 가능한 방법으로 스펙트럼이 낮은 에너지로 이동한다. 결국에 이러한 모든 것은 블랙홀의 회전 속도에 따라 결정된다.

엑스선 반사법을 백조자리 엑스선원-1에 적용한 결과 이 천체는 최대 회전 속도에 거의 근접하게 회전하고 있다는 사실이 확인되었다. 이 발견은 다음과 같은 이유로 매우 중요하다. 우선 사건 지평선이 존재한다는 것을 다시 한 번 말해 준다. 그리고 먼 거리에 있는 외부은하 중심부의 초대질량 블랙홀에 적용되는 연속선 짜맞추기 방법에 비해서 엑스선 반사법이 쉽게 적용 가능함을 확인시켜 주었다.

블랙홀의 모습을 일반인이 이해하기 쉽도록 그림으로 설명하자면, 어떤 것도 탈출할 수 없는 바닥이 없는 구덩이로 모든 것을 빨아들이는 우주 소용돌이 모양으로 표현할 수 있다. 블랙홀 주변에서 이동하고 있는 대부분의 물질에 대한 위와 같은 설명은 상당히 정확하다. 다만 전파 망원경과 엑스선 망원경을 통해 블랙홀을 관측한 결과 블랙홀 주변에서는 엄청난 규모의 빨아들이는 소리만 있는 것이 아니고 다양한 현상이 발생되고 있다.

우후루 위성이 발사되어서 관측 자료가 확보되기 이전에 백조자리 엑스선원-1을 연구하고 있던 학자들은 단기간 로켓 실험 혹은 거대 풍선을 이용한 관측 등 다양한 방법의 실험 결과가 서로 상충해서 힘들어 했다. 일부 연구사들은 백조자리 엑스선원-1이 주로 저에너지 영역의 엑스선을 방출하는 밝은 천체라고 주장한 반면 다른 연구자들은 이 결과에 동의하지 않고 밝기는 상대적으로 어둡고 대신 고에너지 영역의 엑스선을 방출한다고 주장했다.

또 하나의 설명은 위의 두 주장이 모두 옳은 경우이다. 즉, 백조자리 엑스선원-1이 밝기가 심하게 변하는 엑스선 천체라는 설명이다. 당연한 말이지만 특정 시기의 짧은 관측은 서로 다른 결과를 도출할 수 있다. 서로 다른 주장을 확인하고 해결하기 위해서 더욱 많은 관측을 계획하였고 결국 앞 장에서 자세히 설명한 것처럼 백조자리 엑스선원-1이 블랙홀이라는 것이 확인되었다. 이러한 관측으로 백조자리 엑스선원-1은 엑스선 영역에서 밝기가 매우 심하게 변하는 천체라는 사실이 확인되었고 모든 블랙홀은 아니지만 대부분의 엑스선 방출 블랙홀에서 확인되는 특징이라는 것이 알려졌다. 이들 천체는 크게 보면 두 가지 상태로 존재한다. 하나는 부드럽고 밝은 상태(저에너지 엑스선 영역의 스펙트럼을 가지며 전체 엑스선 밝기는 매우 밝은 상태)이고, 다른 하나는 딱딱하고 어두운 상태(전체적인 엑스선 밝기는 어둡고 대부분의 밝기는 고에너지 엑스선 영역에서 방출되는 상태)이다. 물리학자들은 엑스선 스펙트럼에서 고에너지 영역을 "더 딱딱하다"고 말하고 저에너지 영역을 "부드럽다"라고 표현한다. 부드럽고 높은(즉 밝은) 상태에서 천체는 밝고 엑스선 스펙트럼은 약 섭씨 천만 도의 가스입자에서 방출되는 것과 유사한 특징을 가지며, 딱딱하고 낮은(즉 어두운) 상태에서는 스펙트럼 분포가 고에너지 영역이 밝으며 전체적으로 앞의 경우에 비해서 밝지 않다.

블랙홀에 존재하는 위와 같은 두 가지 상태가 블랙홀 주변에서 발생되는 사건의 직접적인 증거라는 점에 연구자들이 대부분 동의하고 있다. 부드럽고 밝은 상태에서는 부착원반이 사건 지평선 매우 근처까지 확장되며 뜨거운 구름 혹은 코로나가 블랙홀을 감싸게 되며 결과적으로 부착원반과 코로나에서 방출되는 복사에 의해 엑스선 영역에서 밝게 관측된다. 이 때 일부 물질은 블랙홀로 급격하게 빨려 들어가는 반면, 소용돌이치는 자기장에 의해서 나머지 물질은 빨려들지 않고 매우 빠른 속도로 블랙홀에서 바깥으로 이동한다.

이 경우 대개 아주 멋진 용오름(물기둥)을 닮은 고에너지 입자의 제트가 관측되며 블랙홀 주변 지역으로 빛의 속도에 근접하는 빠른 속도로 분출된다. 이러한 제트 현상은 우리은하 내 항성질량 블랙홀 주변뿐만 아니라 외부은하 중심부의 초대질량 블랙홀 주변에서도 관측된다. 다만, 항성질량 블랙홀에서 관측되는 제트의 크기는 약 1광년인 반면 은하 중심부의 초대질량 블랙홀에서 관측되는 제트의 크기는 백만 광년 이상의 크기를 갖는다.

그러면 궁극적인 싱크홀이라고 할 수 있는 블랙홀이 어떻게 위와 같이 빠른 속도로 물질을 방출할 수 있을까? 해답은 우주에 존재하는 모든 물질이 그렇지만 블랙홀 주변의 뜨거운 가스입자들이 자기장에 의해서 실처럼 길게 줄 세워져 있기 때문이다. 가스입자들이 나선운동을 하며 블랙홀에 유입될 때 자기장은 압축과 물질의 꼬임 운동으로 인해서 강도가 증가한다. 전기와 자기장의 특성에 대한 선구적인 연구를 했던 마이클 패러데이Michael Faraday 시대 이후로 잘 알려진 것처럼 나선처럼 꼬여있는 자기장은 전기장을 만들어내는 발전기처럼 작동하게 된다. 그 후에 전기장은 입자를 가속시키고 블랙홀에서 멀어지게 한다.

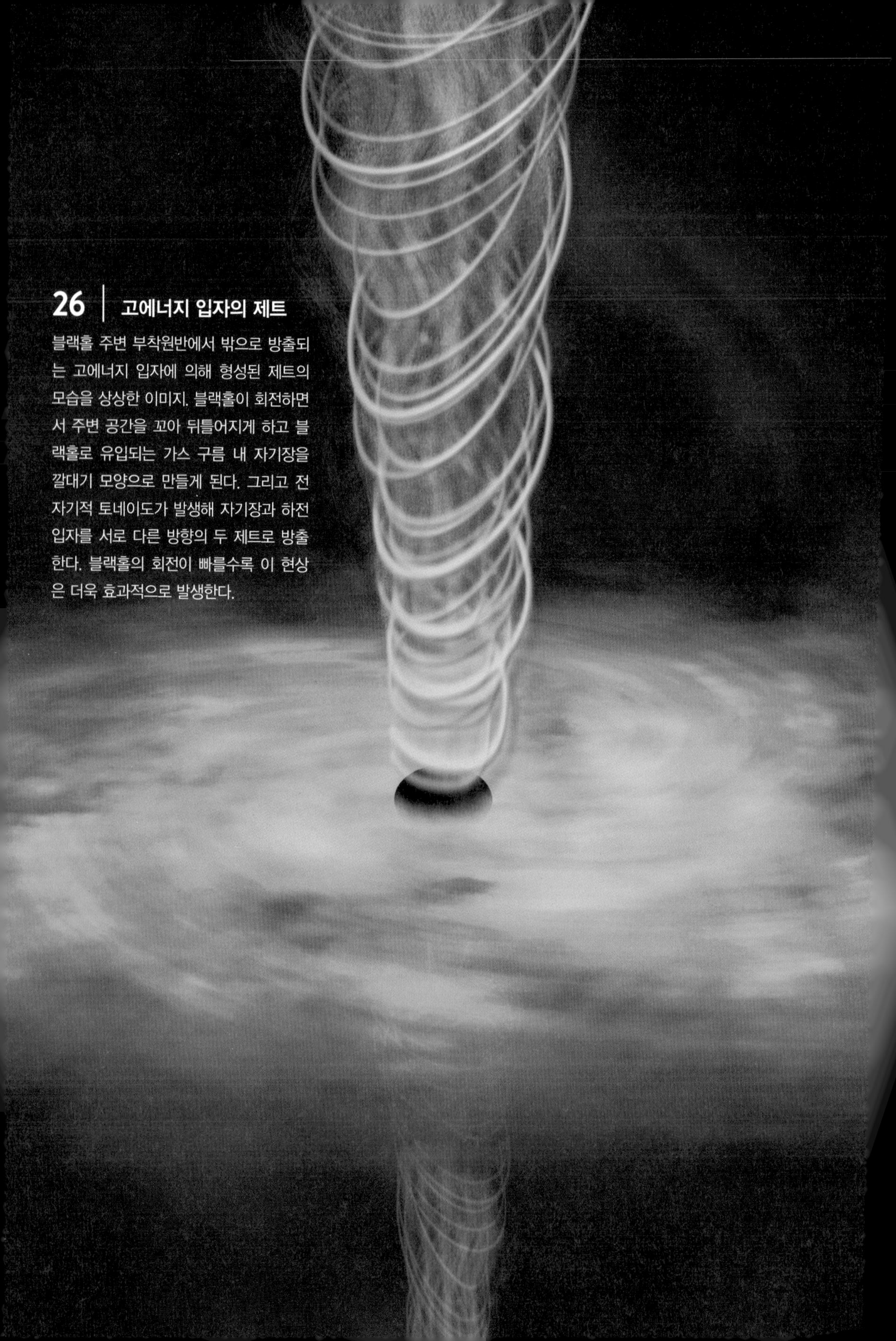

26 | 고에너지 입자의 제트

블랙홀 주변 부착원반에서 밖으로 방출되는 고에너지 입자에 의해 형성된 제트의 모습을 상상한 이미지. 블랙홀이 회전하면서 주변 공간을 꼬아 뒤틀어지게 하고 블랙홀로 유입되는 가스 구름 내 자기장을 깔대기 모양으로 만들게 된다. 그리고 전자기적 토네이도가 발생해 자기장과 하전 입자를 서로 다른 방향의 두 제트로 방출한다. 블랙홀의 회전이 빠를수록 이 현상은 더욱 효과적으로 발생한다.

영국 케임브리지 대학의 로저 블랜포드Roger Blandford와 로만 즈나이엑Roman Znajek은 이러한 현상을 통해 블랙홀로부터 에너지가 방출되는 메커니즘을 최초로 보였다(그림 26). 블랙홀이 회전하면서 주변 공간을 꼬아서 뒤틀어지게 하고 블랙홀로 유입되는 가스 구름 내 자기장을 깔대기 모양으로 만들고, 전자기적 토네이도가 발생해 자기장과 하전 입자를 서로 다른 방향의 두 제트로 방출한다. 블랙홀의 회전이 빠를수록 이 현상은 더욱 효과적으로 발생한다.

제트의 특징에 대한 위와 같은 생각은 점검할 필요가 있다. 다만, 대상 천체가 수백만 광년 떨어진 곳에 있고 위 현상이 수백만 년에 걸쳐서 발생하기 때문에 점검하기가 어렵다는 것이 문제이다. 이와 같은 이유로 우리은하 내에서 발견된 블랙홀 XTE J1550 주변 제트의 일생에 대한 발견과 연구가 지속적으로 축적되고 천체물리학자들 사이에서 매우 활발하게 연구되고 있다. XTE J1550, 백조자리 엑스선원-1(그림 27), 그리고 다른 블랙홀 등 강력한 제트를 분출하는 천체들은 마이크로퀘이사microquasar로 불린다. 이렇게 명명된 이유는 마이크로퀘이사에서 관측되는 현상이 퀘이사와 유사하기 때문이다. 퀘이사는 많은 은하의 중심부에 존재하는 초대질량 블랙홀로 물질이 유입되면서 관측되는 매우 밝은 천체이다.

XTE J1550은 지구에서 고작 15,000광년의 거리에 놓인 항성질량 블랙홀이다. 매우 가깝기 때문에 천문학자들은 찬드라 우주 망원경 혹은 전파 망원경을 이용하여 제트를 발생하고 있는 블랙홀을 연구할 수 있다. 파리 대학의 스테판 코벨Stephane Corbel과 동료들(2002)은 NASA의 로시 엑스선 시계열 탐사선Rossi X-Ray Timing Explorer, RXTE에서 1998년 최초로 관측된 XTE J1550이 분출현상을 보인 이후 서로 다른 방향으로 분출되는 고에너지 입자로 구성된 제트를 지속적으로 연구하였고 폭발해서 밖으로 분출되고 감속하고 최종적으로 어두워져서 더 이상 관측되지 않는 전 과정에 소요되는 기간이 고작 4년이라는 것을 확인하였다. 밝기를 유지하기 위해서 1조 볼트의 전하를 띤 전자들이 끊임없이 필요한 엑스선 제트는 처음에는 빛의 속도의 약 절반의 값으로 이동한다. 4년 후에 2개의 제트는 약 3광년의 거리로 벌어지며 점점 속도가 줄어든다. 2개의 제트 중 하나는 최근에 어두워지고 있다.

지구에서 움직이고 있는 물체가 공기 저항을 받아 속도가 감소하는 것처럼 제트 역시 항성간 물질에 의해 저항을 받고 감속한다. 물론 모든 제트가 이와 같은

27 | 백조자리 엑스선원-1의 광시야 이미지

태양 질량의 약 15배를 갖는 블랙홀(이미지의 중심)이 질량이 큰 푸른 동반성(오른쪽)과 궤도 운동하는 모습. 블랙홀 주변 동반성의 광학 관측과 운동 성분을 측정하여 천문학자들이 매우 정밀하게 백조자리 엑스선원-1(블랙홀)의 질량이 태양 질량의 14.8배라는 것을 밝혀냈다. 이 천체의 경우 질량이 증가하는 등의 성장할 시간이 거의 없었기에 태어날 때 이렇게 거대한 블랙홀이 된 것으로 추측된다.

방식으로 감속되겠지만 XTE J1550의 경우 감속되고 있는 장면이 관측된 최초의 천체이다. 매우 먼 거리에 있고 연구에 수백만 년이 필요한 퀘이사에서 벌어지고 있는 현상을 연구하려고 할 때 이와 매우 유사한 현상을 보이는 상대적으로 작은 항성질량 블랙홀에서의 감속에 대한 연구가 중요함을 말해주고 있다.

SS 433이라는 블랙홀의 경우 제트의 형태로 물질을 방출하는 방식에서 다른 현상을 보여준다. SS 433의 찬드라 우주 망원경 관측 이미지를 보면 블랙홀과 연관된 쌍성계의 서로 다른 방향으로 약 5조 km 떨어져 있고 대략 섭씨 5천만 도를 갖는 고속 로브가 존재한다. 이들 두 개의 로브 사이에 존재하는 쌍성계는 질량이 큰 별과 주변에 부착원반을 갖는 블랙홀로 구성되어 있다. 부착원반에서 약간 요동을 치며 매우 좁은 제트 형태로 물질이 분출된다. 이 관측 결과가 보여주고 있는 것은 가스입자 덩어리 내 입자간 충돌에 의해서 제트 내부의 가스입자들이 재가열된다는 것이다. 장기 광학 관측에 의하면 물질이 블랙홀 주변에서 몇 분 주기로 총알 형태로 분출된다는 것이 알려졌다. 분출된 방울 형태의 물질은 앞서 진행하던 방울과 충돌하기 전까지 광속의 약 25% 속도로 충돌 없이 진행하고 물질이 쌓이고 가스입자를 재가열한다. 매사추세츠 공과대학MIT의 허먼 마셜Herman Marshall과 동료 연구진(2013)은 SS 433의 찬드라 우주 망원경 관측 자료를 이용하여 제트가 이전에 알려진 것보다 블랙홀에서 5배 정도 더 가까운 곳에서 발생한다는 것을 보였고 또한 블랙홀 쌍성계의 동반성의 질량이 태양 질량의 약 16배라는 점을 알아냈다. SS 433과 XTE J1550은 모두 고속의 제트를 방출하는 블랙홀이라는 점에서 유사하다. 그러나 이 둘 사이에는 매우 중요한 차이가 있다. XTE J1550의 경우 블랙홀로부터 엑스선 로브의 위치가 SS 433에 비해 매우 먼 거리에 있고 XTE J1550 로브 내부 엑스선 방출이 활동성이 매우 강한 전자로 구성된 자화된 구름에 의해서 발생된 반면, SS 433의 경우에는 고온의 가스에 의해서 엑스선 방출이 발생한다. 이러한 사실로부터 블랙홀의 회전에너지가 제트를 발생하는 데 있어서 다양한 방법이 존재한다는 것을 유추할 수 있다.

현재까지 알려진 가장 강력한 마이크로퀘이사는 지구에서 약 1,300만 광년의 거리에 있는 외부은하 NGC 7793 내 S26이라는 천체이다. 찬드라 우주 망원경과 남미 칠레의 유럽 우주 천문대의 초대형망원경Very Large Telescope, VLT으로 관측해서 S26이 고온의 엄청난 양의 물질을 기포 형태로 은하 내 저온 지역으로 방출한다는 사실이 밝혀졌다. 이 기포의 크기는 약 천 광년에 이른다. 이 크기로 S26이 이전에 알려진 마이크로퀘이사에 비해 수십 배 이상 강력하다는 것을 유추할 수 있다. 고속의 입자로 구성된 매우 얇은 빔 혹은 제트가 진행하며 주변 항성간 물질에 강하게 충돌하고 고온의 고에너지 입자로 이루어진 기포bubble를 만들어내고 이 기포는 시간당 약 80만 km의 속도로 팽창한다. 이렇게 팽창하고 있는 기포에는 고온의 가스와 상상할 수 없을 만큼 빠른 속도를 가지며 다양한 온도를 갖는 입자가 섞여있다.

블랙홀의 "제트시스템"을 향후 수년간 집중적으로 연구하면 수수께끼 천체인 블랙홀의 비밀을 더 많이 밝힐 수 있을 것이다. 결국 전 우주 규모에서 보면 블랙홀은 기증자이자 동시에 수혜자가 될 것이다.

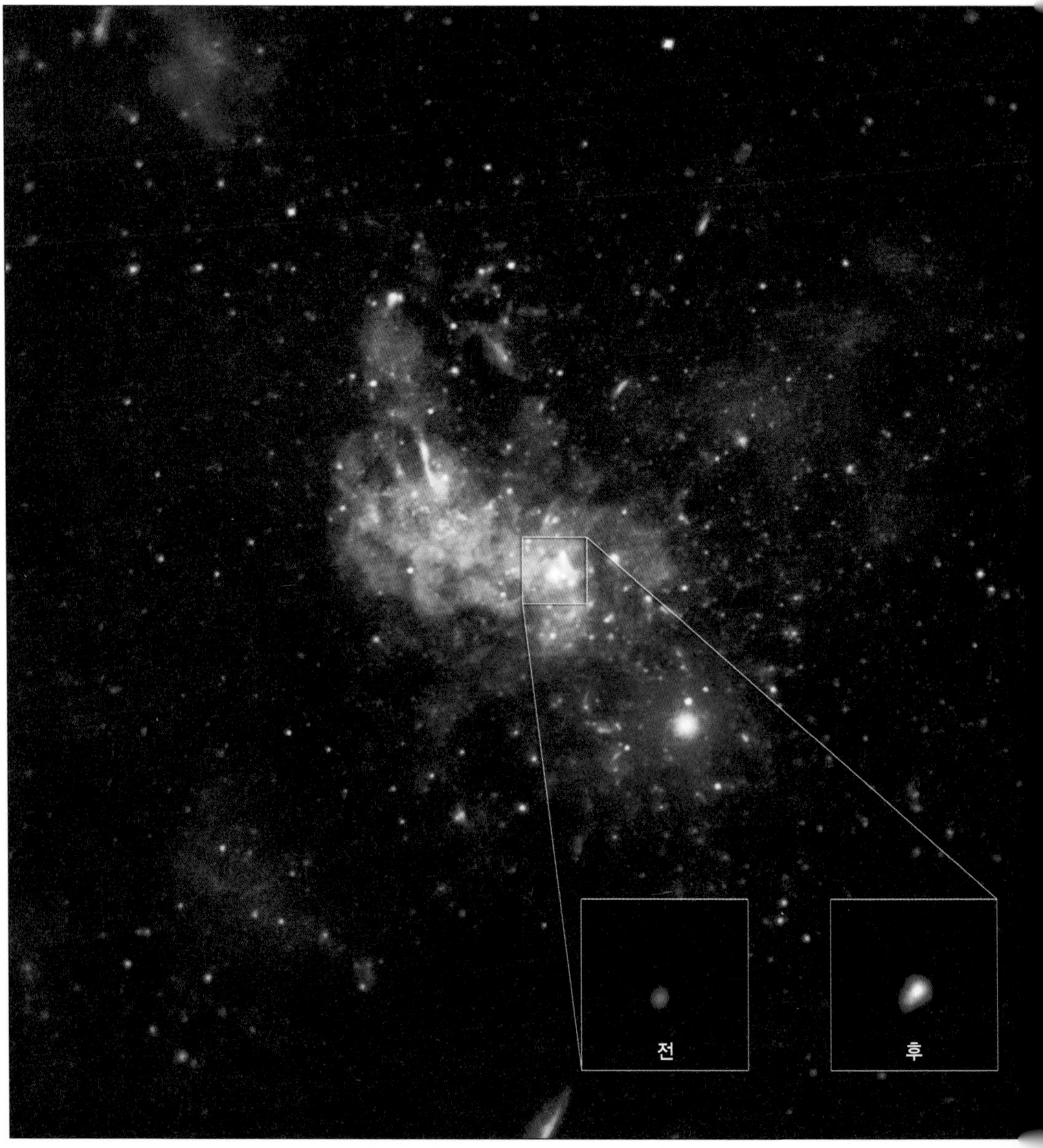

28 | 궁수자리 전파원 A*

찬드라 엑스선 관측기로 찍은 궁수자리 전파원 A* 주변. 궁수자리 전파원 A*는 우리은하 중심에서 나오는 전파, 자외선 그리고 엑스선의 광원이다. 저, 중, 고 에너지 엑스선은 각각 빨강, 연두, 파랑색으로 표현됐다. 궁수자리 전파원 A*는 가운데 하얀 부분에 위치해 있다. 우측의 작은 삽입 이미지는 궁수자리 전파원 A*이 지난 2013년에 폭발적으로 밝아지기 전후를 비교해 보여주는데, 잠시 동안 약 400배 정도 밝아졌다.

10

그 자체의 빛으로 눈부신, 은하수로 불리는 명확한
한줄기의 길은 맑은 밤하늘을 높이 가른다.

오비드, 《변신담》, 서기 8년

번화한 도심은 은하수

살펴본 바와 같이, 보통 별 정도의 질량의 블랙홀이 있다는 근거는 매우 확실하다. 약 20여 개의, 보통 별이 보이지 않는 짝을 가진, 쌍성 별들을 가시광선과 엑스선 망원경으로 관측한 결과는 우리 태양의 약 10배 정도의 질량을 가진 블랙홀 없이는 설명하기가 매우 힘들다. 블랙홀은 매우 큰 질량을 가진 별의 진화의 마지막 단계로 자연적으로 형성된다는 이론적 계산도 이 발견을 뒷받침해준다.

지난 20년 동안 천체물리학의 가장 중요한 업적 중의 하나는, 전부가 아니라도, 태양질량의 100억 배 이상의 질량을 가진 큰 은하들의 대부분은 그 중심에 초대질량 블랙홀을 가지고 있다는 근거를 세운 것이다. 이 연구는 전파, 적외선, 가시광선, 엑스선 망원경들을 두루 이용하고, 각각이 모두 중요한 기여를 한 노력의 산물이다. 그 결과로 나온 증거들은 보통 별 정도의 질량의 블랙홀의 존재에 관한 증거만큼 직접적이지는 않지만, 근본적으로는 같다. 즉 은하 중심 근처의 별들과 가스 모임의 움직임이나, 은하 중심 부근에서 나오는 에너지는 어마어마한 질량의 보이지 않는 블랙홀 없이는 우리가 알고 있는 물리학 체계 내에서는 설명이 불가능하다. 은하들 중심에서 나오는 막강한 엑스선은 초대질량 블랙홀의 존재에 관한 가장 믿을 만한 지표의 하나이기 때문에, 찬드라 엑스선 관측기는 이 업적에 큰 역할을 하였다.

지구에서 가장 가까운 초대질량 블랙홀은 약 26,000광년 떨어진, 우리은하 중심에 있다. 우리의 초대형 이웃에 대해 우리가 무엇을 알고 있는지를 분석하기 전에 그 배경을 살펴보자.

은하galaxy라는 단어는 고대 그리스어의 "우유빛 동원" 혹은 더 알려진 "우유빛 길"에서 유래한다. 우리가 은하수라고 부르는 밤하늘을 가르는 하얀빛의 띠는, 갈릴레오나 심지어는 오비드Ovid보다도 훨씬 전인 기원전 5세기에 천문학자들이 이미 시적으로 묘사했었다. 그러나 은하수로 자신의 작은 망원경을 길들인 갈릴레오에 와서야 그 본질이 밝혀졌다. 그제야 그는 "거의 믿을 수 없을 만큼 많은" 별들의 모임으로 이루어진 것을 발견한다.

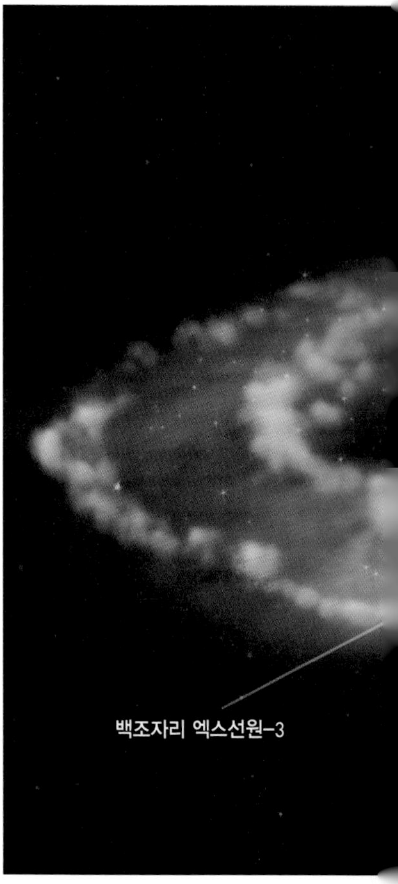

백조자리 엑스선원-3

오늘날 우리는 은하수가 나선형으로 회전하는 거대한 가스, 미세먼지와 수백억 개의 별들의 모임임을 알고 있다. 우리의 태양과 행성 체계는 은하수의 한 변두리에서 45억 년 전에 형성되었다. 은하수 혹은 우리은하 중심에 있는 막대기 모양의 은하의 몸통(팽대부)은 초대질량 블랙홀을 품고 있다(그림 29). 은하의 몸통을 둘러싸고 있는 것은 상대적으로 얇은, 약 2천 광년 정도 두껍고 약 10만 광년 정도 넓이의 원반 모양을 이루는 별들이다. 은하의 원반과 몸통을 이루는 먼지와 가스의 거대한 구름은 별빛을 흡수해 마치 군데군데 안개 낀 모습의 은하를 이룬다.

은하는 과거 여러 세대의 별들이 태어났다가 죽어간 흔적을 담고 있는 곳이다. 많은 별들은 부풀려지는 적색거성의 시기를 지나, 결국 작고 밀도 높은 백색왜성이 된다. 다른 더 큰 질량의 별들은 초신성으로 폭발하며 그 중심에서 만들어진 중원자들을 은하 전역에 풍부히 퍼뜨려지며, 중성자별이나 블랙홀이 되어 남는다. 은하의 원반을 이루는 밝은 별들은 얇은 원반보다 3배나 두꺼운 원반을 이루는 희미하고 오래된 별들 사이에 박혀 있다. 이 오래된 원반을 둘러싸고 있는 것은 아주 희미한 후광인데 우리은하의 가장 오래된 별들과, 우리은하와 우주 전체의 잠자고 있는 물질로 알려진 암흑물질이 있다. 우리은하의 암흑물질의 질

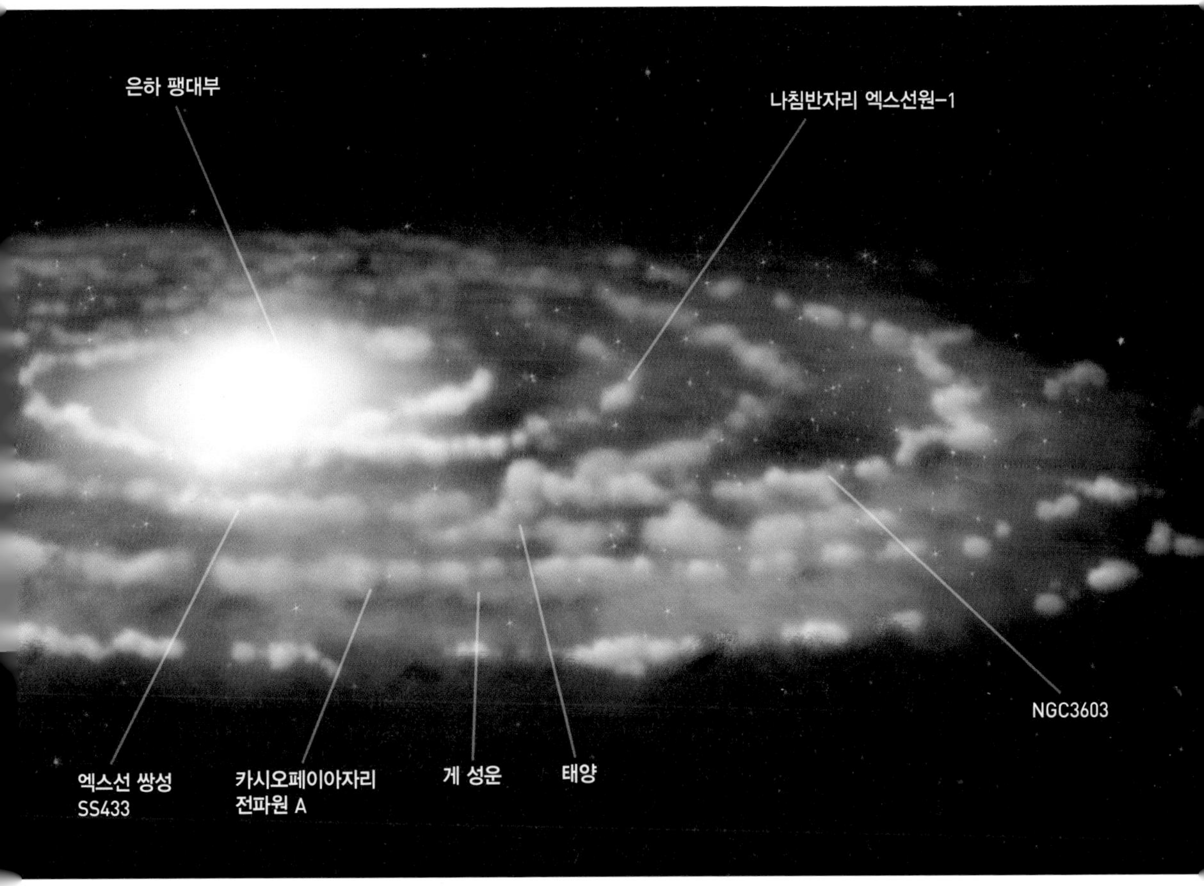

29 | 은하수

우리은하의 구조. 은하의 몸통, 나선형 팔들, 우리 태양과 몇 개의 엑스선 광원들의 위치를 보여준다.

량은 우리은하의 모든 별들의 질량의 5배로 추정된다.

우리은하의 주요활동은 소위 우리은하 도심의 분주한 번화가라 할 수 있는 밀집한 은하 중심에서 일어난다. 과학자들은 찬드라 엑스선 관측기를 이용하여 상대적으로 좁은 우리은하의 부동산 조각이 어떻게 우리은하 전체의 진화에 영향을 미치는지를 밝혀내려고 노력한다. 찬드라 관측 자료는 많은 양의 매우 높은 고온의 가스가 은하 중심에서 빠져 나오고 있음을 가리킨다. 별들이 자주 파괴되어 철, 탄소, 규소와 같은 원소들로 풍성해진 유출된 가스는 은하 전역에 분포

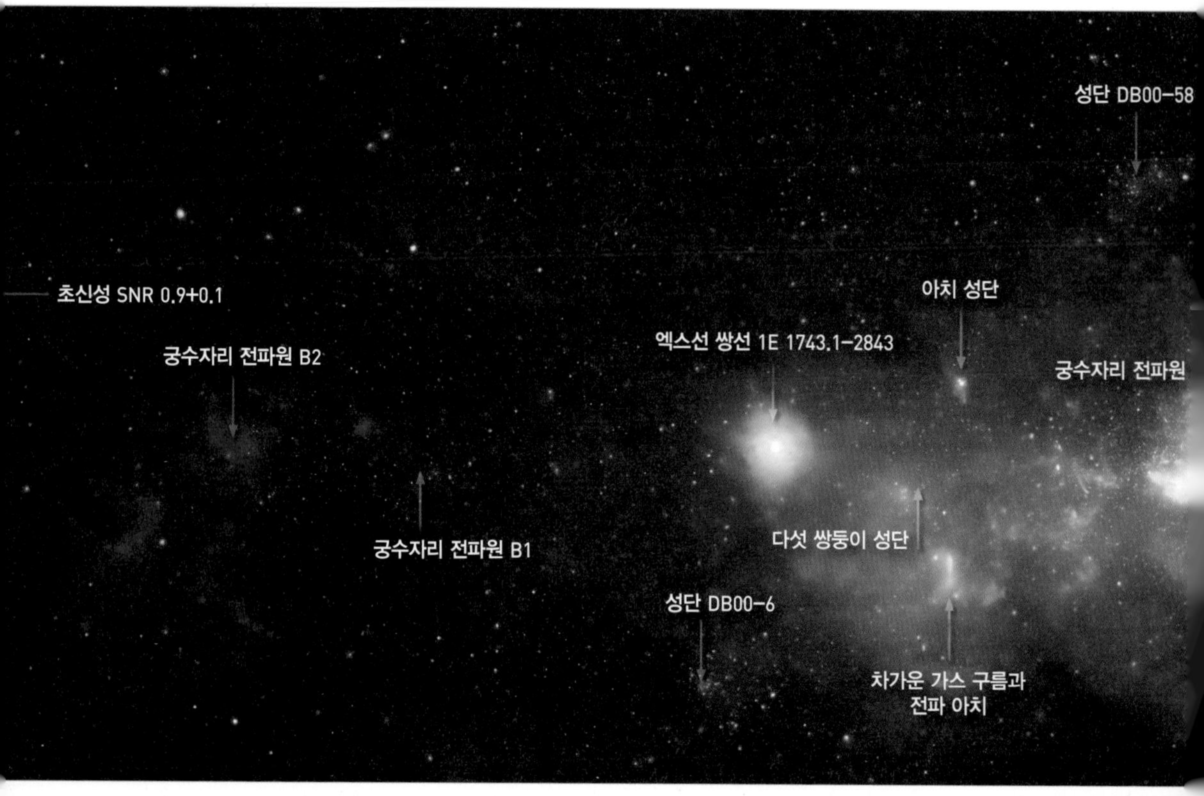

30 | 은하 중심

은하중심 영역의 가로 400광년과 세로 900광년 영역을 찍은 파노라마 이미지. 궁수자리 전파원 A*는 지구에서 26,000광년 떨어진 초대질량 블랙홀로 궁수자리 A라고 표시된 하얀 영역 안의 은하의 중심에 놓여 있다. 이 이미지는 찬드라 망원경이 관측한 저에너지(빨강), 중에너지(연두), 그리고 고에너지(파랑) 엑스선 자료를 합성한 것이다.

된다. 우리는 북적대고 격동하는 은하 중심에서 멀리 떨어진 은하 변두리에 살고 있다. 어쩌면 그것은 우리처럼 연약한 생명체에게 잘된 일일 것이다. 한편 우리는 거기에서 무슨 일이 일어나는지 몹시 궁금해 하고 알고 싶어 한다.

광학 망원경으로 10억 광년 떨어진 별들도 일상적으로 관측하기 때문에, 불과 2,600광년 떨어진 곳을 조사하는 것은 아무 문제도 없어야 한다. 그러나 그렇게 간단하지가 않다. 대개의 큰 도시처럼 우리은하 중심의 공기도 질이 나쁘다. 수백만 개의 큰 별들이 만들어내는 먼지와 가스들 때문에 가장 강력한 가시광선

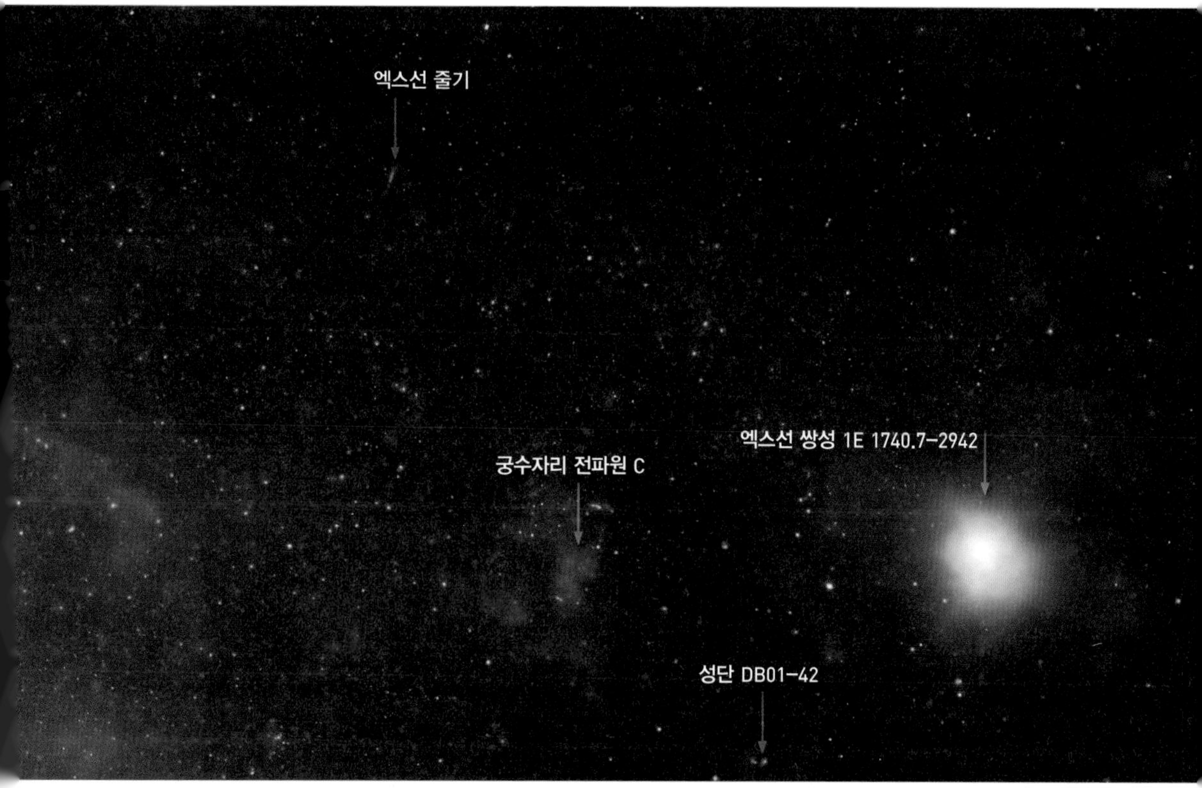

망원경으로도 그 지역 안을 들여다보기가 불가능하다.

다행히도 다른 방법이 있다. 전파, 적외선, 엑스선, 감마선들은 은하의 스모그를 통과하여 이러한 형태의 빛에 민감한 망원경에 포착된다. 천문학자들은 정보를 이용하여 은하수 중심의 모습을 차츰차츰 맞춰가고 있다. 은하 중심에서 작게는 십분의 일 광년까지 엑스선 광원을 구분할 수 있는 찬드라 우주 망원경의 독특한 능력은 거기서 발생하는 고에너지 현상들을 이해하는 데 크게 기여하였다. 또한 여러 불가사의한 점들도 노출시켰다.

우리은하 중심 부근의 가로 400광년, 세로 900광년 크기의 엑스선으로 나타낸 풍경은(그림 30) 우리은하 중심에서 몇 백 광년 떨어진 곳부터 벌써 밀집돼 붐비고 에너지 양이 극적으로 증가하기 시작함을 보여준다. 초신성 잔해(SNR 0.9 + 0.1, 아마도 가는 실 모양의 엑스선 줄기X-ray thread 광원과 궁수자리 전파원 A 동부), 블랙홀이나 중성자별을 가진 밝은 엑스선의 쌍성 별들(1E 천체)과, 이름 없는 수백 개의 중성자별이나 백색왜성들이 그 지역을 환히 밝힌다. 아치와 다른 성단들(성표 번호가 DB로 시작한다) 속에 있는 거대한 별들은 곧 폭발해 더 많은 초신성과 블랙홀, 그리고 중성자별들을 만들어낼 것이다. 적외선 망원경과 전파 망원경들은 벌써 거대한 분자 구름(궁수자리 전파원 A, B1, B2와 C, 그리고 전파 아치 근처의 차가운 가스 구름)들을 찾아냈고, 그 가장자리는 그 근처 초신성들의 열 때문에 엑스선으로 불타듯 빛난다.

이러한 요동들은 광범위하게 엑스선을 분출하는 뜨거운 가스들의 펼쳐진 구름들 속에서 일어난다. 그 가스들은 섭씨 1억 도와 1천만 도의 두 가지 성분들을 가진 것으로 추정된다. 이렇게 불타는 듯 펼쳐진 엑스선은 은하 중심 쪽으로 향해 더 밝아진다. 이러한 고온의 펼쳐진 가스는 한 가지 문제를 제기하는데, 그렇게 뜨거운 가스는 약 만 년 안에 은하 중심에서 다 흘러 나왔어야 하고, 그렇지 않으려면 지속적으로 가스를 다시 채우고 또한 열을 공급해야 한다는 것이다.

아치와 다른 성단에 있는 별들은 채울 가스를 공급할 수 있다. 이러한 성단에 있는 엑스선 광원들은 거대한 양의 물질들을 뿜어내는 것을 보여준다. 하지만 이들이 열을 공급하지는 않는다. 한 가지 가능성은 자기장이 가스에 열을 공급하고 또한 가스가 은하 중심에 붙어있도록 하는 데 연루되어 있는 것이다. 자기장을 추적하는 데 쓰이는 전파 이미지는 자기장이 이 지역에 존재함을 확실히 보여준다. 하지만 그 구조가 뜨거운 가스들을 묶어둘 수는 없다.

은하 중심에서 약 12광년 안쪽으로 들어가면 그 복잡함은 증폭된다. 중심의 밝은 덩어리, 궁수자리 전파원 A는 크게 세 부분으로 이루어져 있다. 궁수자리 전파원 A 동쪽, 궁수자리 전파원 A 서쪽, 궁수자리 전파원 A*, 궁수자리 전파원 A 동쪽은 약 만 년 전(물론 빛이 은하 중심에서 우리에게 도달하는 데 걸리는 16,000년을 더해서) 그 일대를 휘저은 초신성의 잔해이다.

궁수자리 전파원 A 서쪽은 나선형 모양의 구조를 이룬 가스로, 은하 중심에 위치한 궁수자리 전파원 A를 향하고 있을 것이다. 궁수자리 전파원 A*Sagittarius A* 혹은 짧게 궁수자리 전파원 A*Sgr A*은 이제 우리은하 중심을 나타내는 표현이 되었다(112쪽 그림 28). 궁수자리 전파원 A라는 이름은 국립전파천문대National Radio Astronomical Observatory, NRAO의 브루스 밸릭Bruce Balick과 로버트 브라운Robert Brown이 발견한 전파 발생지에서 기원하는데, 그것이 궁수자리에서 가장 밝은 전파 광원이기 때문이다. A*는 원자물리학자로서 교육받은 브라운이 이름을 붙였는데, 그는 그 당시 새롭게 발견한 광원이 굉장히 흥미로워 들뜬다고 생각했고, 원자의 들뜬 상태를 표시하는 데 종종 별표(*)가 쓰이기 때문에 A*라고 표현했다.

지난 20년 동안 로스앤젤레스에 있는 캘리포니아 주립대학의 안드레아 게츠Andrea Ghez와 그녀의 동료들, 그리고 독일의 막스 플랑크 천체물리학 연구소의 라인하르트 겐젤Reinhard Genzel과 그의 동료들이 이루는 두 연구팀(Ghez 외 2008; Schödel 2016)이 적외선 망원경을 이용하여 궁수자리 전파원 A*를 공전하는 별들의 움직임을 추적해 왔다. 그들은 모든 별들이 태양의 460만 배에 해당하는 보이지 않는 질량을 가진 지점을 중심으로 움직인다는 것을 발견했다. 이 어둠의 질량은 별들의 궤도 안에 있어야 하기 때문에, 그 반경은 60억 km보다 작아야 한다. 이 반경은 전파 망원경을 통해 블랙홀의 중력 반경의 불과 몇 배보다 작은, 혹은 수성의 공전 반경보다 작은 것으로 개량 측정되었다. 이 측정의 유일한 타당성 있는 해석은 궁수자리 전파원 A*가 초대질량 블랙홀이란 것이다. 하버드-스미스소니언에 있는 라메시 나라얀Ramesh Narayan과 그의 동료들(Narayan과 McClintock 2014)은 항성의 블랙홀에는 사건 지평선이 있어야 한다는 것을 보이는 데 사용되었던 논거를 궁수자리 전파원 A*도 사건 지평선을 가지고 있어야 한다는 것을 주장하는 데 사용했다.

궁수자리 전파원 A에 관한 수수께끼는 왜 빠르게 증가하지 않는가 하는 것이다. 주변의 거대한 별들이 뿜어내는 모든 물질들은 중앙의 블랙홀에게 꾸준히 좋은 먹잇감인데도, 보통 블랙홀이 삼키는 질량의 흡수율에 좋은 지표가 되는 엑스선 강도는 궁수자리 전파원 A*에서는 특이할 정도로 미미하다. 그러나 궁수자리 전파원 A*에 물질이 흘러들어가는 직접적인 증거를 발견하는 데 실패한 이유는 관측을 꺼려해서가 아니었다. 찬드라 우주 망원경은 지난 10년 이상 그곳을 주기적으로 감시해 왔다. 2012년에는 5주 동안 집중적으로 감시운동을 펼쳤고, 2013년에도 그러한 시도가 있었다. 결론적으로 처음에 궁수자리 전파원 A* 중력의 손아귀에 있는 가스의 1%도 안 되는 양이 사건 지평선에 도달한다. 대신 대부분의 가스들은 사건 지평선에 닿아 뜨겁게 달궈지기 전에 거의 튀어나가 버린다. 이 점이 궁수자리 전파원 A를 미미한 엑스선 광원으로 만든다.

궁수자리 전파원 A*의 까다로운 식사습관에 관한 설명은 다양하다. 그중 하나는 간단히 말해 주변의 가스가 너무 뜨겁다는 것이다. 궁수자리 전파원 A 동쪽의 폭발을 그 원인이라고 할 수 있다. 이 아이디어에 의하면 우리는 지금 궁수자리 전파원 A*의 조용한 시기를 바라보고 있는데, 미래에 규칙적인 식사시간표로 돌아갈 수도 있다. 다른 하나는 거대한 별들의 바람이 너무 거세게 불어 초대질량 블랙홀도 잡아 흡수하기가 어렵다는 것이다. 블랙홀은 어떻게 보면 크고 느린 개와 같다. 만약 토끼가 너무 멀리에 있거나 빨리 움직이면 도망갈 수 있다. 하지만 너무 가까이 다가간다면….

찬드라 우주 망원경은 궁수자리 전파원 A*이 간식을 먹는 장면을 포착하였다. 찬드라 우주 망원경, XMM-Newton 망원경 관측기, NASA의 스위프트Swift 위성에 탑재된 엑스선 망원경, 이 세 개의 엑스선 망원경들의 장기적 관측의 정보를 합하여 천문학자들은 우리은하의 초대질량 블랙홀의 활동을 15년에 걸쳐 밀접하게 추적하고 있다. 그 연구는 궁수자리 전파원 A*이 대략 10일에 한 번씩 불꽃처럼 피어올라 엑스선이 밝아진다는 것을 보여주었다. 그러나 2013년과 2014년 후반기에는 궁수자리 전파원 A*의 밝은 불꽃의 빈도가 하루에 한 번꼴로 10배나 증가하였고, 여러 개의 큰 불꽃도 관측되었다. 이 증가는 G2라 불리는 의문의 물체가 궁수자리 전파원 A*에 아주 가까이 접근하기 6개월 전에 일어났고, 그 후 6개월 뒤에 또 일어났다. G2는 아마 먼지에 둘러싸인 별과 연관된 가스 구름인 것 같다. 하지만 궁수자리 전파원 A*에서 나오는 엑스선의 방출은 G2가 지나가기 바로 직전, 도중 혹은 지나간 바로 이후에는 특별한 증가가 관측되지 않았다. 무엇이 불꽃현상을 초래했는지를 밝히려면 더 많은 관측이 필요하다. G2의 통과, 혹은 빨려 들어가는 가스의 엉클어진 자기장에 의한 흡수과정의 불규칙한 변동, 아니면 소행성 크기의 물체가 블랙홀로 빨려 들어가는 현상들이 불꽃 현상을 야기하는 원인으로 추측되고 있지만 앞으로 확실한 규명이 필요하다.

G2의 통과와 엑스선 증가의 우연의 일치는 흥미롭지만, 천문학자들은 다른 블랙홀들도 궁수자리 전파원 A*와 비슷하게 행동한다고 본다. 그러면 궁수자리 전파원 A*로부터 불꽃 현상이 강해지는 것은 아마도 블랙홀의 공통된 특성일 뿐, G2와는 관계없을 가능성이 있다. 예를 들면, 증가된 엑스선 활동은 블랙홀에 먹잇감을 주는 주변의 거대한 별들에서 나오는 항성풍이 약해져서 생기는 현상일 수도 있다.

비교적 큰 불꽃현상을 고려해도, 궁수자리 전파원 A*의 엑스선의 밝기는 한 두 주에 걸쳐 평균을 내면 여전히 미미하다. 그러나 항상 이렇지는 않다는 근거들이 있다. 궁수자리 전파원 A*가 지난 두 세기 동안 최소한 두 번의 주요한 분출을 했을 가능성이 높다. 블랙홀의 과거의 활동에 관한 증거는 엑스선 빛의 메아리light echo 형태로 발견되어 왔다. 엑스선 메아리X-ray echo는 보통 별 크기의 블랙홀과 연관되어 앞에서 기술된 바와 같이 엑스선의 형광현상에 의해서 발생된다. 큰 덩어리의 물질이 블랙홀에 빠져들어 가면서 분출되는 엑스선은 블랙홀에서 어느 정도 떨어진 구름을 때린다. 이 구름 속의 철원자들은 엑스선을 흡수하고 형광성의 엑스선을 방출하여 메아리를 만든다.

지난 십여 년 동안 찬드라, XMM-Newton 망원경, 수자쿠Suzaku(NASA와 일본 우주연구소JAXA가 공동개발한 엑스선 위성) 관측기를 이용한 여러 연구들이 엑스선 메아리에 관한 증거들을 찾아내 왔다. 반사된 엑스선의 근원지를 정확히 알아내는 찬드라 우주 망원경의 능력은 어느 구름이 엑스선을 반사하는지, 그리고 그 구름들이 궁수자리 전파원 A*에서 얼마나 떨어져 있는지를 확실히 알아내는 데 도움을 주었다. 궁수자리 전파원 A*에서 30~300광년 떨어진 구름들에서 여러 분출의 증거들이 발견되었다. 하나의 있었을 법한 가능성은 관측된 불꽃 같은 분출들이 붕괴된 별이나 행성들이 블랙홀에 빠지는 주요한 흡수현상에서 발생된 밝은 분출의 메아리였다는 것이다. 이러한 사건들에서 생성된 일부 엑스선들은 곧장 지구로 향하여 30~300년 전에 도착했다. 다른 엑스선은 가스 구름에서 반사되어 찬드라 우주 망원경이 탐지할 만한 시간에 도착했다.

엑스선 메아리는 천문학자들로 하여금 궁수자리 전파원 A*의 과거 활동에 관한 "오래된 미결 사건" 연구를 가능하게 하였다. 그 연구들은 궁수자리 전파원 A*가 지난 몇 백 년 동안 지금보다 적어도 백만 배쯤 밝았었음을 보여준다. 이 강렬한 분출은 궁수자리 전파원 A*에 너무 가까이 있는 별이나 행성의 부분적인 붕괴에 의해 생성되었을 수도 있고, 아니면 마치 약간의 집안 청소를 하듯 거기에 몇 년 동안 축적된 많은 가스와 먼지를 쓸어 담았을 수도 있다.

천문학자들은 그러한 사건이 곧 다시 발생할 것이라고 기대한다. 걱정할 필요는 없다. 비록 백만 배나 증가하더라도, 궁수자리 전파원 A*는 백조자리 엑스선원-1과 같은 또 다른 밝은 엑스선 광원 정도로만 나타날 만큼 멀리 떨어져 있다.

31 | **백조자리 전파원 A의 광학 이미지**

지구로부터 7억 광년 떨어져 있는 백조자리 전파원 A의 가시광 이미지. 중앙에 있는 작고 흐릿한 나비처럼 생긴 천체이다.

11

우리는 원을 돌며 춤추고 추측합니다.

그러나 그 중심에 앉아 있는 비밀은 알고 있습니다.

로버트 프로스트, 〈비밀은 앉아 있다〉, 1942

중심에 숨겨진 비밀

주변을 삼키는 소용돌이라는 주제는 거의 모든 신화에 등장하며, 공상 과학 소설에 끊임없이 나온다. 현대의 천체물리학 연구는 이러한 소용돌이의 개념을 오히려 장려하여, 진실이 허구보다 더 낯설 수 있음을 보여준다.

실제로 초대질량 블랙홀이 어떻게 형성되고 성장하며, 어떻게 주변 환경에 영향을 미치는지는 오늘날 천체물리학자들이 풀어야 할 중요한 과제이다. 블랙홀을 연구하는 주요 방법 중 블랙홀로 떨어지는 가스, 또는 블랙홀로부터 뿜어져 나오는 가스가 내는 빛을 연구하는 것이 있다.

우주라는 큰 틀에서 이러한 초대질량 블랙홀의 얼마나 중요한 역할을 해왔는지를 실감하기 위해서, 빅뱅 이후에 방출된 우주복사cosmic radiation의 약 1/4이 그 주변을 소용돌이치며 블랙홀로 유입된 물질에서 나왔다는 사실을 떠올리면 된다. 이러한 복사의 상당한 양이 엑스선 대역에서 방출된다는 것을 생각하면, 찬드라를 사용한 초대질량 블랙홀 관측이 이러한 우주 소용돌이를 탐구하고 그 광범위한 영향을 이해하는 데 중요한 역할을 해왔다고 하는 것은 놀라운 일이 아니다.

처음으로 그 실상이 블랙홀임이 알려진 백조자리 전파원 A라는 천체는(그림 31, 32), 70년도 전에 발견되기는 했지만, 이를 발견했던 사람들은 이 발견이 무엇을 의미하는지 제대로 인식하지 못했을 것이다. 백조자리 전파원 A는(최초로 블랙홀임이 알려진 항성질량 블랙홀 백조자리 엑스선원-1과 혼동되지 말아야 한다.) 이 천체의 존재가 알려진 수십 년 전부터 천문학자들 사이에서 관심과 논쟁의 대상이었다. 백조자리 전파원 A의 실체를 파악하기 위해 과학자들이 시도한 것들을 되돌아보면, 주어진 천체를 여러 망원경으로 관측하는 것이 얼마나 중요하지 알게 되고, 제한된 자료에 근거하여 비약적으로 결론을 내리려는 사람들에게 교훈을 줄 수 있다.

1946년, 영국과 호주의 많은 기술자들과 과학자들은 2차 세계 대전 중 개발된 재능과 기술을 사용하여, 전파 망원경으로 하늘을 탐험하기 시작했다. 특히 그들은 천문학 개척자인 그로트 레버Grote Reber에 의해 강한 전파원의 존재가 알려진 백조자리 영역에 관심이 많았다. 레버는 일리노이주 휘턴의 자기 집 뒷마당에 있는 2,000달러짜리 수제 전파 망원경을 사용해 은하수의 전파 지도를 만들었다.

1946년 영국의 물리학자 스탠리 헤이Stanley Hey와 그의 동료 S. J. 파슨Parson과 J. W. 필립스Phillips는 대공 레이더를 개조하여 백조자리 영역을 자세히 연구했다. 그들은 그 영역에서 강하면서 빠르게 깜빡이는 전파 천체를 발견하고, 백조자리 A라고 이름 붙였다. 그들(Hey, Parson & Phillips 1946)은 논문에서 "이런 두드러진 변광은 작은 수의 개별 천체에서 발생했을 가능성이 높다."라고 결론지었다. 만약 광원으로부터의 빛이 특정 간격을 두고 변광을 한다면(예를 들어 20초), 광원의 크기는 이러한 변광을 일으키게 한 충격파나 섭동이 20초 동안 주파할 수 있는 거리보다는 작아야 한다. 그렇지 않은 경우 변광이 약해 관측되지 않았을 것이다. 어떤 섭동이 이동할 수 있는 가장 빠른 속도는 빛의 속도로 초속 299,792 km이다. 이 경우 광원의 크기는 약 $20 \times 300,000 = 6,000,000$ km로 태양보다 약 4배 정도 큰 별의 직경에 해당한다. 이러한 결과로 인해 마틴 라일Martin Ryle을 비롯한 일부 천문학자는 백조자리 전파원 A 및 이와 유사한 광원이 전파에서는 빛을 내지만 가시광에서는 보이지 않는 새로운 종류의 별이라고 제안하였다. 그는 이러한 천체들을 전파별radio star이라고 명명했다.

1950년에 이르러 라일을 비롯한 영국과 호주의 다른 천문학자들이 더 자세히 관측하면서, 실제 백조자리 전파원 A에서 나오는 전파 자체는 상당히 안정적이었고, 관측된 변광은 천체로부터의 빛이 지구 전리층에 있는 이온화된 가스구름에 의해 굴절되었기 때문인 것으로 알려졌다. 별이 반짝이는 것과 비슷한 효과인 것이다.

역설적이지만, 전파별 가설이 애초에 백조자리 전파원 A와 비슷한 광원의 변광을 설명하기 위해 고안되었고, 이후 실제 변광이 지구 대기에 의한 것이라는 발견되었음에도, 이 가설의 지지자들은 여전히 가설을 포기하지 않았다. 그들은 별은 점광원이라 반짝거리지만 행성은 원반처럼 크기가 있어 그렇지 않는다는 점을 지적했다. 즉, 백조자리 전파원 A가 반짝인다는 사실은 이 천체가 점광원이거나 또는 작은 각크기를 가진다는 것을 나타낸다.

1951년 런던에서 열린 한 학회에서 전파별 가설은 당시의 일류 천문학자들 사이에서 논쟁거리가 되었다. 라일과 조지 맥비티George McVittie는 전파별 가설을 옹호한 반면, 토머스 골드Thomas Gold와 프레드 호일Fred Hoyle은 전파 방출원이 우리은하 밖에 존재하는 천체라고 주장하였다. 골드는 "왜 전파별이 있는 위치에 가시광에서 보이는 천체를 찾지 못합니까?"라고 의문을 표시했다. 또한 골드는 그 시기에 알려진 50개 정도의 전파 천체가 우리은하 내의 별이 그러하듯 몰려서 분포하지 않고 훨씬 멀리 떨어져 있는 외부은하들처럼 분포한다는 것을 지적하면서, 이들은 아마도 전파은하radio galaxy일 거라고 주장했다. 그는 "외부은하들은 서로 매우 다른 종류의 은하가 섞여 있는 것이 알려져 있기 때문에, 외부은하들의 일부가 우리은하와는 다르게 행동할 가능성을 배제할 수 없다."고 말하였다.

"은하 밖 성운(외부은하를 말함)이 이를 설명할 수 있을 것 같지는 않다."라고 맥비티는 대답했다. 그는 알려진 외부은하의 아주 일부가 전파영역에서 빛을 낸다는 것을 고려할 때, 대부분의 전파별은 우리가 알고 있는 외부은하와 관련되었을 것 같지 않다고 지적했다.

"나는 이론가들이 실험 결과를 오해한 것으로 생각한다."라고 거들면서 라일은 맥비티와 함께 "외부은하들이 우리은하보다 훨씬 더 강한 전파를 방출할 것이라는 증거는 아직 없다."고 강조했다. 그는 더 나아가 가스에서 전파가 나오는 일반적인 메커니즘은 외부은하의 환경에서 잘 작용되지 않을 것이라고 지적했다.

호일은 이론가들에 대한 라일의 혹평에 다음과 같이 반응했다. "상황은 이미 역전됐다. 맥비티 교수와 라일 교수는 이러한 전파가 외부은하에서 올 리 없다고 단정적으로 이야기했지만, 그중 5개는 가까운 외부은하와 연관되어 있다는 것이 이미 밝혀졌다.”

이 논쟁은 그 해가 끝나기 전에 해결되었다. 영국 케임브리지의 프란시스 그레이엄 스미스Francis Graham Smith는 개선된 전파 망원경을 이용하여 백조자리 전파원 A의 보다 정확한 위치를 얻었고, 그 결과를 패서디나 캘리포니아 공과대학의 월터 바데Walter Baade에게 우편으로 전달했다. 몇 주 후, 바데는 팔로마산의 200인치 광학 망원경을 이용하여 관측을 하는 와중에, 이 강력한 망원경을 스미스가 알려준 위치에 초점을 맞추고 청색 필터와 황색 필터를 사용하여 각기 두 장의 이미지를 촬영했다. 다음날 오후 그는 이미지를 현상했다.

“나는 현상한 네거티브를 보자마자 뭔가 이상하다는 것을 알았다.”라고 바데는 회상했다. “이미지 건판에는 합쳐서 200개가 넘는 은하가 있었고 중심에 있는 천체가 가장 밝았다. 그리고 모양이 뒤틀려 있었는데, 그것은 마치 가까운 두 은하핵이 서로 중력적으로 끌어당기면서 그 조력에 의해 뒤틀린 것처럼 보였다. 저녁 식사를 위해 집으로 운전하는 동안에도 그 모양이 머리에서 떠나지 않아, 나는 잠시 차를 멈추면서까지 생각해야만 했다(Pfeiffer 1956; Robinson 외 1965 참조).”

바데는 그가 보고 있는 게 충돌하는 두 은하라고 결론지었다. 이 사실은 그에게 특별히 흥미로웠는데, 바로 그해 초에 그와 라이먼 스피처 2세Lyman Spitzer Jr.가 출간한 논문에서 이러한 우주 공간상에서의 충돌의 잔해가 관측적으로 어떤 효과를 가질 것인지 논의했기 때문이다. 하지만 바데의 동료 루돌프 민코프스키Rudolph Minkowski는 그러한 우연을 의심쩍어 했다. “바데와 스피처는 은하충돌 이론을 제안했고, 이제 백조자리 전파원 A에서 그 증거를 찾으려 한다.”

민코프스키의 말에 화가 난 바데는 백조자리 전파원 A는 충돌의 결과라는 데에 1000달러를 걸겠다는 내기를 제안했다. 그들은 결국 받아들인 만한 증거가 나온다면 진 사람이 한 병의 위스키를 내기로 한다. 여기서 말하는 받아들인 만한 증거는 약 만도 이상의 높은 온도를 가진 낮은 밀도의 원소나 이온이 내는 방출선이었다. 반면에 별의 스펙트럼은 주로 흡수선을 보여주는데, 상대적으로 온도가 낮은 별 대기의 효과다. 만약에 충돌이 있었다면, 고온 저밀도의 가스 구름이 만들어졌을 것이고, 거기서 나오는 방출선이 백조자리 전파원 A의 스펙트럼에 나타날 것이었다.

몇 주 후, 민코프스키는 팔로마 망원경으로 백조자리 전파원 A의 스펙트럼을 얻었고, 내기에 졌음을 시인한다. 다만 그가 내민 내기의 대가는 바데가 예상했던 것과는 달랐다. 바데가 말하길 "나에게 한 병은 1리터 정도의 병을 말합니다. 하지만 민코프스키는 가져온 것은 바지 뒷주머니에 넣고 다닐 수 있는 작은 병이었습니다. 더군다나 이틀 후 월요일에 민코프스키가 무언가를 보여주려고 나를 찾아왔는데, 그가 준 위스키 병을 보자 그걸 다 마셔버렸습니다(Robinson 외 1965년 인용)."

이 이야기의 역설적인 면은, 10여 년 후 대부분의 전문가들은 민코프스키가 위스키를 마셔버린 게 정당했었을 수도 있다는 데 동의하게 된다는 것이다. 일련의 새로운 발견은 백조자리 전파원 A의 스펙트럼이 충돌하는 은하에서 나오는 게 아닐 수도 있음을 보여줬기 때문이다. 백조자리 전파원 A의 스펙트럼은 모든 방출선이 일정한 적색편이를 보여준다. 적색편이redshift 자체는 별로 흥미롭지 않았는데, 이미 20년 전에 에드윈 허블Edwin Hubble과 그의 동료들이 먼 은하의 스펙트럼이 은하까지의 거리에 비례한 적색편이를 가진 것을 보여주었기 때문이다. 문제는 측정된 적색편이에 따르면, 백조자리 전파원 A는 아마도 수십억 광년보다 더 멀리 떨어져 있다는 것이다.

백조자리 전파원 A가 그렇게 먼 거리에 있다면, 관측된 전파 및 가시광 영역에서의 빛을 설명하기 위해서는 엄청나게 강력한 에너지원이 필요하다. 충돌하는 은하들이 그러한 강렬한 에너지를 만들기는 거의 불가능해 보였다. 이 문제는 1950년대 중반 이후에 추가의 전파관측 이론적인 결과들이 나오면서 더욱 악화되었다. 그 결과는 백조자리 전파원 A와 이와 비슷한 은하에서 나오는 전파는 자기장을 따라 도는 고에너지의 전자들로부터 나온다는 것이었다. 싱크로트론synchrotron이라는 입자 가속기에서 처음 관찰된 이 메커니즘을 싱크로트론 복사synchrotron radiation라고 한다.

1958년 여름 파리에서 있었던 한 전파천문학 학회에 참석한 제프리 버비지Geoffrey Burbidge는 백조자리 전파원 A에서 방출되는 싱크로트론 복사가 무엇을 뜻하는지 논의했다. 그는 고에너지 입자를 만들기 위해 필요한 에너지가 은하간 충돌로 인해 예상되는 그것을 훨씬 상회함을 보였다.

충돌이론이 가지고 있는 문제는 R. C. 제니슨Jennison이 백조자리 전파원 A의 구조에 대한 새로운 관측을 보고하면서 더 분명해졌다. 전파원은 커다란 아령 모양을 하고 있으며, 고에너지 입자로 이루어진 두 개의 로브lobe는 50만 광년 이상 떨어져 있었다. 그리고 그 아령보다 몇 배 작은 은하가 중간에 위치하고 있었다. 백조자리 전파원 A로부터 나오는 전파가 충돌하는 은하로부터 나오는 거라고 여겨지기보다는, 어떤 미스터리한 폭발 메커니즘에 의해 고에너지 입자가 은하 밖으로 뿜어져 나가는 것처럼 보이기 시작한 것이다.

고에너지 입자를 어떻게 생성할 수 있는지를 논의했던 연구는 곧 예기치 못한 방향으로 흐르게 된다. 프레드 호일은 만약에 다른 강한 전파원이 백조자리 전파원 A만큼이나 크기가 크다면, 실제 백조자리 전파원 A까지의 거리보다 훨씬 더 먼 거리까지 관측될 것이라고 지적했다. 만약에 이러한 천체들의 실제 크기가 거의 같다면, 이들이 보이는 크기를 측정함으로써 우주의 본질에 대한 중요한 정보를 얻을 수 있을 것이다. 일례로 호일, 토머스 골드 및 허먼 본디Hermann Bondi가 주장한 정상 우주론에 따르면 이들의 각크기는 거리에 따라 꾸준히 줄어들 것으로 예상되지만, 빅뱅 우주론에 따르면 공간의 곡률이 중요해지는 어느 이상이 되면 그 각크기가 다시 증가할 것이다.

이러한 통찰을 계기로 전파천문학자들은 어두운 전파원들의 크기를 측정하는 일에 뛰어들어 활발히 활동하였고 우주가 정적인 상태인지 또는 빅뱅으로부터 시작되었는지의 문제를 해결하고자 하였다. 많은 새로운 전파은하들이 발견되었고, 그 결과의 의미를 찾는 격렬한 논쟁에 여러 분야의 과학자들이 많이 휩쓸리게 되었다.

그러한 와중에 전파천문학자들은 새로 발견된 전파원 중 일부는 그 당시 가장 크고 가장 감도가 좋은 광학망원경으로 분해해 관측하기 어렵거나 불가능하다는 것을 밝혀냈다. 버비지는 그의 아내인 마거릿, 그리고 캘리포니아 공과대학의 천문학자인 앨런 샌디지Allan Sandage와 같은 동료들과 함께, 은하의 핵nuclei of galaxies을 들여다보기 시작하였는데 그곳에 필요한 에너지원이 있을지도 모른다고 생각했기 때문이다.

토머스 매튜스Thomas Matthews와 샌디지는 팔로마 200인치 망원경을 사용하여 3C48이라고 불리는, 전파원이지만 가시광에서는 항성처럼 보이는 희미하고 푸른 천체의 정체를 확인하고자 했다. 이 천체는 아주 난해한 퍼즐을 제시했다. 이 대상은 백색왜성의 색을 가졌는데, 백색왜성에서는 절대 보이지 않던 희미한 성운이 같이 보였다. 그중에서도 가장 신비했던 것은 이 천체의 스펙트럼이었다. 백조자리 전파원 A와 마찬가지로 그 스펙트럼은 방출선을 포함하였고 이로부터 광원 근처에 섭씨 만 도 이상의 가스가 있음을 알려주었다. 백조자리 전파원 A와 다르게, 그리고 그들이 여태 다루었던 그 어떤 천체와도 다르게, 그들은 이 방출선을 어떤 알려진 원소와도 짝지을 수 없었다.

그 후 2년 동안, 수많은 천문학자들이 3C48의 수많은 스펙트럼을 관측하였지만, 그 누구도 방출선을 동정할 수 없었다. 그러다가 1963년이 되어서야, 오스트레일리아의 천문학자인 시릴 아자르Cyril Hazard, M. B. 매키Mackey, A. J. 심민Shimmins이 또 다른 전파원인 3C273이 달에 의해 가려지는 식현상을 이용하여 획기적인 발견을 하게 된다. 달의 경계가 어디에 위치하는지는 어느 순간에라도 매우 정확하게 알고 있었기 때문에, 이 광원이 달에 가려 어두워지고 다시 밝아지는 시간을 정밀하게 측정함으로써 광원의 위치와 크기를 이전에 가능했던 것보다 훨씬 더 정확하게 측정할 수 있었다. 그들은 3C273이 두 개의 전파원으로 이루어져있고, 그중 하나는 파란색의 항성처럼 보이는 천체와 위치가 일치함을 발견했다.

3C273의 정확한 위치가 알려지자, 캘리포니아 공과대학의 마르틴 슈미트Maarten Schmidt는 팔로마 200인치 망원경을 사용하여 3C273의 이미지를 촬영하고 스펙트럼을 얻었다. 이미지 속의 천체는 항성처럼 보였는데 한쪽으로 뻗어져 나간 희미한 제트 같은 것이 보였다. 이 스펙트럼은 3C48의 스펙트럼에서 봤던 것과 같은 정체를 알 수 없는 선폭이 넓은 방출선을 보여줬다.

슈미트는 간단하지만 깊이 있는 통찰력으로 (돌이켜보면 자명하지만) 문제를 해결하였다. 그는 이 알려지지 않았던 선들이 실제로는 수소 원자의 잘 알려진 천이들이었음을 밝힌다. 다만 그 선들의 위치가 약 16% 정도 장파장 영역으로 움직였을 뿐이다.

이는 그때까지 외부은하에서 발견된 적색편이의 양보다 특별히 크거나 한 건 아니었는데, 예를 들어 민코프스키는 3C295라는 은하와 이와 연관된 은하단이 46%의 적색편이를 가지고 있음을 이미 보여줬다. 이 천체가 특별히 문제적으로

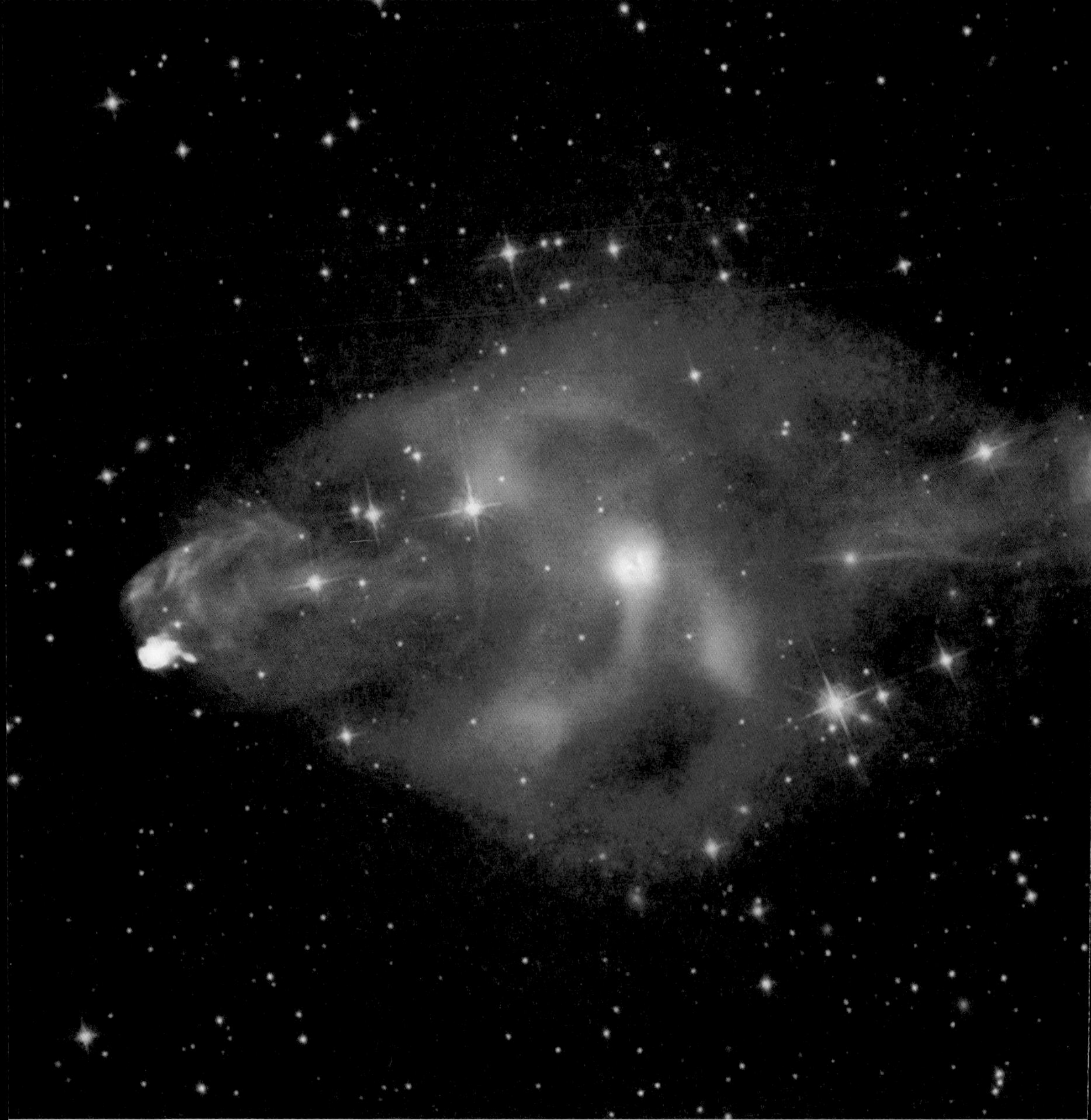

32 | 백조자리 전파원 A의 합성 이미지

찬드라 엑스선 이미지(파란색)와 VLA(Very Large Array) 전파 이미지(빨간색)로 만든 백조자리 전파원 A의 합성 이미지로 수십만 광년에 걸쳐 넓게 퍼져있는 럭비공 모양의 고온 가스 구름을 볼 수 있다. 희미한 영역의 공동들은 에너지 출력의 근원인 초대질량 블랙홀이 폭발을 반복적으로 겪었다는 증거이다. 허블 우주 망원경과 SDSS의 가시광선 관측 자료(노란색)도 표시하였다.

보였던 것은 슈미트가 그의 1963년 논문에서 이 발견을 설명했듯이, "항성처럼 보이는 천체로서는 전례 없이 큰 적색편이를 가진 스펙트럼"이었기 때문이다. 어떻게 별과 같은 천체가 그렇게 큰 적색편이를 가질 수 있을까?

슈미트는 두 가지의 가능성을 제시했다. 하나는 3C273이 아주 강한 중력을 가진 항성과 같은 천체이고 적색편이는 강한 중력장에 의해 야기되었을 가능성인데, 천체의 세부적인 스펙트럼을 설명하는 데는 어려움이 있었다. 두 번째 가능성은 이것이 시속 1억 7000만 km의 속도로 우리에게서 멀어지고 있는 은하의 핵이라는 것이었다.

허블법칙을 이용하면 두 번째 가능성의 경우 3C273까지의 거리가 20억 광년이다. 이는 이 은하의 핵에서 나오는 빛이 밝은 축에 속하는 어떤 은하가 그 전체에서 내는 것보다도 100배 이상 밝다는 것을 의미한다. 예일 대학의 천문학자인 할란 스미스Harlan Smith와 도리트 호플리트Dorrit Hoffleit는 하버드 천문대의 오래된 이미지 건판들을 사용하여, 3C273이 년 단위의 기간을 두고 변광을 해왔음을 알아낸다.

슈미트가 발견한 뒤에, 캘리포니아 공과대학의 제시 그린스타인Jesse Greenstein과 토머스 매튜스는 3C48의 스펙트럼을 다시 들여다보았다. 이 천체의 스펙트럼은 3C273과 달리 수소선이 분명하지 않았는데, 아마도 이 때문에 방출선들이 적색편이되었을 가능성이 간과되었던 것 같다. 그럼에도 불구하고 스펙트럼이 적색편이되었을 가설에 기반하여, 그들은 마그네슘, 네온 및 산소와 같은 원소로부터 나오는 선을 확인하였는데 이들은 모두 37%로 적색편이되어 있었다.

이러한 발견들은 너무 급박하게 이루어져, 《네이처Nature》의 같은 편(1963년 3월 16일)에 게재되었다. 이 날은 천문학자들이 우주를 구성하고 있는 가장 중요한 요소 중 하나를 발견한 날인데, 이 천체가 바로 일명 퀘이사quasar, 준항성체 또는 QSO로 불리는 준항성 전파천체quasi stellar object이다.

퀘이사는 백조자리 전파원 A처럼 폭발을 일으키는 은하의 극단적인 예일까, 아니면 전혀 다른 천체일까? 퀘이사나 전파은하의 엄청난 힘의 근원은 무엇일까? 1963년 12월 텍사스주 달라스에서 열린 "QSO와 중력붕괴"라는 심포지엄에 참석한 많은 천문학자와 천체물리학자들이 가슴에는 이러한 질문이 자리 잡고 있었다.

퀘이사의 에너지원으로 다양한 아이디어가 제시되었다. 예를 들어 물질-반물질의 쌍소멸, 초신성의 연쇄 폭발, 성단의 중력붕괴, 태양질량의 수백만 배 되는 초거대질량 항성supermassive star의 붕괴가 언급되었다. 대부분의 발표는 무언가가 중력적으로 붕괴했을 가능성으로 기울어 있었는데, 이는 매사추세츠 공과대학의 필립 모리슨Philip Morrison이 이야기한 것처럼 "증거들은 중력적인 사건이 있었음을 강하게 지지(Robinson 외 1965)"하기 때문이었다.

초거대질량 항성 모델이 특히 주목을 끌었는데 세세한 부분까지 완성된 모델이었기도 하지만, 호일과 그의 동료인 캘리포니아 공과대학의 윌리엄 파울러William Fowler라는 당대의 가장 혁신적이고 존경받는 두 천체물리학자가 그 모델의 제안자였기 때문이기도 했다. 그렇다고 이 모델에 대한 비판이 없었던 것은 아니다. 고등과학원Institute of Advanced Study의 프리먼 다이슨Freeman Dyson은 이 모형의 주요 문제로 이러한 초거대질량 항성이 한번 수축하기 시작하면 그 수축이 하루 안에 끝날 것이라는 점을 지적하였다. 이 딜레마에서 벗어나기 위해 아주 빠른 자전이나 천체의 분열 가능성이 논의되었고, 결국에는 이렇게 수축한 천체의 중심에 자리 잡게 될 물질의 궁극적인 운명이나 중력의 사건 지평선event horizon을 비롯한 기괴한 아이디어들이 언급되었다. 이러한 아이디어들은 블랙홀과 관련이 있었지만, 이 단어가 직접 언급되지는 않았는데 1967년 당시까지만 해도 블랙홀이라는 용어가 아직 만들어지지 않았었기 때문이다. 이런 와중에 민코프스키가 바데의 위스키를 마셔버린 게 옳은 일이었다는 사실에 많은 사람들이 동의하게 되었다. 백조자리 전파원 A는 은하의 충돌에 의한 것일 가능성은 거의 없었다.

에드워드 텔러Edward Teller는 퀘이사의 엄청난 에너지는 태양 질량의 천만 배 정도 되는 물질과 반물질로 이루어진 거대한 구름이 충돌하면서 나올 수 있다고 제안하였다. 그러나 텔러의 아이디어는 받아들여지지 않았다. 소량의 반물질은 고에너지 입자들 사이의 충돌에 의해 생성될 수 있지만, 우주에 그렇게 방대한 양의 반물질이 농축되어 있다는 증거는 없었다. 더 나아가 이런 물질-반물질 충돌의 주된 결과물은 감마선이어야 하지, 퀘이사에서 발견되듯이 고에너지 제트나 자기장, 그리고 전파, 가시광, 자외선, 엑스선과 감마선과 같은 것들이 동시에 보일 리는 없었기 때문이다.

원자력 또한 가능성이 없어 보였다. 비록 항성의 에너지원이 원자력이긴 했

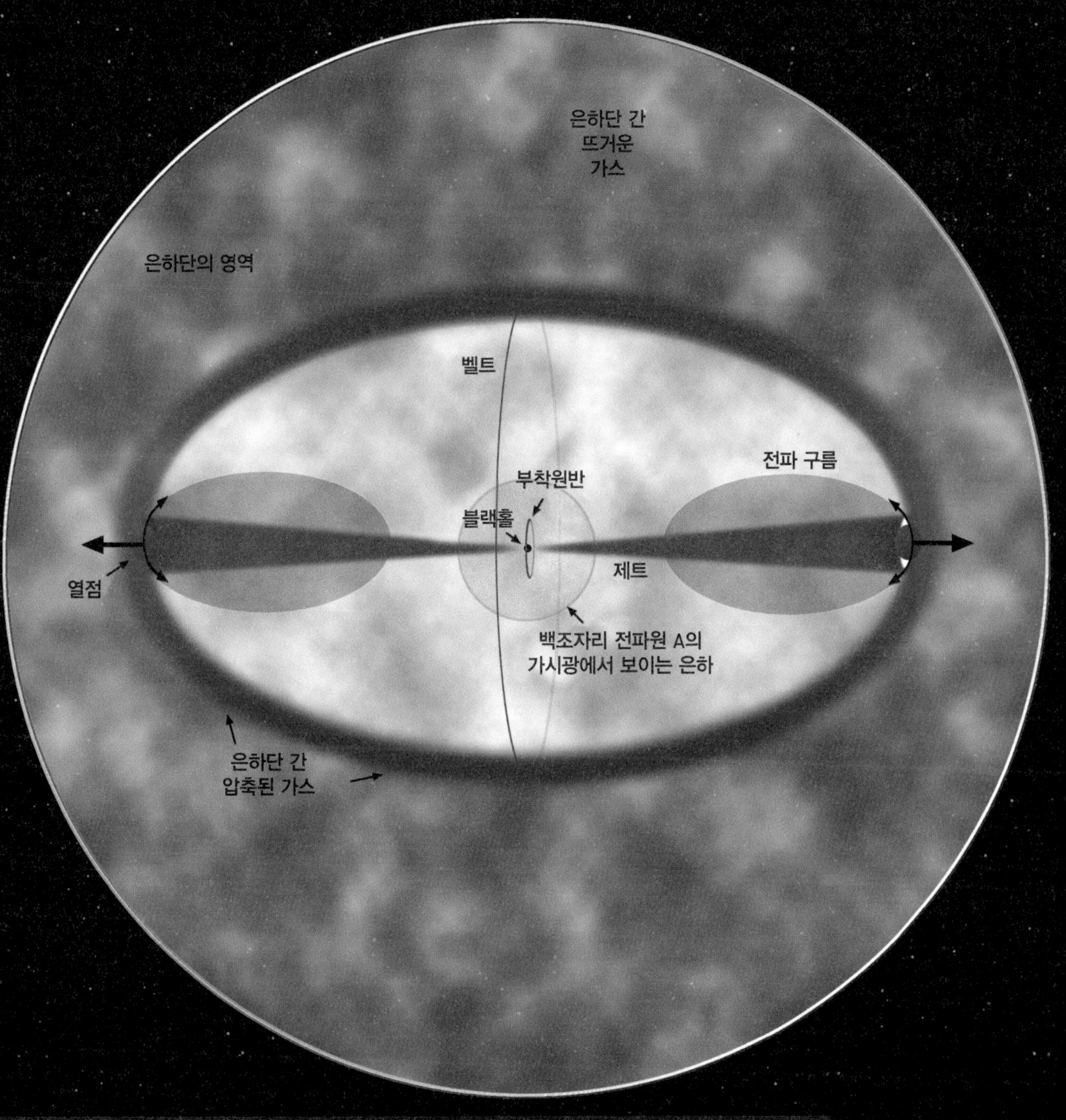

33 | 백조자리 전파원 A의 개략도

백조자리 전파원 A 시스템의 개략적인 모델. 초대질량 블랙홀은 큰 은하 중심에 묻혀있는데, 그 은하는 또한 수백만 도의 은하간 가스를 품고 있는 은하단에 속해 있다. 은하 중심부에 있는 가스에 의해 초대질량 블랙홀 주변에 부착원반이 만들어지고, 원반의 자화된 가스가 블랙홀로 소용돌이치며 들어가게 된다. 이 회전에 의해 고에너지로 이루어진 강력한 제트가 만들어지고, 이 고에너지 입자들이 강한 전파 및 엑스선을 방출하면서 은하간 가스에 거대 공동(空洞)을 부풀게 한다. 밝게 보이는 벨트는 공동이 은하의 적도평면에서 팽창하면서 만들어졌을 수 있다. 은하간 가스는 밀도가 매우 낮긴 하지만, 제트를 감속시키기에는 충분한 저항을 제공하여, 중앙 블랙홀로부터 약 30만 광년 떨어져 있는 전파 및 엑스선의 밝은 열점에서 제트는 멈추게 된다.

지만, 1광년의 크기에 1,000억 개의 태양을 채우는 것은 불가능해 보인다. 비록 태양보다 더 무거운 별이 더 효율적으로 에너지를 방출하긴 하지만, 이렇게 밀집된 별들은 서로 충돌하여 초신성으로 폭발하거나 초거대질량 항성으로 합쳐져서 결국 함몰해버릴 것이다. 결국, 과학자들은 퀘이사의 에너지원은 중력이어야 한다고 결론지었다. 뉴턴 때부터 온 우주에서 작용하는 것으로 알려진 그 중력 말이다.

하지만 이것은 뉴턴이 생각했던 중력이 아니라 아인슈타인의 중력이었고, 이에 따르면 중력은 힘이 아니라 물질의 존재로 인한 공간의 뒤틀림으로 설명되고, 에너지는 물질과 등가의 관계에 있었다. 따라서 어떤 작은 공간에 더 많은 에너지를 축적할수록, 그곳에 집중되는 질량이 커지고 공간의 왜곡이 커지고 다시 에너지가 더 집중되는, 멈추지 않는 수축의 악순환이 이루어진다…. 그 끝에는 무엇이 있을까?

1960년대에 무거운 별의 궁극적인 운명에 관한 연구는 퀘이사와 전파은하에 대한 연구와는 별개로 진행되고 있었다. 또한 충분히 무거운 별의 중심핵이 붕괴하면, 프린스턴의 존 휠러John Wheeler가 "블랙홀black hole"이라고 부르는 것이 만들어진다는 의견에 점점 많은 물리학자들이 동의하고 있었다.

1964년, 코넬 대학의 에드윈 살페테르Edwin Salpeter와 모스크바의 응용수학연구소의 야코프 젤도비치Yakov Zeldovich는 독립적인 연구를 통해 그들이 "붕괴된 물질" 또는 "붕괴된 천체"라고 부르는 물체로 떨어지는 가스 흐름의 경우, 원칙적으로는 엑스선을 방출할 만큼 높은 온도로 가열될 수 있다고 제안하였다. 물체만 충분이 있다면 그러한 엑스선은 발견될 수 있을 것이다. 젤도비치와 그의 동료 이고르 노비코프Igor Novikov는 이런 식으로 발견할 확률이 가장 높은 것은 쌍성계에 있는 블랙홀일 것이라고 제안하였다.

이러한 아이디어는 1971년 백조자리 엑스선원-1으로부터 오는 엑스선, 가시광 그리고 전파 자료를 종합하여 이 천체가 밝고 푸른색의 동반성으로부터 물질을 빨아들이는 블랙홀이라는 강력한 증거가 제시되면서 확인되었다. 이 발견을 기점으로 퀘이사의 중심 에너지원으로서의 블랙홀 모델이 받아들여지는 길이 열리게 됐다. 케임브리지 대학의 도널드 린든 벨Donald Lynden-Bell과 마틴 리스Martin Rees는 은하의 중심에 있는 거대한 블랙홀이 1년에 태양 질량에 해당하는 별이나 가스를 삼킨다면 퀘이사에서 나오는 엄청난 양의 에너지를 생성할 수 있음을 보여주었다. 가스는 블랙홀 주변에 부착원반을 형성하게 된다. 원반에 있는 가스 입자들은 마찰로 인해 조금씩 에너지를 잃으면 중심으로 유입된다. 린든 벨과 리스(1971)의 표현대로 "욕조에서 물이 빠지듯이 천천히 중심부의 블랙홀로 빠져 들게 될 것이다." 가열된 원반의 바깥쪽에서는 가시광이 나올 것이고, 원반의 안쪽의 극단적으로 뜨거운 영역에서는 엑스선이 나올 것이다.

이어진 연구에서 린든 벨, 리스 및 그들의 동료 로저 블랜포드Roger Blandford는 퀘이사 부착원반의 소용돌이치는 회전운동은 기존의 자기장을 증폭시켜, 회전하는 자력선의 토네이도가 원반의 위아래로 생성될 수 있음을 보여주었다. 전파은하에서 보였던 은하 중심에서 분출되어 나가는 고에너지 입자와 자기장은 이 소용돌이치는 자력선으로 만들어낼 수 있었다.

망원경의 감도가 점점 좋아지면서 전파은하의 내부를 더 잘 조사하고 퀘이사를 더 자세히 연구할 수 있게 됨에 따라, 거의 모든 천체물리학자들이 이 초대질량 블랙홀 모델을 받아들이게 된다. 전파, 적외선 및 광학 망원경은 20개 이상의 은하의 중심에서 질량이 큰 암흑물체 주변을 소용돌이치며 돌고 있는 물질을 발견하였으며, 이들 대부분의 중심에서 밝은 엑스선이 나오는 것을 관측하였다. 또한 전파와 엑스선에서 보이는 제트의 시작점이 은하핵이라는 것도 발견했으며, 백조자리 전파원 A는 가장 훌륭한 예가 된다(그림 33, 91쪽 그림 22의 이젤자리 전파원 A 은하 참조).

바데와 민코프스키 사이의 내기에 대한 후일담으로, 백조자리 전파원 A가 은하의 충돌로 인한 것인지에 대한 대답은 아직 나와 있지 않다. 이 은하의 범상치 않은 형태는 먼지와 가스 구름 때문이긴 하지만, 그 안에 두 개 또는 세 개의 은하핵이 있을지 모른다. 은하에서 나오는 에너지는 초대질량 블랙홀로 물질이 유입되어 가면서 나왔을 가능성이 매우 높지만, 백조자리 전파원 A가 은하단 중심부에 자리 잡고 있기 때문에 빨려 들어가는 물질 자체는 다른 은하와의 충돌에 기인할 수 있다. 만약 바데와 민코프스키가 아직 살아 있다면, 아마도 그들은 위스키 한 병을 나누어 마시고 무승부를 선언했을 것이다.

34 | 찬드라 망원경의 남반구 심천 영상

화로자리(Fornax)에 위치한 찬드라 망원경의 남반구 심천 영상 전체 영역에 대한 엑스선 영상. 찬드라를 사용하여 4백만 초나 되는 노출을 주며 만든 영상으로, 그 당시까지 하늘에서 얻은 가장 깊은 노출의 엑스선 영상이다(이 영역의 노출 시간은 현재는 7백만 초로 약 70일 정도이다). 이 영상에 보이는 엑스선 광원의 대부분은 빠르게 성장하는 초대질량 블랙홀들인데, 일부는 우주의 나이가 9억 5천만 년이 되기도 이전에 이미 존재하였다.

12

마치 오리처럼 생겼고 오리처럼 꽥꽥거린다면,

우리 손안에 있는 게 적어도 오리과의 작은 수생 조류일

가능성을 고려해야 한다.

더글러스 애덤스, 《더크 젠틀리의 성스러운 탐정 사무소》, 1987

무수히 많은 오리들

월터 바데Walter Baade와 루돌프 민코프스키Rudolph Minkowski가 백조자리 전파원 A에 대한 데이터를 모으는 사이, 동료인 칼 시퍼트Carl Seyfert는 윌슨산 100인치 망원경을 사용하여 6개의 나선은하spiral galaxy의 중심부를 상세하게 연구했다. 이 6개의 은하는 그 중심핵에 범상치 않은 활동을 한다는 증거를 가진 은하들이었다. 일반적인 은하의 스펙트럼과는 달리, 이 은하들의 핵은 뜨거운 이온화된 가스 구름의 특징을 보였다. 시퍼트(1943)의 관측에 따르면 이 고온의 가스 구름은 시속 수십만 km에서 수백만 km까지의 속도로 은하의 핵에서 빠르게 벗어나고 있었다.

이 놀라운 결과는 20년 동안 무시되다가, 마거릿 버비지Margaret Burbidge와 제프리 버비지Geoffrey Burbidge 부부가 케빈 프렌더개스트Kevin Prendergast(Burbidge, Burbidge & Prendergast 1963)와 함께 발표한 논문에서 그들이 "시퍼트 은하Seyfert Galaxy"라고 이름 붙인 은하들에 대해 논의하면서 재조명되었고, 계속 이 이름으로 불리게 되었다. 그들은 시퍼트 은하의 핵 지역 밖으로 고속의 가스가 분출되어야 한다고 강조했다. 그 후 몇 년 동안, 버비지 부부는 그들에게 귀 기울이는 이들에게 은하핵에서 뭔가 흥미로운 일이 일어나고 있다고 계속 이야기해 온 한편, 1963년에는 앨런 샌디지Allan Sandage와 공동으로 "은하핵에 격렬한 사건이 발생하고 있는 증거"라는 방대한 리뷰 논문을 출간했다. 이를 계기로 시퍼트 은하에 대한 연구는 활발해질 것 같았으나, 이 논문이 출판 될 즈음, "3C273: 큰 적색편이를 보이는 항성과 같은 천체"라는 제목의 마르틴 슈미트Maarten Schmidt의 논문이 먼저 《네이처Nature》에 소개돼서, 사람들은 퀘이사를 찾고 설명하려는 데 정신이 팔려있었다.

이런 흥분 속에서도 퀘이사와 시퍼트 은하 둘 다, 은하 중심에 위치한 초대질량 블랙홀이 이들에게 에너지를 공급하는 엔진이라는 걸 천문학자들이 이해하기까지는 많은 시간이 걸렸다. 은하핵들 중에 중심부의 초대질량 블랙홀이 활발히 주변 가스를 빨아들면서 강력한 빛을 내뿜는 것들을 활동성 은하핵active galactic nuclei, 또는 AGN이라고 한다. 퀘이사는 은하핵이 은하 자체보다도 밝은 AGN의 극단적인 예이다.

다양한 AGN들은 서로 차이를 보이는데, 그들의 진화 단계라던가 시선방향에 따라 보이는 모양에 관련된 여러 요소에 의한 것이다. 예를 들어 중심 블랙홀의 크기라든지, 빨려 들어갈 수 있는 가스의 양, 그리고 블랙홀 주변에는 가스나 먼지로 이루어진 원반이나 토러스torus가 있는데 이들에 의해 블랙홀 자체가 가려지는지 등에 따라 달라진다. 제1형의 AGN들은 고온 고속의 가스, 밝은 전파 복사, 그리고 저에너지의 엑스선등의 형태로 중심핵의 활발한 활동의 증거가 보이는 것들이다. 제2형 AGN들은 덜 활발한 활동이 보이는 것들로, 적당한 속도로 움직이는 가스와 이에 산란된 빛, 제트의 형태로 보이는 일부 전파 활동이 보이고 저에너지 엑스선은 보이지 않는다.

AGN 통합 이론은 다른 많은 천문학자들의 연구를 바탕으로 캘리포니아 대학 산타 바바라 캠퍼스의 로버트 안토누치Robert Antonucci와 산타크루스 캠퍼스의 조셉 밀러Joseph Miller가 제안했는데, 이에 따르면 제1형과 2형의 AGN들은 중심 블랙홀이 가스와 먼지로 이루어진 도넛형 장막에 둘러싸인 모형으로 모두 설명된다. AGN 통합 모형에 따르면, 보는 관점에 따라 관측되는 게 달라진다. 즉 AGN을 위에서 보는지(도넛의 구멍을 통과한 모습: 제1형, 그림 35), 또는 측면에서 보는지(가장자리: 제2형, 그림 36) 여부에 따라 다르게 보이는 것이다.

통합 모형은 활동성 은하핵의 많은 관측적인 특성을 설명할 수 있었고 많은 천체물리학자들이 이 모형을 받아들이게 되었다. 그리고 엑스선 배경복사X-ray background라는 것을 설명하기 위해서, 제2형의 AGN이 꼭 필요하다는 것이 밝혀졌다. 1962년 리카르도 지아코니Riccardo Giacconi와 그의 동료들은 역사적인 로켓 실험을 통하여 태양계 밖에 존재하는 최초의 엑스선 천체를 발견하고, 또한 엑스선 배경하늘이 어둡지 않다는 것을 밝혔다. 오히려 배경하늘은 균일한 밝기로 퍼져서 빛나고 있었는데, 이를 엑스선 배경복사라고 부른다. 몇 년 후 퀘이사가 발견되자, 일부 과학자들은 엑스선 배경복사가 매우 먼 거리의 AGN들에 의한 것일 수 있다고 가정하였다.

이 가정은 그럴듯해 보였다. AGN의 개수와 그들이 내는 에너지를 고려하니 숫자가 맞아 떨어졌다. 그러나 문제가 있었다. AGN의 스펙트럼이 엑스선 배경복사의 스펙트럼과 일치하지 않는 것이었다. 엑스선 배경복사에서 관측된 고에너지 엑스선과 저에너지 엑스선의 비율은 AGN에서 나오는 것보다 4배 정도 컸다. 엑스선 배경복사를 설명하는 데 필요한 광원들의 상황은 마치 오리처럼 보이고 오리처럼 걸어서 오리인 것 같은데 꽥꽥거리는 소리가 오리랑 다른 경우에 비유할 수 있다. 엑스선 천문학자들은 이 문제를 "스펙트럼 역설spectral paradox"이라고 불렀다. 스펙트럼 역설의 해결책 중 하나는 AGN이 아닌 다른 것이 엑스선 배경복사의 근원이라는 것이다.

또 다른 해결책은 일부 AGN이 제2형의 퀘이사일 가능성이다. 이 경우 엑스선 배경복사에 고에너지 엑스선의 양이 과다한 것은 AGN이 고에너지 엑스선을 더 내서가 아니라, 초대질량 블랙홀 주위의 가스 도넛이 저에너지 엑스선을 감소시키기 때문이다. 만약에 여러 다른 거리와 서로 다른 도넛 크기에 걸쳐서 이러한 천체들이 발견된다면, 엑스선 배경복사의 근원이 설명될 것이다. 즉 오리 머리에 자루가 씌어져 있다면, 오리처럼 들리지 않을 수는 있어도 실제로는 오리인 것처럼 말이다.

일본의 ASCAAdvanced Satellite for Cosmology and Astrophysics 위성과 이탈리아와 네덜란드가 공동으로 개발한 Beppo SAX 엑스선 관측위성을 이용해서 배경하늘을 깊이 관측한 결과들도 엑스선 배경복사를 설명하기 위해서는 제1형 AGN 이외의 다른 광원이 필요하다는 생각을 뒷받침했다. 이 연구들은 엑스선 배경복사의 약 30%정도는 개별 소스로 분해될 수 있음을 보여주었지만, 이 위성들이 가진 각분해능의 한계로 인해 더 이상의 것은 말할 수 없었다. 앞으로 더 나아가기

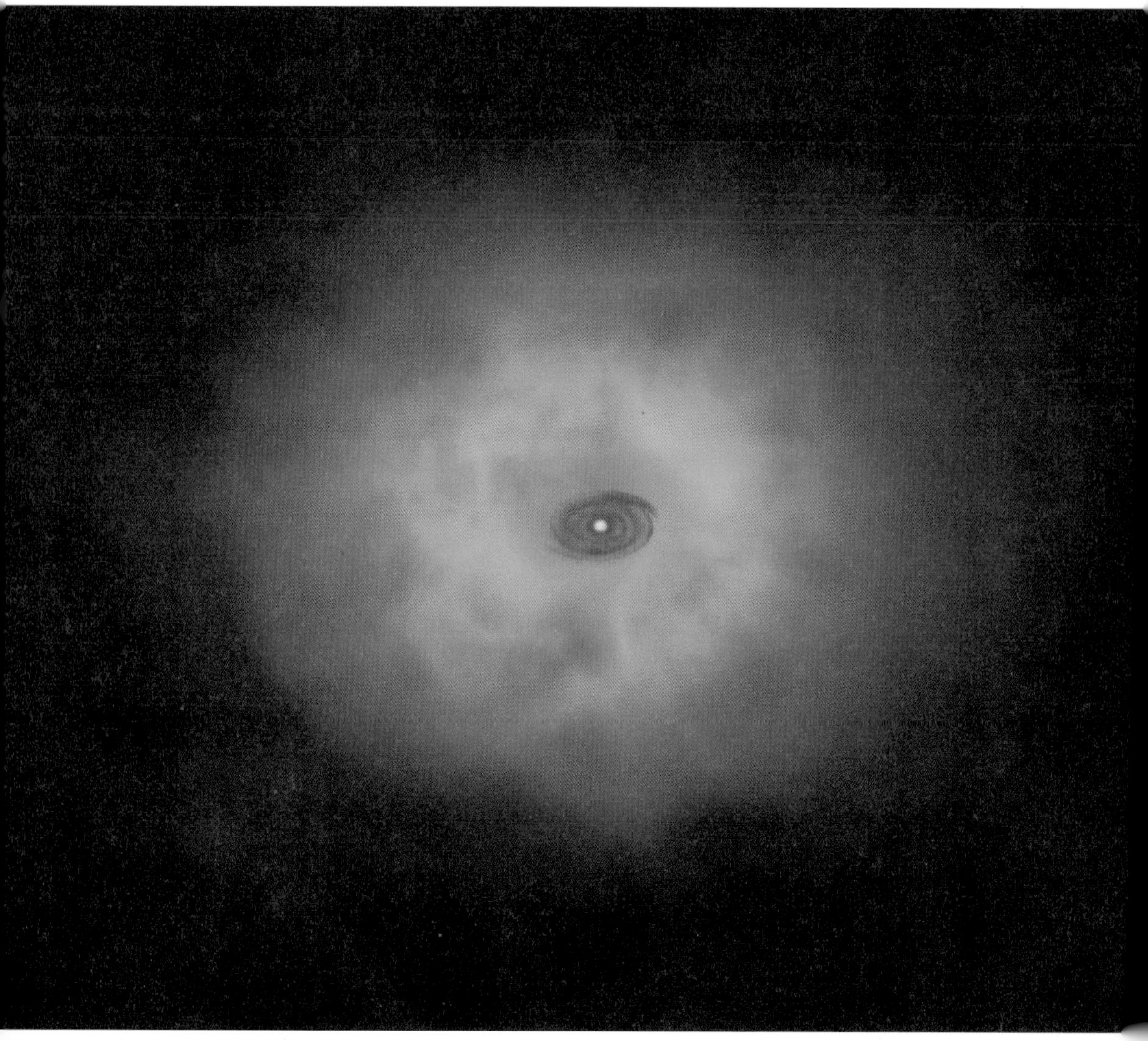

35 | **블랙홀과 그 주변의 부착원반과 토러스**

위에서 본 모습. 블랙홀계를 구성하는 요소들을 보여주는 상상도. 중심에는 블랙홀이 있으며, 뜨거운 가스(파란색과 녹색)의 원반으로 둘러싸여 있다. 이 전체는 더 차가운 가스와 먼지(노란색과 빨간색)로 이루어진 토러스라 불리는 커다란 도넛에 둘러싸여 있다.

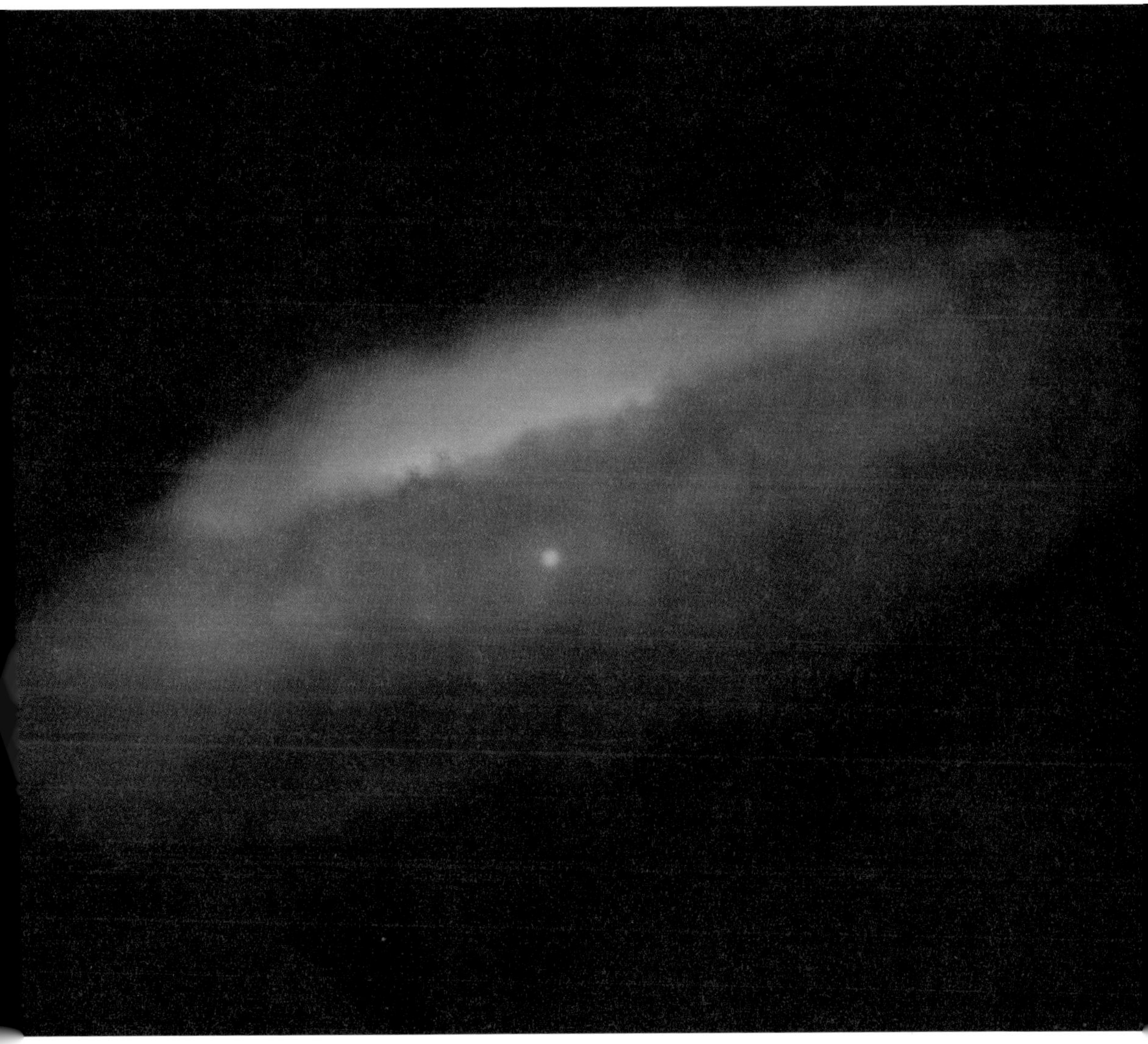

36 | **블랙홀과 그 주변의 부착원반과 토러스**

측면에서 본 모습. 동일한 블랙홀과 이를 둘러싼 뜨거운 가스 원반, 그리고 차가운 가스와 먼지로 이루어진 토러스를 옆에서 본 상상도. 이 이미지를 보면 블랙홀계의 특성을 탐사하는 데 왜 엑스선이 필수적인지 알 수 있는데, 가시광의 빛과는 달리 엑스선은 토러스를 통과하여 숨겨진 블랙홀에 대한 정보를 제공하기 때문이다.

위해서는 찬드라 망원경이 필요했었다.

발사된 지 얼마 지나지 않아, 고감도와 고분해능을 가진 찬드라는 이 문제를 해결하는 데 뛰어들었다. 찬드라 망원경의 남반구 심천 영상Chandra Deep Field South(136쪽 그림 34)이라고 명명된 이 프로젝트는 리카르도 지아코니에 의해 시작되었으며 펜실베니아 주립대학의 닐 브란트Neil Brandt의 주도하에 진행되어 왔다. 찬드라는 기회가 될 때마다 남쪽 별자리인 화로자리Fornax의 특정 지점으로 돌아와 관측하는데, 이 영역의 크기는 보름달의 약 절반 정도이다. 현재까지 찬드라는 약 70일의 관측 시간에 해당하는 자료를 축적해왔다. 그리고 약 천여 개의 엑스선원이 찬드라 남반구 심천 영상(Xue 외 2012)에서 발견되었고, 이들의 약 70%는 초대질량 블랙홀을 가지고 있다고 추측된다. 1962년 지아코니와 그의 팀이 로켓 실험으로 발견했던 첫 번째 태양계 밖 엑스선 천체와 비교했을 때, 찬드라가 발견한 가장 어두운 광원들은 100억 배나 더 어두웠다. 맨눈으로 보다가 허블 우주 망원경을 이용하여 관측할 정도로 감도가 향상되었다.

찬드라 남반구 심천 영상의 자료를 이용하여 제2형 AGN의 전체 수가 조사되었다. GOODS-S Great Observatories Origin Deep Survey South 프로젝트 아래, 찬드라뿐만 아니라 허블 우주 망원경, 스피처 우주 망원경, 그리고 초대형망원경Very Large Telescope, VLT을 활용한 관측이 같이 이루어졌다. 제2형 AGN의 경우 토러스에 가려져 가시광 탐사에서는 거의 발견되지 않을 것으로 예상된다. 원칙적으로 그들은 적외선 망원경으로 발견될 수 있지만, 적외선에서는 먼지가 많은 은하들도 같이 보이게 된다. 이들까지의 거리는 약 수십억 광년으로 예측되는데, 이 거리에서 적외선 관측만으로 AGN과 먼지가 많은 은하를 구별하는 것은 불가능하다. 반면에 토러스에 가려진 초대질량 블랙홀에서는 강한 엑스선이 나오지만, 은하에 있는 먼지로 이루어진 성간물질에서는 엑스선이 나오지 않는다. 즉 찬드라를 이용하면 이들 중에서 제2형의 AGN만을 골라낼 수 있다. 게다가 이전의 엑스선 망원경으로 관측했을 때는 매우 희미한 광도를 가진 너무나 많은 천체가 망원경의 시야 안에 있었기 때문에 그 결과가 모호할 수밖에 없었다. 찬드라의 고정밀 거울 덕분에, 모호함 없이 광원들을 골라낼 수 있었다. 이러한 과정을 통해 AGN의 알려진 밀도가 무려 40%나 증가했다.

발견된 광원의 약 1/3 정도가 고밀도의 가스와 먼지 구름으로 둘러 쌓여 있는

37 | 목동자리 영역의 찬드라 탐사 관측

찬드라 남반구 심천 영상과는 대조적으로, 목동자리(Bootes) 영역은 밤하늘 보름달의 40배나 되는 넓은 영역의 파노라마로 총 126개의 찬드라 이미지를 합쳐서 만들었으며 개개 이미지의 노출 시간은 5천 초에 달한다. 찬드라가 관측한 것 중에서 연속으로 이어진 영역으로는 가장 넓은 영역이다. 적색 광원은 저에너지 엑스선을 나타내고 녹색은 중간에너지, 청색은 고에너지 엑스선을 나타낸다. 적색 광원의 대부분은 가려지지 않은 초대질량 블랙홀, 즉 제1형 AGN이다. 녹색 및 청색은 대부분이 가려진 초대질량 블랙홀, 즉 제2형 AGN이다. 광학과 적외선 관측자료를 같이 확보한 이 탐사 관측을 통해 지구로부터 60~110억 광년에 걸쳐 있는 600개 이상의 가려진 블랙홀과 700개 이상의 가려지지 않은 블랙홀을 확인하였다.

흔적이 없는 제1형의 AGN이었다. 나머지 2/3의 소스는 다양한 정도로 흡수되어 보이는 거대한 블랙홀이다. 결론적으로 이야기하면 우주에 있는 초대질량 블랙홀의 수는 광학 망원경으로 관찰한 것보다 3배나 많다. 새들의 개체수를 셀 때 오리처럼 보이지 않아서 빠뜨린 새가 전체의 2/3였던 것과 같다.

찬드라로 점점 더 많은 은하들을 관측할수록, 강력한 빛을 내는 블랙홀의 수가 엑스선 배경복사로 추정한 값보다 훨씬 더 많을 것이라는 추측을 지지하는 증거가 늘어나고 있다. 예를 들어 초대질량 블랙홀의 상당수가 엑스선에서도 잘 안 보일 만큼 가려져 있을 수 있는데, 여러 그룹의 과학자들이 찬드라를 이용해 숨겨진 블랙홀들을 찾으려 하고 있다. 연구자들은 특정 광원을 직접 관측하기도 하고 찬드라 자료센터에 있는 자료를 창의적인 방법으로 활용하기도 한다. 예를 들어 수십 가지 천체의 관측된 자료를 합쳐서 심하게 숨겨진 AGN에 대한 비밀을 밝혀내려 노력하고 있다.

판돈은 커 보인다. 연구자 중 한명인 케임브리지 대학의 앤디 파비안Andy Fabian(2001)의 말을 빌리자면, 이러한 결과는 우주의 주에너지원이 무엇인지에 대한 우리의 관점을 바꿀 수 있다. 실제 파비안은 알려신 초대질량 블랙홀의 수가 증가한 것을 고려할 때 이런 초대질량 블랙홀로 주변 물질이 빨려 들어가면서 나오는 에너지가 우주의 역사 동안 모든 항성이 내는 에너지의 약 1/4정도에서 절반으로까지 상향될 수 있다고 추정하고 있다.

FANTASTIC UNIVERSE

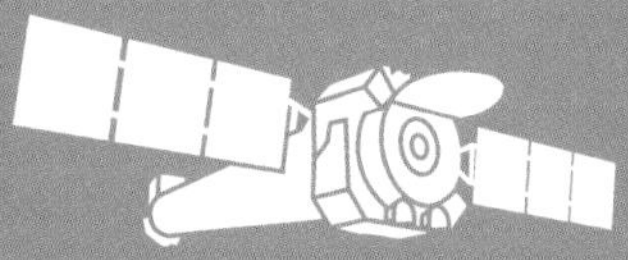

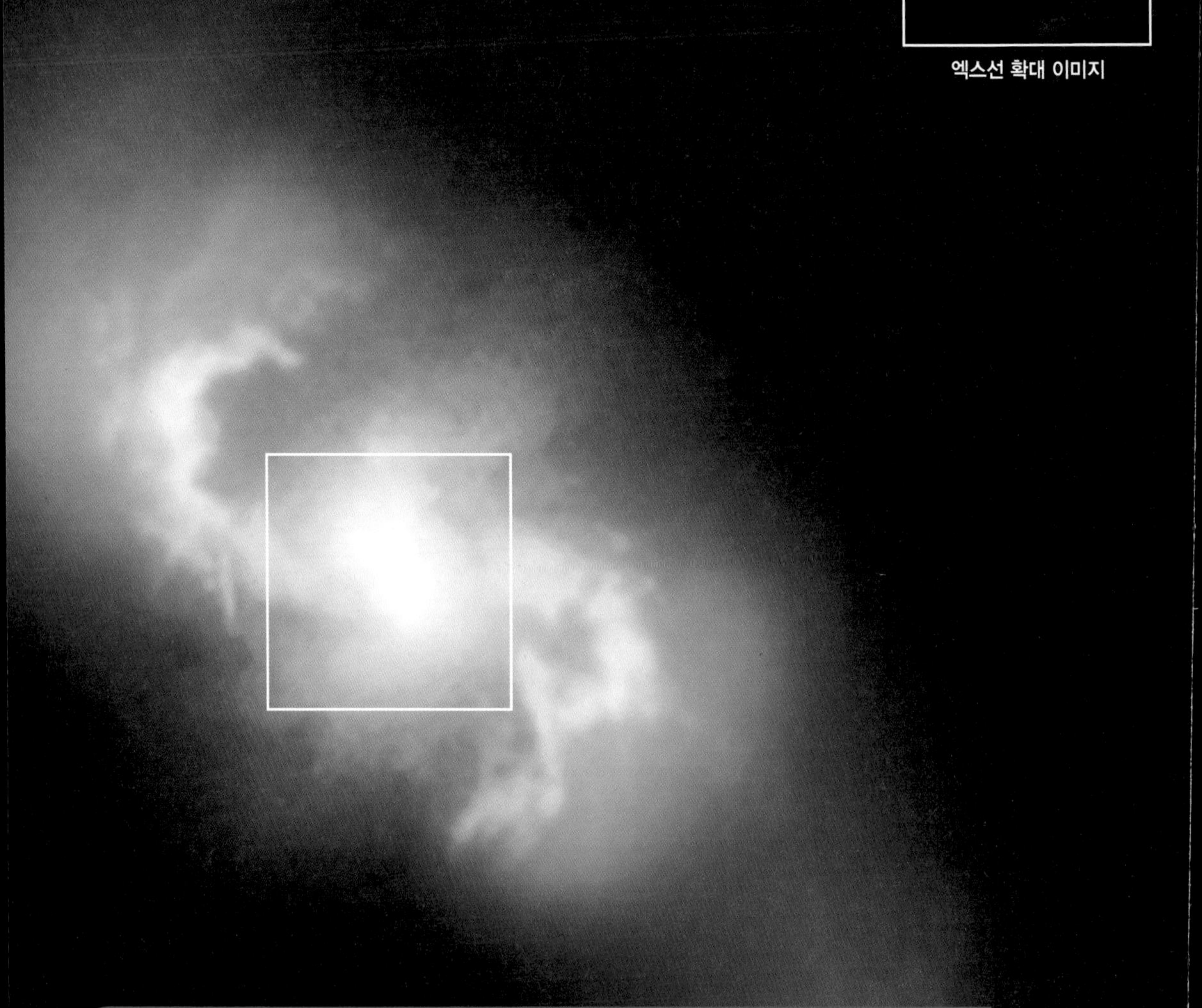

엑스선 확대 이미지

38 | NGC 3393 은하

지구로부터 1억 6천만 광년 거리에 있는 나선은하. 찬드라로 관측한 엑스선(푸른색)과 허블로 관측한 가시광선(노란색) 자료를 합성했다. 큰 이미지에서 넓게 퍼져있는 푸른색은 은하 중심 근처의 뜨거운 가스를 나타내며 저에너지 엑스선을 보여준다. 삽입 이미지는 찬드라 단독으로 관측한 NGC 3393 중심부의 고에너지 엑스선 자료다. 먼지와 가스로 차폐되어 성장 중인 블랙홀의 특징인 철의 방출을 포함하고 있다. 삽입 이미지는 두 개의 엑스선 피이크(대략 11시와 4시 방향)를 보여준다. 이 피이크들은 활발하게 성장하고 있는 블랙홀이며, 가스가 이들의 안쪽으로 떨어지고 뜨거워짐에 따라 엑스선을 방출한다. 블랙홀 주변의 차폐된 지역은 안쪽으로 떨어지는 물질에 의해 만들어진 대량의 가시광선과 자외선을 차단한다.

13

합병할 때마다 누군가는 정체성을 잃는다.

다른 말을 하는 것은 그저 헛소리일 뿐이다.

카를로스 곤, 르노 닛산의 CEO, 2006

초대질량 블랙홀의 기원과 성장

최근 태양 질량의 수십억 배나 되는 매우 멀리 있는 초대질량 블랙홀들 수십 개(2016년 현재 약 40여 개)가 발견되었다. 이는 빅뱅 이후 십억 년 이내에 수많은 블랙홀들이 이미 존재하고 있다는 것을 보여준다. 그들은 어디에서 왔을까?

한 가지 이론은 초대질량 블랙홀은 빅뱅 이후 약 천만 년 정도에 제1세대 별에서 생성된 별 블랙홀로부터 자라났다는 것이다. 이 어린 초대질량 괴물을 설명하려면, 이 블랙홀들의 질량은 애초에 태양 질량의 약 100배이고, 그 후 10억 년 동안 태양 질량의 약 수십억 배의 주변 가스를 엄청난 속도로 소비했어야 한다. 원칙적으로 이것은 가능하다. 그러나 생성 과정에서 발생하는 복사의 역압back pressure을 고려한 최근의 컴퓨터 모의실험 결과는 별 질량 블랙홀의 성장은 10억 년 이내의 초대질량 블랙홀의 존재를 설명하지 못할 가능성이 있음을 보여준다.

다른 해법은 초대질량 별 또는 밀도가 높은 성단이 붕괴되어 생성된 태양 질량의 약 10만 배의 블랙홀 씨앗부터 시작하는 것이다. 일단 생성이 되면, 이 블랙홀들은 주변의 가스를 흡착하며 성장한다. 이런 천체들은 주로 적외선과 엑스선을 방출할 것으로 예상된다. 이탈리아 천체물리학자 파비오 파쿠치Fabio Pacucci와 동료들(Pacucci 외 2015)은 최근 무거운 블랙홀 씨앗의 생성과 진화를 다룬 컴퓨터 모의실험을 수행했고, 이런 천체들이 찬드라 남반구 심천 영상에서 가장 희미한 천체들 중 몇 개로 관측되었을 수도 있다고 결론 내렸다. 후속 논문에서 파쿠치 그룹은 적외선과 엑스선 성질을 근거로, 두 개의 천체 GOODS-S 29323과 GOODS-S 33160을 직접적인 붕괴 블랙홀 후보로 규정했다. 블랙홀 질량은 태양 질량의 만 배에서 십만 배 사이로 추산되었다. 지구로부터 이 천체들까지 거리는 127억 광년 이상으로 추산되었으며, 이는 그 천체들이 빅뱅 이후 10억 년 이내에 관측되었음을 의미한다. 비슷한 거리의 또 다른 천체 CR7 역시 여러 천문학자들이 직접적인 붕괴 블랙홀로 제시했다. CR7은 매우 강한 자외선 천체이지만 엑스선에서는 검출되지 않았다. 이런 천체들은 모두 향후 관측 프로그램에서 집중적으로 연구할 대상들이다.

최초의 초대질량 블랙홀의 전조를 이해하는 또 다른 방법은 무거운 블랙홀 씨앗의 원형을 포함하고 있을 만한 은하를 둘러보는 것이다. 왜소은하dwarf galaxy는 이런 시도에 매우 적합하다. 천문학자들 입장에서 왜소은하들은 신출내기들이다. 왜소은하가 보통 크기의 은하들처럼 수십억 년 동안 존재하지 않았다는 것은 아니다. 그들은 존재해왔다. 다만 1930년대까지 왜소은하의 존재를 아무도 몰랐을 뿐이다. 그 당시 프리츠 츠비키Fritz Zwicky(암흑물질을 발견하고 처음으로 중성자별의 존재를 제안함)는 위대한 에드윈 허블Edwin Hubble과 여러 가지 논쟁 중 하나에 휘말려 있었다. 허블은 당시에 캘리포니아 공과대학 소속으로 명성과 권력의 정점에 있었다. 그는 나선 구름이 사실은 우리은하와 같은 은하임을 증명했고, 이 발견과 함께 우주는 팽창하고 있음을 추적했다.

허블은 모든 은하가 대략 같은 수의 별들을 가지고 있고 동일한 밝기라고 주장했다. 간단히 말해 매우 작은 은하들은 존재하지 않는다는 것이다. 츠비키는 이에 동의하지 않았다. 그는 왜소은하가 존재한다는 두 가지 근거를 제시했다. 첫째, 자연은 무궁무진하다는 원리에 근거하여, 자연은 오로지 한 종류의 은하만 존재하도록 허락하지 않는다. 은하들은 왜소은하를 포함하여 모든 종류의 모양과 크기를 갖는다. 둘째, 만약 허블이 왜소은하가 존재하지 않는다고 말했다면, 그것들은 틀림없이 존재해야만 한다. 츠비키(1971)는 이것을 "부정과 차후의 건설 방법"이라고 불렀으며 이것은 절대 진리인 척하는 명제, 이론, 또는 사고 체계를 찾아내고 그것들을 부인해야 함을 의미했다. 츠비키는 어떤 것에 대하여 절대적 진리를 아는 사람은 없기 때문에, 이렇게 하는 것이 거의 확실하다고 주장했다.

두 번째 원리를 견지하며, 츠비키는 왜소은하를 찾자는 건설적인 제안을 했다. 그러나 허블과 캘리포니아 공과대학의 다른 관련자들은 자신들이 존재하지 않는다고 주장하는 천체를 찾기 위해서 거대 망원경의 귀한 시간을 사용하는 것을 거부했다.

츠비키는 이에 굴하지 않고 자신만 사용할 수 있는, 하늘의 넓은 영역을 탐색하는 데 특화된 작은 18인치 반사 망원경을 세울 수 있는 연구비를 따냈다. 비록 이 망원경은 100인치 윌슨산 망원경 집광력의 1/3밖에 되지 않았지만, 츠비키는 작지만 광대한 영역을 관측할 수 있는 이 망원경이 깊은 우주는 볼 수 있으나 넓은 영역을 보지 못하는 거대 망원경보다 왜소은하와 같이 아직 발견되지 않은 많은 새로운 현상을 찾는 데 탁월한 능력이 있다고 믿었다.

츠비키의 망원경은 1936년 팔로마산에 세워졌다. 팔로마 천문대의 첫 번째 망원경이었고, 1936년에서 1948년 사이에 팔로마 천문대에서 관측을 수행하는 유일한 망원경이었다. 몇 달 안에 츠비키는 사자자리Leo와 육분의자리Sextans에서 왜소은하 두 개를 발견했다. 4년 동안 탐사하며 몇 개를 더 발견했다. 하버드 대학 천문대 소속의 할로 섀플리Harlow Shapley는 남아프리카의 망원경들을 이용해서 왜소은하들을 더 찾았고, 월터 바데Walter Baade는 윌슨산 100인치 망원경으로 왜소은하의 존재를 확인했다. 바데는 왜소은하들이 백만 광년 이내에 있으며 거의 우리은하의 위성 같은 존재임을 보였다. 바데는 허블과 함께 공동으로 집필한 논문에서, 이전에 허블이 왜소은하의 존재를 부정했던 견지를 뒤집고, 이들을 "왜소성운dwarf nebulae"이라 불렀다(허블은 명확하게 증거만 있다면 왜소은하의 존재를 인정할 만큼 훌륭한 과학자였다. 그러나 그 논문에서 츠비키의 업적을 논하지는 않았다). 오늘날 우리은하의 왜소은하 위성들이 20개 이상 알려졌고, 우리은하 원반의 그림자 속에 왜소은하들이 더 많이 숨어있을 것으로 추측되고 있다. 안드로메다 은하에도 비슷한 개수의 왜소은하들이 있다. 왜소은하는 단지 존재하고 있을 뿐 아니라, 우주에서 가장 흔한 형태의 은하이다.

왜소은하 안에서 초대질량 블랙홀을 찾아내고 질량을 측정하는 것은 어렵다. 왜소은하 자체의 밝기가 어둡고, 어두운 은하의 중심부에 질량이 응축되어 있다는 신호는 더 희미하다. 그들을 찾는 가장 좋은 방법(사실, 현재 가능한 유일한 방법)은 가스를 흡착하고 있는 블랙홀이 방출하는 빛을 관측하는 것이다. 미시간

대학의 에이미 라이너스Amy Reines와 동료들은 가시광선과 엑스선 관측 자료를 합성해서 초대질량 블랙홀 몇 개를 찾았다. 가장 흥미로운 블랙홀은 지구로부터 3억 4천만 광년 떨어진 RGG 118 은하에 있다. 2013년에 SDSS 자료에서 RGG 118에 있는 초대질량 블랙홀의 증거를 발견한 후, 라이너스와 동료들은 찬드라와 칠레에 있는 6.5 m 클레이 망원경으로 엑스선 및 가시광 후속 관측을 했다. 2015년 논문에서 가시광 자료로 은하 중심의 한 천체 주변으로 가스가 소용돌이 치고 있는 증거를 제시하였다. 그 천체와 정확히 같은 지점을 조준하여 엑스선 관측을 했다. 결합된 자료로부터 은하 중심에 태양 질량의 5만 배인 블랙홀이 있음을 알았고, 이는 은하 중심에서 검출된 것 중 가장 작은 초대질량 블랙홀이었다.

"모순되게 들릴지 모르겠지만, 그렇게 작은 거대 블랙홀을 찾는 것은 매우 중요하다."라고 RGG 118 내의 블랙홀에 관한 논문의 제1저자인 미시간 대학의 비비안 발다사레Vivienne Baldassare(2015)는 말했다. "우리는 가장 가벼운 초대질량 블랙홀 관측 자료를 서로 다른 크기의 블랙홀이 어떻게 성장하는지 보다 잘 이해하기 위해 이용할 수 있다." 사실 RGG 118 블랙홀의 발견은 태양 질량의 5만 배 혹은 그보다 가벼운 블랙홀 씨앗을 만드는 생성 경로가 반드시 존재해야 한다는 증거가 된다. RGG 118 블랙홀이 전형적이든 예외적이든, 이보다 수천 배 더 무거운 초대질량 블랙홀이 어떻게 생성되는지 이해하는 데 매우 중요하다. 라이너스와 천문학자들은 더 많은 예를 찾기 위해 열심히 노력하고 있다.

한편, 다른 천체물리학자들은 멀리 있는 아주 희미한 원시 블랙홀 씨앗을 계속 찾고 있다. 관측 영역 내의 각 은하의 위치에서 엑스선 계수율을 계속 쌓거나 더하여 모은 결과를 단일 관측 대상처럼 다루는 기술이 있다. 하와이 대학의 레녹스 코위Lennox Cowie와 칠레 콘셉시온 대학의 에제키엘 트리스터Ezekiel Treister가 이끄는 두 연구 그룹이 찬드라 남반구 심천 영상에 이 기술을 적용했다. 그들은 허블 이미지에서 찾은 멀리 있는(127억 년 이상 전에 존재했던 것으로 관측된) 퀘이사의 위치에서 엑스선 자료를 쌓았다. 127억 년 전의 평균적인 초대질량 블랙홀은 RGG 118 블랙홀 광도의 100배 광도로 방사되었고 검출되지 않았다. 그러나 파쿠치와 동료들의 모의실험에 따르면, 빅뱅 이후 처음 10억 년 동안 블랙홀 주변의 가스 밀도는 상당히 더 높았을 것이기 때문에, 블랙홀이 흡착할 가스가 더 많았을 것이고, 광도가 더 높아야만 한다. 그리 멀지 않은 미래에 원시 블랙홀 씨앗을 검출하기 좋을 것이다.

드문 예외로 두 개의 핵을 갖는 병합 중인 은하들이 있지만, 은하의 핵에는 초대질량 블랙홀이 존재한다. 우연은 아니다. 핵은 별, 가스, 먼지가 가장 많이 집중되어 있는 장소이며, 초대질량 블랙홀이 어딘가에 생성된다면 바로 그곳일 것이다.

초대질량 블랙홀이 정확히 어떻게 그곳에 있는지, 어떻게 성장했는지는 현대 천체물리학에서 가장 활발한 연구 분야 중 하나다. 몇 가지 가능한 과정이 확인되었다. 크기가 거의 같은 두 은하 사이의 충돌이 포함된 주 병합 과정은 초대질량 블랙홀들로 가스가 흘러갈 수 있게 하며 결국에는 병합한다. 초대질량 블랙홀은 모은하 안팎의 필라멘트 또는 가스 덩어리 흡착과 같은 보다 점진적인 과정이나 위성 은하가 관련된 소규모 병합과정을 거쳐서 성장할 수도 있다. 컴퓨터 모의실험에 의하면 주은하로 가스나 작은 은하들이 유입되는 경우 주은하의 가스는 불안정해지고, 중심의 블랙홀로 물질이 흘러들어 간다. 이 모든 과정들이 은하와 초대질량 블랙홀의 서로 다른 진화 단계에서 역할을 하고 있음을 보여주는 증거들은 늘어나고 있다.

초대질량 블랙홀 병합은 수십억 년 전에는 일반적이었다. 병합 활동이 가장 잦았던 시기는 빅뱅 이후 약 20~60억 년, 또는 은하들이 격렬한 속도로 별을 생성하던 시기와 거의 같다. 이 시기의 우주는 현재 크기의 약 1/4~1/2 정도밖에 되지 않아서 은하들 간의 충돌이 훨씬 더 자주 일어났을 것이다. 빛의 속도가 유한하다는 것은 우리가 매우 멀리 있는 물체를 볼 때, 실제로 극히 먼 시간을 되돌아보고 이 사건이 발생한 시점을 관측한다는 것을 의미한다. 먼 거리 때문에 이런 사건들을 자세히 연구하기는 어렵다. 그러나 지금도 병합은 여전히 일어나서 현재의 병합을 연구하여 과거에는 어떠했을지 보다 잘 파악할 수 있다.

찬드라는 병합과정의 다양한 단계를 관측했다. Arp 302라고도 알려져 있는 VV 340은 두 개의 은하로 구성되어 있고, 상호작용의 초기 단계로 보인다. 두 은하는 3만 3천 광년 떨어져 있고, 수백만 년 이내에 병합될 것이다. 비록 각각의 은하에 속해 있는 초대질량 블랙홀들이 하나의 더 큰 블랙홀로 병합되기까지는 수억 년이 걸리겠지만 말이다.

총괄하여 SDSS J1254+0846이라고 불리는 은하들이 SDSS에서 발견되었다

39 | 이중 퀘이사

찬드라(파란색)로 관측한 SDSS J1254+0486 내의 퀘이사 두 개. 두 퀘이사 사이의 천구상 거리는 대략 7만 광년이다. 마젤란 망원경으로 관측한 광학 자료(노랑색)를 합성한 이미지인데, 모은하들 주변의 기다란 꼬리들을 보여준다. 꼬리들은 두 은하가 충돌하면서 발생된 중력 조석 때문에 생성됐다.

(그림 39). 하버드-스미스소니언 천체물리 연구소CfA 소속의 폴 그린Paul Green과 동료들은 찬드라와 애리조나 키트 피크 국립 천문대, 캘리포니아 팔로마 천문대, 칠레 라스 캄파나스의 마젤란 망원경 등의 광학 망원경들을 이용하여 후속 관측을 했다. 그 결과 SDSS J1254+0846은 은하의 병합 중에 있는 이중 퀘이사를 포함하고 있음을 알아냈다. 이 은하들은 VV 340보다 조금 더 떨어진 7만 광년 거리에 있지만, 초대질량 블랙홀은 훨씬 활동적이고 엑스선에서 밝게 빛나고 있다. 이 발견은 밝은 퀘이사 한 쌍의 병합이 진행 중인 은하 내에서 뚜렷하게 관측된 첫 번째 사례로 기록되었다. 이미지에서 보이는 꼬리들은 병합 중에 은하들이 서로 잡아당겨서 생기는 엄청난 조석력에 의해 생성된다. 병합은 중심부의 초대질량 블랙홀로 유입되는 물질을 증가시키고 강한 엑스선 방사에 연료를 공급한다.

나비 모양의 NGC 6240은 두 개의 작은 은하가 충돌하여 만들어졌다. 찬드라 이미지(그림 40)는 약 3천 광년 떨어져 있는 두 개의 활동적인 초대질량 블랙홀들(이미지에서 밝은 점광원처럼 보이는 천체들)을 보여준다. 몇 억 년 이내에 두 블랙홀은 병합되어 하나의 거대한 초대질량 블랙홀이 될 것이다. NGC 6240은 병합 때문에 엄청나게 빠른 속도로 별이 탄생하고 있는 무거운 은하의 주요 예제이기도 하다.

알려진 초대질량 블랙홀 쌍 중 가장 가까운 한 쌍은 지구로부터 1억 6천만 광년 거리에 있는 우리은하와 비슷한 나선은하에 있다. 이 블랙홀들은 나선은하 NGC 3393(146쪽 그림 38)의 중심부에 위치하고 있으며 심하게 차폐되어 있다. 차폐되어 있기 때문에 광학 망원경으로 관측하기는 어렵지만 엑스선에서는 빛이 난다. 찬드라는 초대질량 블랙홀 한 쌍의 신호를 명확하게 관측했다. 두 블랙홀은 490광년밖에 떨어져 있지 않고, 10억 년 전 또는 그 이전에 질량이 서로 다른 두 은하가 병합한 후의 잔해처럼 보인다. 두 블랙홀은 활발하게 성장 중이고, 가스가 유입됨에 따라 엑스선을 방출하고 있다. 같은 크기의 나선은하가 병합하면 뒤틀린 형태의 은하 하나가 만들어지고 무수히 많은 별들이 탄생하게 된다. 연이어 초대질량 블랙홀 한 쌍이 만들어진다. NGC 6240은 이 과정을 보여주는 좋은 예이다. 그러나 NGC 3393은 잘 정렬된 나선은하처럼 보인다. 이 은하의 중심 팽대부bulge에는 늙은 별들이 우세한데, 이는 블랙홀 쌍을 포함하고 있는 은하에서는 흔하지 않다.

은하와 초대질량 블랙홀의 진화를 다룬 컴퓨터 모의실험들에 따르면 작은 은하와 큰 은하 사이의 소규모 병합이 초대질량 블랙홀 생성에 중요한 역할을 한다. 그러나 병합된 은하가 매우 일반적인 모습으로 보일 것으로 예상되기 때문에 좋은 후보들을 찾기 어려웠다. 사실, 2011년 NGC 3393에서 블랙홀 병합체를 발견한 하버드-스미스소니언의 주세피나 파비아노Giuseppina Fabbiano와 동료들은 특별한 분석 기술을 사용해서 은하핵을 자세히 조사할 때까지 이중 핵이 존재한다는 사실을 전혀 알지 못했다. 그들의 의도는 거기에 있다고 추정되는 단일 초대질량 블랙홀에 대한 보다 나은 정보들을 수립하는 것이었다. NGC 3393에는 블랙홀 두 개를 제외하고는 이전에 충돌한 흔적이 없이 병합된 것처럼 보이는 은하 두 개가 있다. 이것은 NGC 3393이 초대질량 블랙홀 생성에 중요한 경로의 첫 번째 사례일 수 있음을 시사한다. 더 많은 사례가 필요하지만 대부분의 병합은 과거에 일어났으므로, 현재의 우주에는 드물 것으로 예측된다.

"운이 좋았던 것 같다." 2011년 NASA 보도 자료에서 파비아노는 말했다. "그러나 열린 자세를 견지하고 이론에 지나치게 경도되지 않는 것은 관측자로서 건강한 태도라고 믿는다. NGC 3393 연구에서 일반 은하처럼 보이는 팽대부가 큰 은하가 단지 간섭받고 있는 병합체들일 뿐 아니라, 가까이에서 서로 상호작용을 하며 병합하는 활동적인 초대질량 블랙홀들을 찾을 수 있는 좋은 사냥터가 될 수 있다는 것을 배웠다. 우리는 찬드라를 이용해서 이 사냥을 계속 추진할 것이다."

핵 주변을 소용돌이치고 있는 초대질량 블랙홀 쌍을 보유하고 있다는 사실 외에는 NGC 3393은 매우 평범한 것처럼 보인다. 이와 대조적으로 NGC 6240에서는 은하 병합에 의해 촉발된 것으로 여겨지는 별 생성이 활발하게 진행되고 있다. 아마도 NGC 3393은 은하 전체 구조에 영향을 미치지 않는 소규모 병합의 장소이기 때문에 비교적 고요한 것 같다. 혹은 블랙홀 에너지가 은하를 깨끗하게 청소함에 따라 별을 생성할 가스가 남아있지 않기 때문에 별을 생성하지 않는지도 모른다. 컴퓨터 모의실험에 따르면 이런 종류의 역피드백이 발생할 수 있으며, 관측자료는 이 아이디어를 지지하는 몇 가지 놀라운 증거를 제공한다.

40 | 합병 중인 블랙홀들

지구로부터 4억 광년 거리에 있는 NGC 6240. 병합 중인 블랙홀 두 개를 포함하고 있다. 찬드라로 관측한 엑스선 자료(빨강, 주황, 노란색)와 허블 광학 자료를 합성하였다. 두 블랙홀들은 불과 3천 광년 떨어져 있으며, 중앙 왼편의 밝은 점광원들이다.

41 | 켄타우루스 전파원 A

찬드라 이미지. 1,100만 광년 떨어진 타원은하 켄타우루스 전파원 A(Centaurus A)의 엑스선 이미지. 붉은색은 저에너지의 엑스선을 나타내며, 녹색과 청색은 각각 중에너지와 고에너지의 엑스선을 나타낸다. 초대질량 블랙홀로부터 분출된 고에너지 입자에 의해서 생성된 엑스선 제트가 이미지의 중앙에서 왼쪽 상단으로 길게 뻗어 있다. 제트의 길이는 1만 3천 광년이다. 반대 방향인 오른쪽 하단으로 뻗어 나간 반대 방향 제트와 더 멀리 퍼져있는 기포 모양의 엑스선 구조도 볼 수 있다. 찬드라 이미지는 은하 주변을 감싸고 있는 먼지 띠도 보여준다. 이 먼지 띠는 약 1억 년 전에 있었던 작은 은하와 충돌하고 남은 잔재로 추정된다.

14

만약 자동차의 효율이 블랙홀과 같았다면,

이론적으로는 휘발유 4 L로 10억 km를 갈 수 있을 것이다.

크리스토퍼 레이놀즈, NASA 공식발표, 2006

녹색 블랙홀

블랙홀은 물질과 에너지가 궁극적으로 사라지는 곳으로 그 명성을 얻었다. 어느 정도는 그 명성이 적절하다고 할 수 있다. 즉, 블랙홀의 사건 지평선 너머로 떨어지는 물질은 블랙홀로부터 탈출할 수 없으며, 나머지 우주와 영영 이별하게 된다. 하지만 이것이 전부는 아니다.

별 정도의 질량을 가진 블랙홀의 경우, 유입되는 물질을 동반성으로부터 얻는다. 초대질량 블랙홀의 경우 유입되는 물질의 기원은 훨씬 다양하다. 주변 별들로부터 분출된 수백 광년에 걸쳐있는 가스이거나, 블랙홀을 매우 가까이 지나가는 혜성이나 행성일 수도 있다. 별들도 블랙홀의 먹이가 될 수 있다. 블랙홀의 중력은 별의 가까운 부분을 반대쪽 먼 부분에 비해서 더 강하게 끌어당긴다. 이러한 조석력은 별을 소시지 모양으로 늘리며 궁극적으로는 별을 파괴한다. 파괴된 별은 블랙홀의 강한 중력에 의해 빨려 들어간다. 이 물질은 블랙홀로 낙하하며 수백만 도의 고온으로 가열되며 밝은 엑스선 플레어X-ray flare를 발생시킨다. 그리고 이 물질이 몇 년에 걸쳐 사건 지평선을 통과하면서 서서히 어두워진다.

조석력의 친근한 예이지만 블랙홀의 효과보다 아주 미미한 예로 달이 지구에 미치는 조석력이 있다. 달에 의한 조석력 때문에 지구는 타원체 모양을 하고 있으며 밀물과 썰물이 발생한다. 여러 천체물리학자들이 초대질량 블랙홀의 조석력 때문에 별이 파괴될 수 있다는 사실을 지적했다. 하지만 이러한 현상에 관한 강력한 증거가 최초로 관측된 것은 RXJ 1242-II 은하의 중심부에서 발생한 강력한 엑스선 분출X-ray outburst이다. 이 폭발 현상은 찬드라, XMM-Newton 망원경, 그리고 지금은 작동하지 않는 독일의 ROSAT에 의해서 관측되었다. 밝은 엑스선 플레어는 이전에도 관측된 적이 있지만, 찬드라와 XMM-Newton 망원경이 작동하기 시작한 후에 관측된 엑스선 플레어로서는 이것이 최초이다. 찬드라는 폭발 천체의 정확한 위치를 확인했으며, XMM-Newton 망원경은 폭발 천체의 스펙트럼을 얻었다. 천문학자들은 이들 엑스선 우주 망원경의 관측 결과가 조석력에 의한 별의 파괴 현상에서 예측되는 결과와 일치하는 것을 확인했으며, 다른 가능성을 배제할 수 있었다. 은하에서 관측된 가장 밝은 엑스선 플레어의 하나인 이 폭발은 블랙홀에 의해서 파괴된 별의 잔재가 블랙홀로 빨려 들어가면서 수백만 도로 가열된 가스에 의해서 발생된 것이다.

RXJ 1242-II 은하의 초대질량 블랙홀은 그 질량이 태양의 1억 배로 추정된다. 반면 파괴된 별의 질량은 태양 정도일 것이다. 이 연구의 공동 저자인 독일 막스 플랑크 외계물리 연구소의 귄터 하징거Gunther Hasinger는 이 현상을 "이것은 전형적인 다윗과 골리앗의 전쟁이라고 할 수 있다. 하지만 다윗이 패자이다."라고 비유하였다. 별을 이루고 있던 물질의 1%만이 블랙홀로 유입되었으며, 나머지는 엑스선을 방출하는 고온 가스로 방출되었다.

2014년 후반에는 PGC 043234라고 불리는 은하의 중심부에 있는 태양 질량의 수백만 배에 달하는 초대질량 블랙홀 가까이에서 조석력에 의한 파괴 현상이 관측되었다. 이 은하는 지구로부터 2억 9천만 광년 떨어져 있으며, 지난 10년간 발견된 조석력에 의한 파괴 현상 가운데 가장 가까이에서 발견된 것이다. ASAS-SN-14li라고 명명된 이 현상은 2014년 11월에 ASAS-SNAll-Sky Automated Survey for Supernovae 프로젝트에서 광학 관측하여 발견되었다. 그리고 이후 찬드라, 스위프트, XMM-Newton 망원경 모두가 이 현상을 관측할 수 있었다(그림 42).

관측된 엑스선의 스펙트럼과 시간에 따른 밝기 변화는 블랙홀 사건 지평선 주변의 원반으로 빨려 들어가는 물질로부터 엑스선이 방출되었다는 것을 시사한다. 많은 다른 블랙홀과 마찬가지로 대부분의 물질은 블랙홀로 빨려 들어가지 않고 팽창하며 우주로 분출된다. 원반에서 방출된 엑스선은 이 팽창하는 분출 가스에 일부 흡수되어 엑스선 스펙트럼에 마치 "바코드"와 같은 흔적을 남긴다. 천문학자들은 이 바코드를 분석하여 분출 가스의 화학조성을 알아낼 수 있는데, 그 결과에 의하면 분출 가스는 대부분 수소와 헬륨으로 되어 있으며 소량의 산소, 칼슘, 아르곤을 비롯한 중원소로 구성되어 있다.

만약 우리은하의 중심부에 있는 초대질량 블랙홀 주변의 별이 블랙홀 가까이에 접근하면 어떤 일이 벌어질까? G2라고 명명된 천체가 아마 그러한 별이라고 생각된다. 하지만 이 천체는 아직 블랙홀로 빨려 들어가지 않은 채 오랜 기간 그 주변에 머물고 있다. 만약 G2가 블랙홀과 충돌한다면 태양계 밖의 가장 밝은 엑스선 천체보다도 5만 배 가까이 밝은 엑스선 플레어가 발생할 것이다. 하지만, 2만 6천 광년이나 떨어진 지구에서 볼 때는 태양의 플레어보다도 어둡게 보일 것이며 그 빛이 지구를 위협하지는 않을 것이다.

어찌 됐든 보통의 은하에서 이러한 조석력에 의한 별의 파괴 현상은 만 년에 한 번 정도 발생하는 매우 드문 일로서 초대질량 블랙홀의 주된 먹이는 아니다. 이 말이 우리가 초대질량 블랙홀의 전형적인 먹이가 무엇이며 얼마나 자주 그러한 일이 벌어지는지를 알고 있다는 것은 아니다. 우리은하의 경우, Sgr A*는 현재 매우 심한 다이어트를 하고 있다. 하와이 마우나케아 정상에 있는 전파 간섭계Submillimeter Array 관측에 의하면 Sgr A*는 현재 1년에 달의 1/2 정도에 해당하는 질량을 포획하고 있다. 이 물질은 블랙홀로부터 수 광년에서 수백 광년 떨어진 곳에 조밀하게 존재하는 별들이 방출하는 항성풍으로부터 유입된 것으로 추정된다. 물질을 포획할 수 있는 영역의 크기는 블랙홀의 중력, 즉 블랙홀의 질량에 의해서 좌우된다. 혜성 혹은 소행성과 같은 천체도 가끔 포획될 수 있다. 블랙홀 가까이에서는 별과 별이 충돌할 때 별 주위를 돌고 있던 행성이 블랙홀의 조석력에 의해서 별로부터 떨어져 나올 수 있다. 그리고 아주 가끔은 그러한 행성이 초대질량 블랙홀로 빨려 들어가면서 매우 밝은 플레어가 발생된다.

우리로부터 3천 2백만 광년 떨어져있는 NGC 3115 은하의 중심부에는 초대질량 블랙홀이 있다. 주변 별들의 운동으로부터 추정되는 초대질량 블랙홀의 질량은 Sgr A*의 수백 배에 달한다. 이 천체는 Sgr A* 다음으로 가까운 거리에서 초대질량 블랙홀로 물질이 유입되는 현상을 연구할 수 있는 기회를 제공한다. 이 천체의 경우 블랙홀 주변 수백 광년 안에 있는 수백만 도의 고온 가스가 발견되었

42 | 조석 파괴

블랙홀의 조석력에 의해서 파괴되는 별의 상상도와 그 스펙트럼. 파괴된 별의 잔재(붉은 오렌지색)가 ASAS-SN-14li 중심부의 블랙홀로 빨려 들어가고 있는 모습을 나타내었다. 삽입 이미지의 엑스선 스펙트럼은 블랙홀 주변을 회전하고 있는 부착원반의 온도, 화학조성 및 운동에 관한 정보를 제공한다. 또한 그 스펙트럼은 부착원반에서 방출된 엑스선의 일부가 밖으로 팽창하는 가스에 의해서 흡수되었다는 증거를 보여준다.

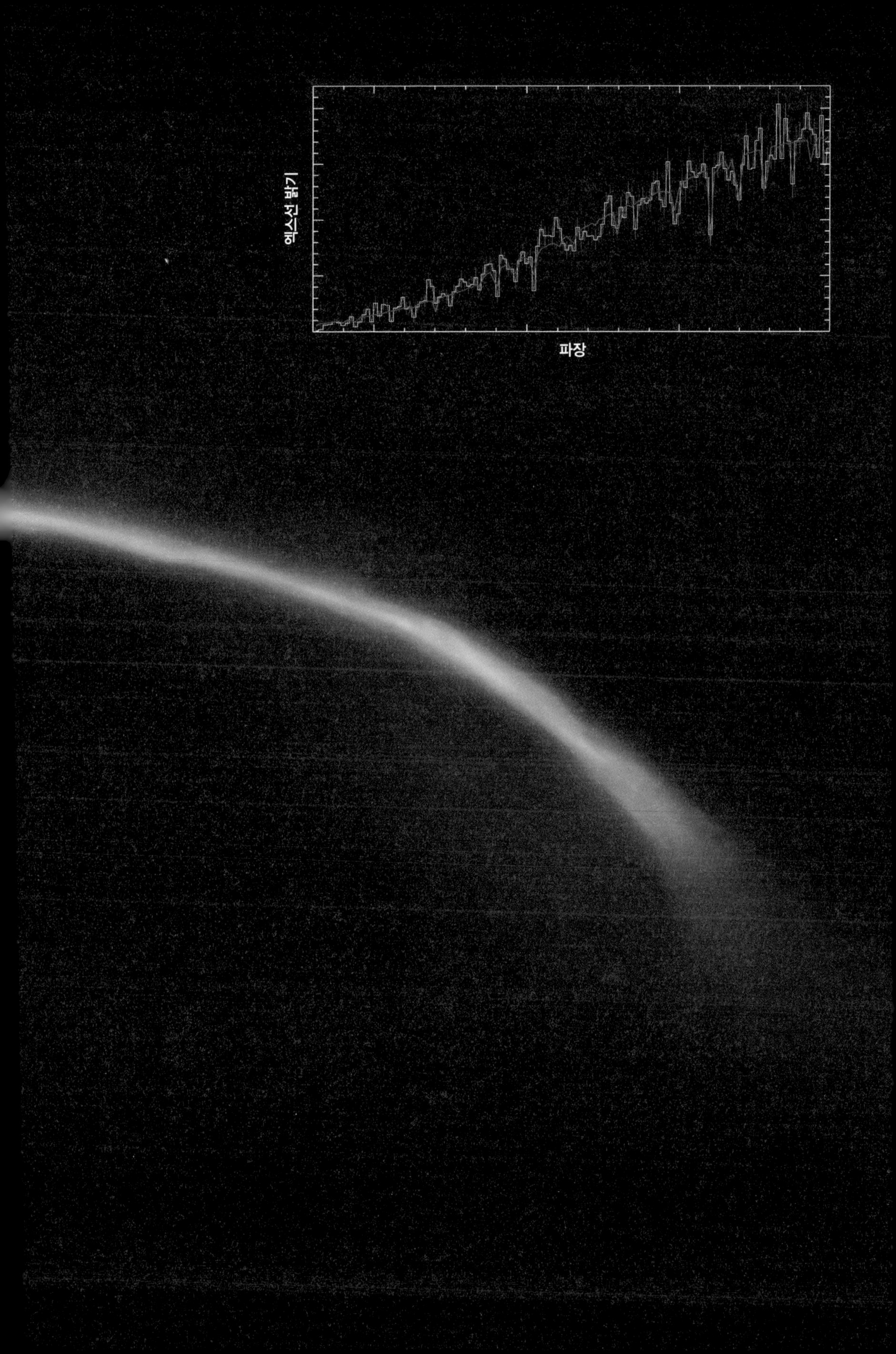
엑스선 밝기
파장

지만, 블랙홀과 연관된 엑스선의 밝기는 거의 검출이 안 될 정도로 매우 약하다. 이 사실은 주변 물질의 극히 일부만이 블랙홀로 유입되고 있으며 대부분은 팽창하는 가스로 방출된다는 것을 시사한다.

이제 다음과 같은 하나의 패턴이 그려진다. 우선 초대질량 블랙홀은 대부분의 은하, 혹은 아마도 모든 은하의 중심부에 존재한다. 적절한 먹이가 공급된다면, 엑스선뿐만 아니라 다른 파장 대역에서도, 다른 은하와의 병합과 같은 대규모 천문 현상보다도 더 두드러지는 광원이 될 수 있다. 따라서 퀘이사, 시퍼트를 포함한 활동성 은하핵 중심부의 복사를 설명할 수 있다. 초대질량 블랙홀이 방출하는 모든 형태의 엑스선을 합하면 초기 탐사로켓의 계수기 관측에서 발견된 희미한 엑스선 배경복사도 설명할 수 있다. 하지만 이것이 초대질량 블랙홀의 평상시 모습은 아니다. 이들 초대질량 블랙홀들은 대부분의 시간을 아무것도 하지 않은 채 보낸다. 그들은 단지 은하의 중심부에서 조용히 자리하고 있다.

이 조용히 자리하고 있는 부분이 중요하다. 이 부분에 대해서는 조금 있다가 이야기하겠다. 지금은 원래의 질문, 즉 물질과 에너지의 소멸이라는 측면에서의 블랙홀의 역할로 되돌아 가보자. 앞에서 언급한 찬드라 관측과 같은 관측을 통하여 은하들의 중심부에 위치한 초대질량 블랙홀로 유입되는 물질의 유입률을 구할 수 있다. 그 결과를 은하 중심핵으로부터 방출되는 복사, 고속 팽창하는 가스, 소용돌이치는 제트 등으로 방출되는 에너지와 비교하여 블랙홀 엔진의 효율을 추정할 수 있다.

찬드라를 이용하여 은하단과 블랙홀을 연구하고 있는 스티브 앨런Steve Allen은 2006년 나사의 공식발표에서 “자동차와 마찬가지로 블랙홀의 연비를 아는 것이 중요하다. 이 정보 없이는 우리는 차 안에서 어떠한 일이 벌어지고 있는지, 즉 블랙홀 엔진이 어떤 일을 하는지 알 수 없다.”라고 이야기하였다.

앨런과 크리스 레이놀즈Chris Reynolds를 포함한 그의 동료들은 찬드라를 이용하여 블랙홀 엔진의 효율을 밝히기 위한 연구를 수행하였다. 그들은 타원은하elliptical galaxy(156쪽 그림 41)의 중심부에 위치한 9개의 초대질량 블랙홀을 관측하였다. 이들 천체들은 블랙홀로 유입되는 물질의 질량과 방출되는 에너지를 정확하게 측정할 수 있도록 선택됐다. 찬드라 결과는 이들 “조용한” 블랙홀들이 가시광이나 엑스선보다 제트를 이루고 있는 고에너지 입자들로 훨씬 많은 에너지를 방출한다는 것을 보여주었다. 이들 제트는 은하에 있는 고온 가스에 거대한 기포bubble 혹은 공동cavity을 생성한다. 이 공동의 크기가 제트가 가지고 있는 에너지의 양을 알려준다.

블랙홀 엔진의 효율은 전체 에너지를 고려할 경우 약 2%인 것으로 밝혀졌다. 여기에는 초대질량 블랙홀로 빨려 들어가는 물질의 $E = mc^2$에 해당하는 질량 에너지도 포함하였다. 이 효율은 보다 활동적인 블랙홀의 경우 더 높을 수도 있다. 이 효율이 그렇게 높아 보이지 않을지 모르나, 별의 중심부에서 수소를 헬륨으로 융합하는 핵융합 반응의 효율보다 3배 크며, 핵붕괴 반응에 의한 에너지 생성보다는 20배, 석탄을 가열하여 얻는 에너지 효율보다는 무려 5천만 배나 더 크다. 하버드-스미스소니언 연구소의 피터 에드먼즈Peter Edmonds(2005)는 "문명이 고도로 발달한 외계인들은 별을 블랙홀에 빨려 들어가게 함으로써 별들이 수십억 광년 빛나는 것보다도 더 많은 에너지를 한 번에 얻을 수 있다."라고 말했다.

별 질량의 블랙홀로부터 효율적으로 에너지를 추출하는 방법에 대해서는 앞에서 다뤘다. 그 과정은 블랙홀의 자전과 자기장을 포함하는데, 초대질량 블랙홀의 경우도 동일하다. 별 질량의 블랙홀과 마찬가지로 자기장과 자전이 모든 차이를 만든다. 자기장과 자전은 블랙홀로 하여금 은하 전체는 물론 더 멀리까지도 영향을 미치게 할 수 있다. 회전하는 자기장은 강력한 전기장을 생성하여 물질을 블랙홀로부터 날려 보냄으로써 우주에서 질량을 재분배할 수 있는 가장 강력하고 효율적인 수단이 된다.

찬드라 관측에 의하면 M87 은하(그림 43)의 경우 거의 모든 물질은 블랙홀에 도달하지 못했으며, 따라서 블랙홀의 물질 유입율은 1년에 목성 정도의 질량에 불과하다. 하지만 블랙홀이 매우 빠르게 자전한다면 이 정도의 질량 유입율만으로도 고에너지 입자의 강력한 제트를 유지할 수 있다. 하지만 실제로 그러할까? M87의 경우 그 증거는 간접적이다. 하지만 매우 먼 거리에 있는 몇 개의 초대질량 블랙홀에 대해서 중력렌즈를 이용하여 자전율이 측정되었다. 중력렌즈는 은하단의 암흑물질 분포를 연구하는 데 매우 중요하다. 아인슈타인의 망원경이라고 불리는 중력렌즈는 먼 초대질량 블랙홀 주변의 부착원반을 연구할 수 있는 자연의 망원경이기도 한다.

퀘이사 RX J1131-1231(간략하게 RX J1131)는 태양 질량의 3억 배에 달하는 초대질량 블랙홀을 갖고 있다. RX J1131에서 방출된 엑스선은 60억 광년을 날아와 지구에 도달한다. 운 좋게도 엑스선이 오는 길목에 거대한 질량의 은하가 존재한다. 이 은하에 있는 별들의 중력에 의해서 은하의 주변 공간은 휘어 있으며 이 공간이 마치 망원경과 같이 퀘이사의 엑스선을 휘어지게 하여 증폭한다(그림 44). 퀘이사의 여러 상이 형성되며 이들 상으로부터 블랙홀 가까이에서 방출된 복사를 연구할 수 있다. 별 질량의 블랙홀과 마찬가지로 중력에 의해서 엑스선이 휜 정도로부터 부착원반의 크기와 자전속도를 구할 수 있다. 찬드라와 XMM-Newton 망원경의 관측 자료는 블랙홀이 일반상대성이론이 허용하는 최대속도의 87%로 자전하고 있다는 것을 보여주었다. 중력렌즈가 관측된 다른 두 퀘이사에 대해서도 비슷한 결과를 얻었다.

관측에 의하면 최소한 몇몇 블랙홀은 매우 빠르게 자전하고 있다. 이 빠른 자전은 블랙홀의 사건 지평선으로 접근하는 대부분의 물질과 에너지를 고속 팽창 가스, 제트, 복사 등의 형태로 은하 혹은 더 멀리까지 재활용한다. 블랙홀은 역설적으로 연비가 높은 궁극적인 친환경 기계인 것이다.

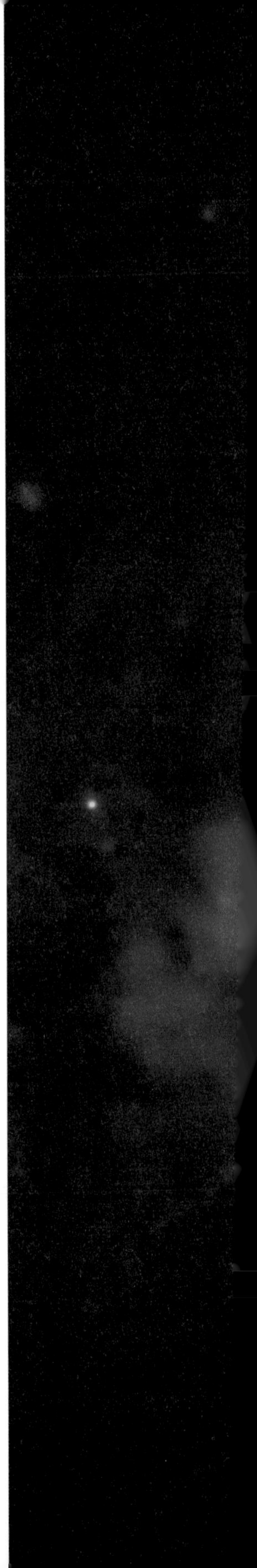

43 | M87 은하

은하핵의 엑스선 제트를 보여주는 찬드라 이미지. 제트는 초대질량 블랙홀 주변의 원반에서 자전하는 자기화된 가스에 의해서 생성된 고에너지 입자들에 의해서 발생한다. 제트는 책에 거의 수직한 방향으로 여러분을 향해 분출되고 있다. 따라서 제트의 실제 길이는 이미지에 나타난 5천 광년보다 매우 길 것이다. 이미지보다 큰 규모에서는 은하를 둘러싼 고온 가스의 고리가 발견되었다. 이 고리는 지난 수백만 년 동안 초대질량 블랙홀로 빨려 들어가는 가스의 반복적인 폭발에 의해서 생성되었을 것으로 추측된다. 블랙홀로 유입되는 가스는 폭발을 유발하며 폭발은 대부분의 나머지 가스를 팽창시킨다. 팽창된 가스는 결국 다시 식으며 유입됨으로써 새로운 사이클을 시작한다.

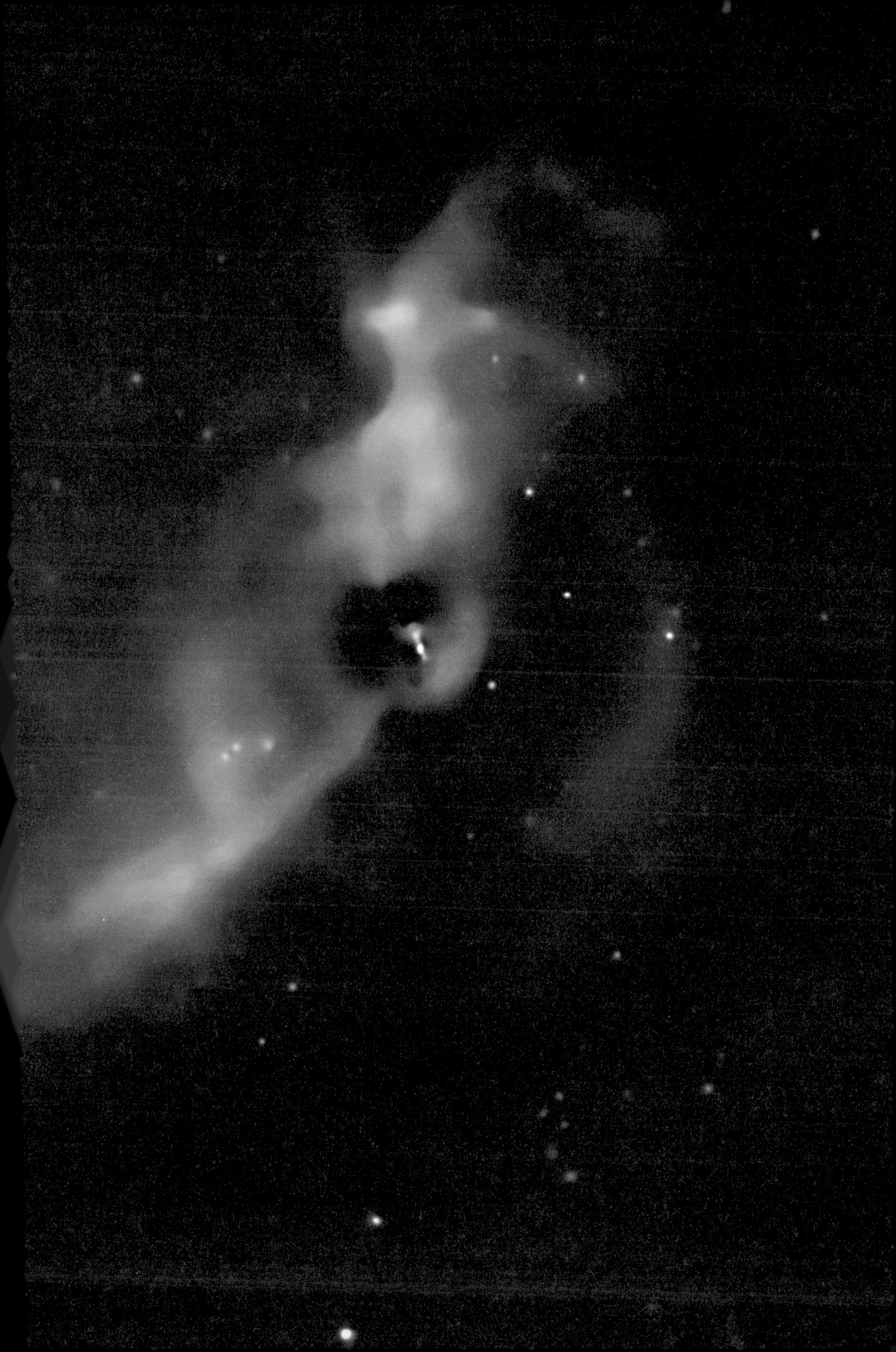

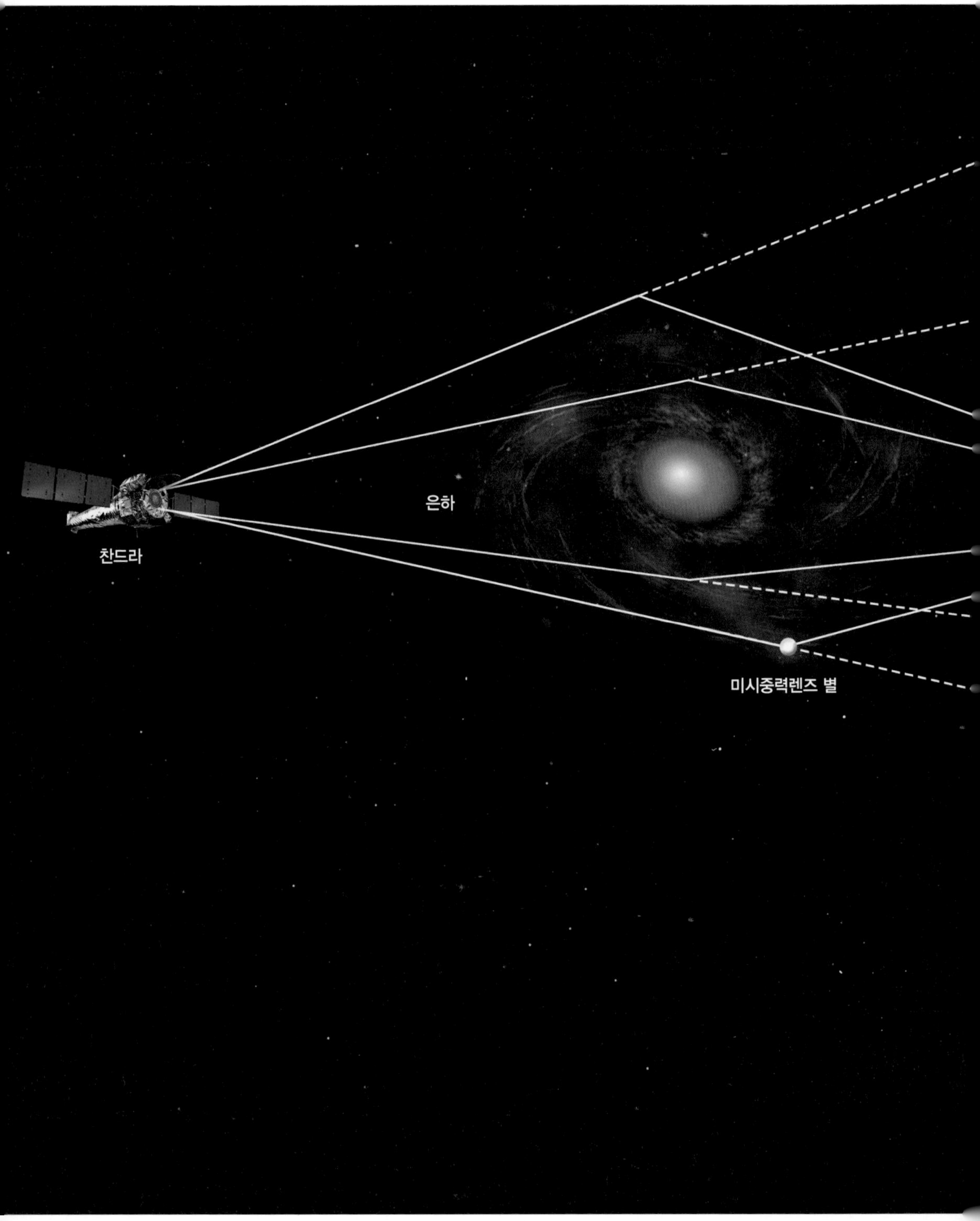
은하
찬드라
미시중력렌즈 별

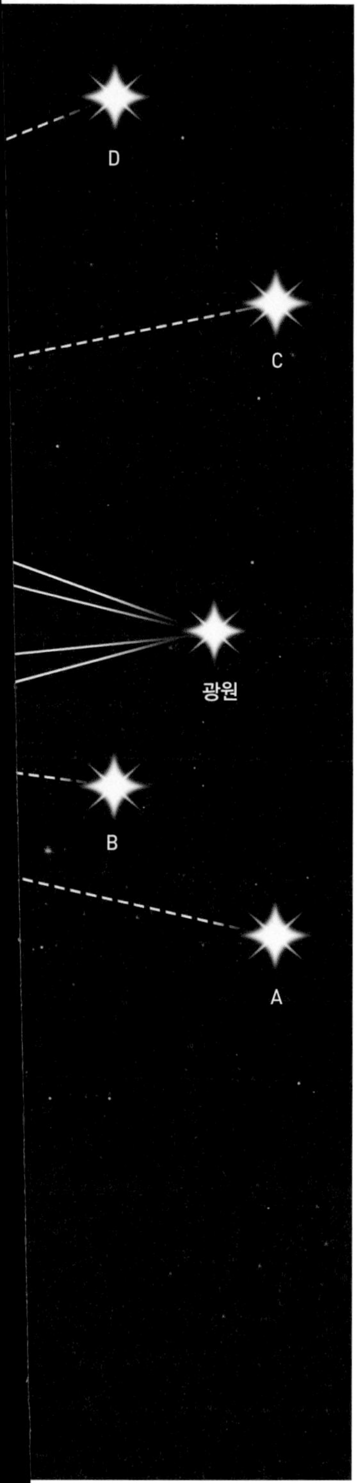

44 | 미시중력렌즈

개략도. 은하의 중력은 보다 더 먼 천체로부터 방출된 빛을 휘고 증폭하여 이미지와 같이 여러 개의 상을 만들 수 있다. "광원"이라고 표시된 네잎클로버 퀘이사의 경우, 찬드라는 모두 4개(A~D)의 상을 발견하였다. 이들 렌즈는 가장 강력한 망원경으로도 확인할 수 없는 부착원반의 자세한 구조를 연구할 수 있게 한다.

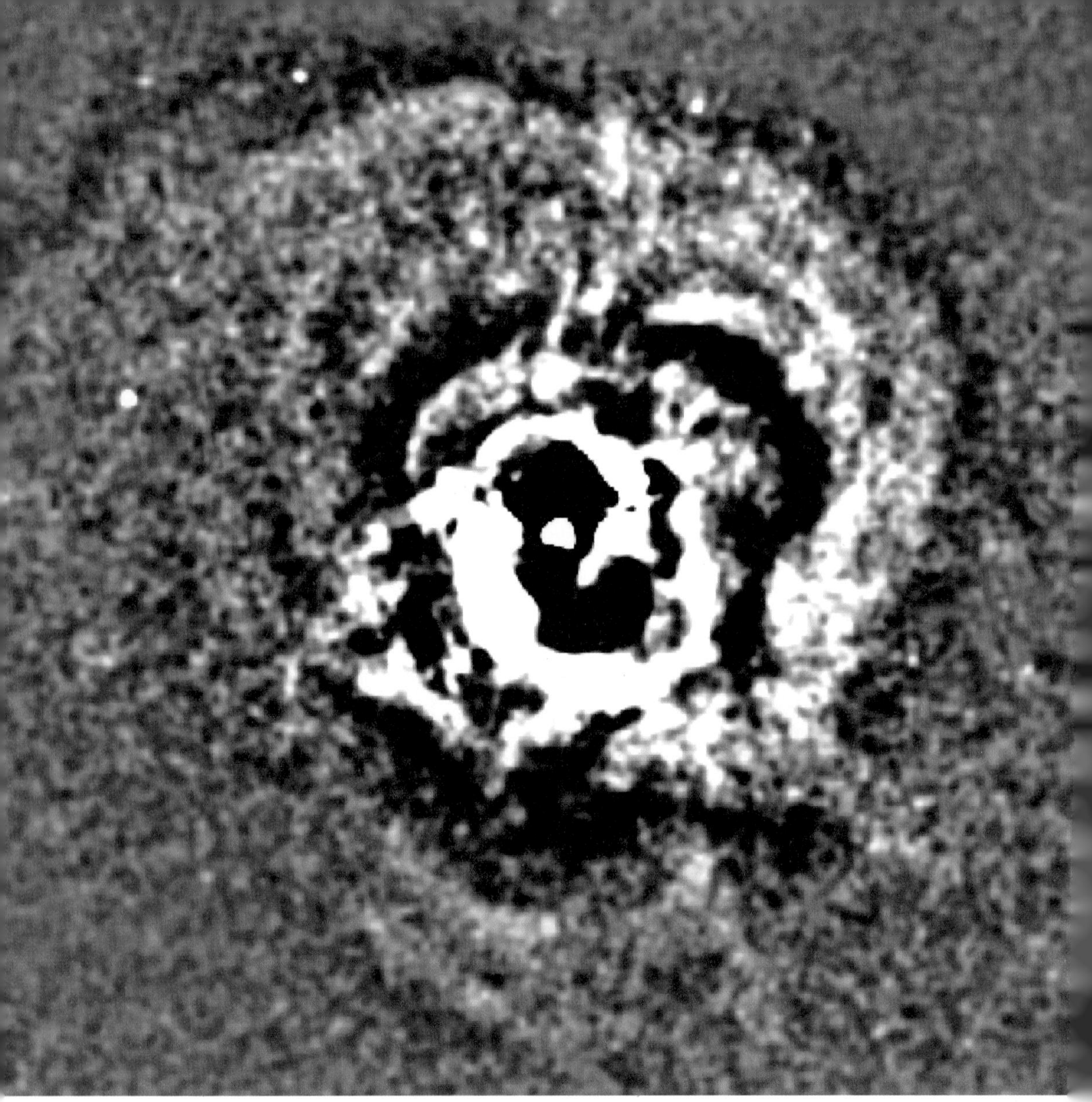

45 | 페르세우스 은하단

지구로부터 2억 5천만 광년 거리에 있는 페르세우스 은하단(Perseus Cluster). 특별한 이미지 처리 기법을 사용하여 찬드라 이미지 밝기에 변화를 주어 은하단을 채우고 있는 뜨거운 가스의 물결 모양이 드러났다. 이 물결 모양은 은하단 중심의 초대질량 블랙홀(밝은 점)과 관련된 폭발적인 활동의 영향으로 음파가 고온 가스를 통해 전파되면서 생긴 것으로 추정된다.

15

피드백 회로를 갖는 것은 중요하다.

일론 머스크, 2014

블랙홀 피드백

회전하고 있는 초대질량 블랙홀이 만들어내는 고에너지 입자 제트와 연관된 전자기파 깔때기는 엄청나게 강력해서 은하 그리고 심지어 수백만 광년 크기의 은하단의 진화에까지 영향을 미친다. 이 모든 에너지는 대략 우리 태양계만 한 크기의 발전소에서 나온다. 비유하자면, 블루베리 크기의 에너지원이 지구 크기의 가스 구름을 섭씨 수백만 도까지 가열할 수 있는 것과 같다.

많은 천체물리학자들은 회전하고 있는 초대질량 블랙홀의 파워가 냉각류 문제라는 오래된 수수께끼를 푸는 데 사용될 수 있다는 것에 동의한다. 은하단의 뜨거운 가스는 은하단에 존재하는 수백 개의 은하들, 그리고 어떤 경우에는 수천 개의 은하들에 포함되어 있는 별들의 질량보다 크다는 것을 떠올려 보자.

주로 은하단이 천천히 중력 붕괴함에 따라 가열되는 가스는 수천만 도의 온도까지 올라가며, 엑스선에서 밝게 빛난다. 광학 망원경은 이것을 관측할 수 없고, 엑스선은 지구 대기를 통과하지 못한다. 따라서 이러한 가스의 발견과 연구는 위성 관측에 의존한다. 20여 년 전, NASA의 아인슈타인 엑스선 위성Einstein X-ray Observatory과 다른 기기들로 관측한 천문학자들은 엑스선이 너무 많은 에너지를 운반하기 때문에 가스는 식어야만 하고 은하단 중심에 정착해야만 한다는 것을 알았다. 그래서 "냉각류cooling flow"이다. 앤드류 파비안Andrew Fabian과 동료들은 아인슈타인 엑스선 위성과 후속 엑스선 위성 ROSAT으로 이런 냉각류 연구를 주도했다. 그들은 냉각류가 10억 년 동안 지속된다면, 은하단 중심에 퇴적된 가스가 새로운 별 수조 개를 생성할 수 있음을 보였다.

유일한 문제는 아무도 이런 별들을 찾아낼 수 없었다는 것이다. 관측천문학자들은 많은 양의 차가운 가스와 새로 생성된 별 무더기를 찾는 것에 실패했다. 블랙홀이 그들을 삼켜 버렸다면 그 별의 질량은 1조 개의 별 질량 정도가 될 것이다. 그런데 가장 큰 블랙홀조차 그만큼 무겁지는 않다. 일부 천체물리학자들은 이 경우 질량이 큰 블랙홀이 존재한다는 증거를 찾을 수 없다는 것 자체가 그런 블랙홀이 실제 존재하지 않는다는 증거이고, 그래서 규모가 거대하고 장기간 지속되는 냉각류는 존재하지 않는다고 주장했다. 가능한 설명은 은하단의 중심 은하가 어떻게든 복사 냉각을 저지할 만큼 충분히 강력한 유출을 생성하는 것이었다. 전파 천문학자들은 몇 년 동안 그런 유출에 대한 증거를 수집했지만, 유출이 냉각류를 멈추기에 충분히 강력한 에너지를 거대한 공간에 분산시킬 수 있는지 여부는 아직 확실하지 않다.

냉각류 문제를 해결하는 것은 찬드라와 XMM−Newton 망원경 위성의 목표 중 하나였다. 가스는 에너지를 상당히 느리게 방출하기 때문에 지난 수십억 년 동안 은하단 내의 과거 활동 기록을 보존한다. 예를 들어, 은하단 안에 초신성 폭발에 의해 유입된 원소와 에너지를 보존한다. 고고학자들이 과거의 유물을 발굴하듯이 천문학자들은 새로운 망원경들로 은하단에 있는 유물을 발굴하고 역사를 수집하고 있다.

엑스선 파장에서 가장 밝은 은하단은 페르세우스 은하단(168쪽 그림 45)이다. 고유 광도가 높고, 약 2억 5천만 광년 거리에 비교적 가까이 있다. 1990년대에 ROSAT은 거대 은하 NGC 1275 주변, 은하단 중심 5만 광년 이내에서 엑스선 방출의 거대한 구멍 두 개를 발견했다. 파비안과 동료들은 찬드라를 사용하여 더욱 자세히 살펴보았다. 찬드라 이미지는 공동을 매우 정교하게 보여줬다. 전파 자료가 찬드라 이미지에 더해지자 공동 안에 제트가 멋지게 들어맞았다.

엑스선 공동들은 뜨거운 가스가 거의 없지만, 완전히 빈 공간은 아니다. 고에너지 양성자와 전자들, 자기장으로 채워져 있다. 이 공동들은 고온 가스보다 밀도가 낮아서 끓는 물의 기포처럼 둥실둥실 떠올라 고온의 가스를 옆으로 밀어낸다.

파비안팀은 그림 45에 제시된 바와 같이 페르세우스 은하단의 관측 자료에 특별 이미지 처리 기법을 적용하여 거의 동심원에 가까운 잔물결들을 찾아냈다. 가스 온도는 변하지 않지만, 가스 밀도와 압력은 가장 안쪽 물결에서 급격히 변한다. 이는 약한 충격파임을 암시한다. 바깥쪽 물결들에서는 밀도와 압력이 서서히 변하고, 이 물결들이 음파임을 나타낸다. 물결들의 간격(3천 5만 광년)과 이런 조건하에서 계산된 가스 내의 소리의 속도(시속 400만 km)는 물결들을 만들어내는 사건 사이에 1,000만 년이 경과했음을 의미한다. 음파들의 음높이는 B-플랫, 피아노의 중앙 C음의 57 옥타브 아래 음표로 변환된다.

하버드-스미스소니언 천체물리 연구소(fA)의 윌리엄 포먼William Forman과 동료들은 우리로부터 가장 가까운 5천만 광년 거리의 은하단인 처녀자리 은하단에서 이 은하단의 거대 중심은하인 M87을 찬드라로 관측했다. 블랙홀 제트뿐 아니라 더 길게 뻗어 나온 필라멘트 그물 구조를 발견했으며, 각각 약 1천 광년과 5만 광년 길이에 이른다. 필라멘트 구조는 약 6백만 년 간격으로 분출된 폭발 때 발생한 부력 기포로 인해 만들어졌을 수 있다. 포먼팀은 아마도 약한 충격파의 앞단에 해당하는, 반경 약 4만 광년의 더 뜨거운 방출 고리와 은하 중심으로부터 약 7만 광년 거리에 있는 커다란 엑스선 공동X-ray cavity을 검출했다. 이 경우 음파는 페르세우스 블랙홀의 음높이 보다 약 1 옥타브 높다.

비슷한 구조는 다른 은하단과 은하군galaxy group에서도 있다. 은하군은 그의 우주 사촌인 은하단의 작은 버전이다. 은하단처럼 수천 개의 은하를 포함하는 대신, 은하군은 대개 큰 은하 몇 개와 왜소은하 몇 십 개를 포함한다. 전부 그런 것은 아니지만, 많은 수의 은하군들에도 수백만 도의 거대한 가스 구름gas cloud이 있다.

은하 NGC 5813은 지구로부터 약 1억 광년 거리에 있는 은하군의 일원이다(그림 46, 그림 47). 이 은하군은 또 다른 커다란 은하 NGC 5846을 포함하며 이 두 거대 은하 주변에는 2백여 개의 작은 은하들이 무리지어 있다. NGC 5813 하위 은하군 주변 영역의 찬드라 관측은 지난 5천만 년 동안 이 은하군에서 여러 번의 분출이 있었음을 보여준다. 엑스선을 방출하며 동일 선상에 늘어서 있는 밝고 둥근 테두리 세 쌍은 중심의 초대질량 블랙홀로부터 각각 3천, 2억 5천, 그리고 6억 4천 광년 거리에서 발견되었다. 초대질량 블랙홀의 질량은 2억 8천만 태양 질량이다. 공동들은 모두 밝은 테두리가 있고, 이들은 음속의 약 1.5배로 고온 가스를 통해 이동하는 충격파shock wave의 성질을 갖고 있었다. 충격파의 속도와 공동의 크기는 각각의 분출이 약 2백만 년, 1천 5백만 년, 그리고 5천만 년 전에 발생했음을 암시한다. 충격파 에너지는 뜨거운 가스의 복사 냉각과 균형을 이루는 데 충분해 보인다.

캐나다 워털루 대학의 브라이언 맥나마라Brian McNamara와 동료들의 찬드라 관측을 통해 바다뱀자리 전파원 AHydra A, 허큘리스 전파원 AHercules A, 아벨 2597 은하단에서 전파 방출과 관련이 있는 엑스선 공동을 찾았다. 그들은 또한 전파와 엑스선에서 모두 어두운 기포를 발견했는데, 이는 그 안의 입자들의 에너지가 이미 모두 소멸했음을 나타낸다. 이 "유령 공동ghost cavity"들은 중심 블랙홀에서 멀리 떨어져 있으며 과거 활동의 유물로 추측된다.

맥나마라와 동료들은 또한 찬드라를 이용하여 현재까지 관측된 공동들 중 가장 멋진 공동들을 발견했다. 그 공동들은 은하단 MS 0735.6+7421에 있다(그림 48). 비록 페르세우스 은하단 내의 공동들보다 자세히 관측되지는 않았지만, 놀라운 이야기를 들려준다. 서로 반대편에 있는 두 개의 엑스선 공동은 각각의 크기가 약 64만 광년이고, 이는 우리 은하의 원반보다 거의 7배 더 크다. 공동의 크기, 그 주변 가스의 관측된 밀도와 온도 등은 그들의 나이가 1억 살이고 초신성 백억 개에 해당하는 운동 에너지를 포함하고 있음을 나타낸다.

퍼듀 대학의 존 피터슨John Peterson과 동료들은 XMM-Newton 망원경을 이용하여 냉각류가 있는 은하단과 없는 은하단을 종합적으로 연구했다. 냉각류는 고에너지 기포가 있는 은하단에서는 발생하지 않았다. 기포들은 어떻게든 열을 가스에 전달하고, 냉각되는 것을 막았다. 어떻게 하는지는 여전히 열려있는 질문이다. 다양한 제안들(충격파, 뜨거운 외부 가스로부터의 열전도, 기포 내의 고에너지 입자들에 의한 가열, 또는 난류 와류의 붕괴)이 제기되었지만 어떤 제안도 받아들여지지 않았다.

그러나 가장 큰 문제, 즉 애초에 에너지가 어디에서 왔는지 하는 문제는 답을 얻었다. 빠르게 회전하는 초대질량 블랙홀이 그것을 가능하게 한다. 블랙홀 제트에는 두 가지 주요 구성 요소가 있다. 광속의 1/3로 움직이고, 깔때기의 바깥 껍질을 형성하는 물질이 우세한 유출 요소와 깔때기의 축을 따라서 엄청나게 높은

46 | NGC 5813 은하

지구로부터 약 1억 광년 거리에 있는 수십여 개 은하들이 모여있는 곳에서 가장 밝은 NGC 5813 은하의 광학 이미지. 이 은하는 지구에서 약 1억 광년 떨어져 있다.

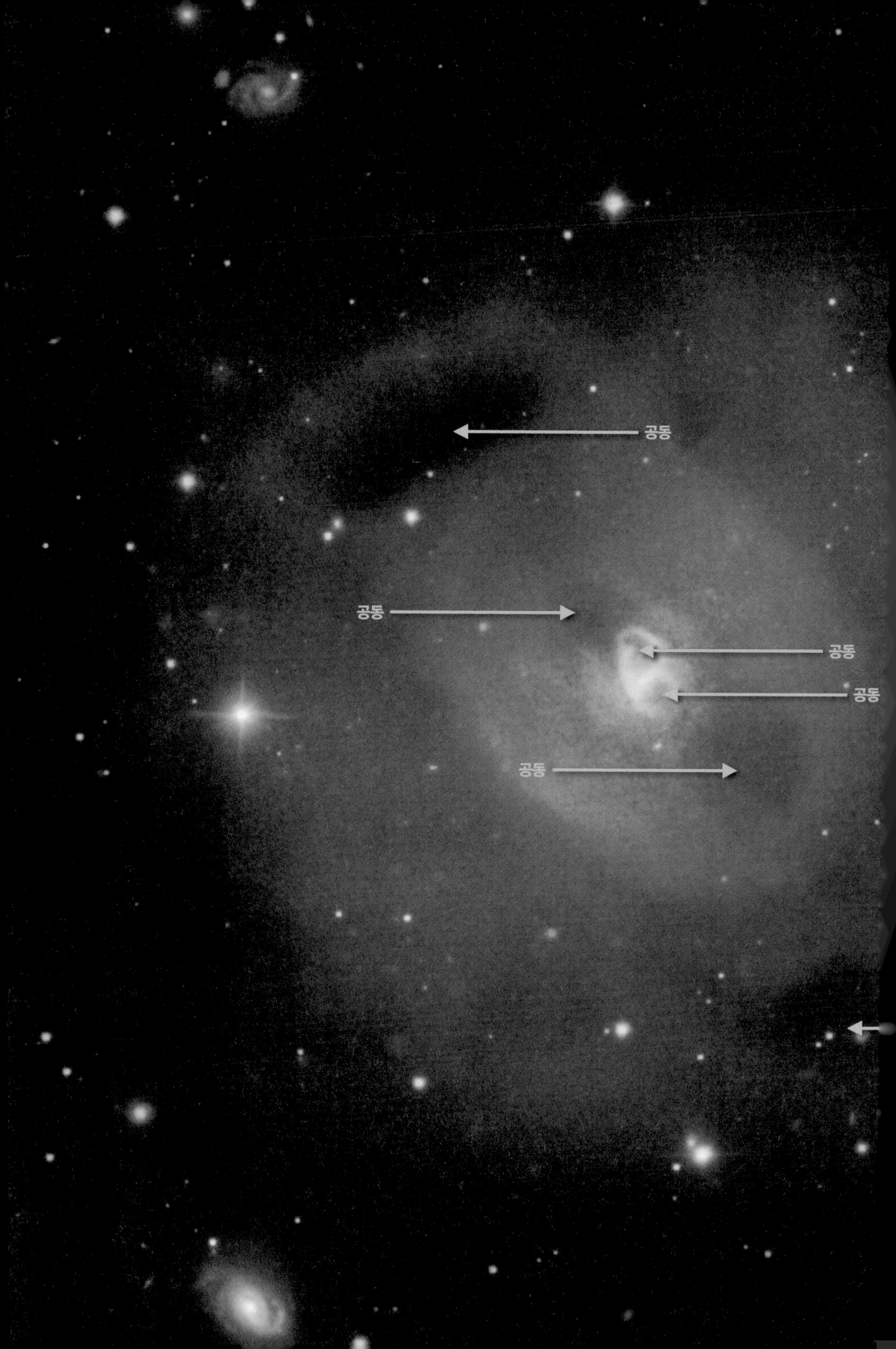
공동
공동
공동
공동
공동

에너지 입자로 이뤄진 희박한 가스를 포함한 내부 지역이 있다. 내부 지역은 에너지 대부분을 운반하고 페르세우스와 다른 은하단들에서 관측되는 극적인 구조를 생성한다.

제트의 가장 놀라운 특징 중 하나는 모은하parent galaxy로부터 수십억 광년을 여행해서 아주 멀리 있음에도 유지되는 연필 같이 얇은 모양이다. 블랙홀 주변의 가스 압력은 제트가 좁은 빔으로 시작하는 것을 가능하게 하며, 관성은 제트가 좁게 유지되도록 할 수 있다. 마치 호스에서 뿜어져 나오는 물줄기 또는 고압의 찻주전자에서 나오는 증기와 같다. 제트에서 돌아나오는 단단히 감긴 자기장 또한 역할을 한다.

밀폐된 구조임에도 불구하고, 제트가 점진적으로 통과하는 희박한 가스의 압력은 손실을 초래한다. 제트는 느려지고, 거대하고 자성을 띤 고에너지 입자 구름을 만든다. 이 구름들은 계속 팽창하며 주변 가스를 밀어내고, 찬드라로 관측되는 엑스선 공동을 만든다(그림 49).

가스가 빠르게 회전하는 블랙홀로 떨어져 들어가 거대 제트를 생성하고, 거대 제트는 고에너지 입자의 거대 기포를 생성하고, 광대한 공간을 가열하는 이 일련의 사건들은 실로 엄청난 규모의 피드백이다. 블랙홀은 은하단 전체 규모의 사건들에 반응하고 영향을 준다.

47 | 은하군 NGC 5813의 기포들

찬드라로 관측한 은하군 NGC 5813의 이미지 . 뜨거운 가스에서 방출된 엑스선(보라색)과 SDSS에서 얻은 광학 이미지(빨강, 초록, 파랑색)를 합성하였다. 은하들을 에워싸고 있는 엑스선을 방출하고 있는 뜨거운 가스에 나타나는 공동들 혹은 기포들은 초대질량 블랙홀로부터의 분출이 5천만 년 이상에 걸쳐 반복적으로 발생했음을 보여주고 있다.

가능한 시나리오는 다음과 같다. 초기에 은하단 내의 가스는 매우 뜨겁다. 중심부에 위치한 거대 은하 내의 초대질량 블랙홀은 조용하다. 약 1억 년 이상 은하단 중심 영역의 가스는 식어서 냉각류 속에서 중심은하 쪽으로 흘러가며 별을 생성할 수 있다.

이 냉각류 내의 가스 일부는 별로 응축되어 중심은하의 일원이 되고, 일부는 좀 더 안쪽으로 가라앉아 초대질량 블랙홀에 공급된다. 그렇게 해서 부착원반을 생성하고, 강력한 제트를 활성화시킨다. 제트는 은하를 폭발적으로 관통하여 은하단 가스 안으로 나가고, 가스를 가열한다. 냉각류는 완전히 차단되지 않으면 크게 감소한다. 초대질량 블랙홀에 대한 가스 공급은 줄어든다. 풍부한 가스 공급 없이 초대질량 블랙홀은 점차 활동을 중단하고, 제트는 사라지며, 열원이 없는 은하단 가스만 남는다. 수백만 년 후, 은하단 중심부의 뜨거운 가스는 은하와 초대질량 블랙홀의 새로운 성장기를 시작할 만큼 충분히 식고, 순환은 계속된다.

처녀자리Virgo, 페르세우스Perseus, 바다뱀자리Hydra 및 기타 은하단과 함께 은하군 NGC 5813의 고분해능 엑스선과 전파 이미지는 이 시나리오를 지지해주고 있다. 이들 은하단 및 은하군은 중심은하의 초대질량 블랙홀 근처에서 반복적인 폭발의 증거를 보여준다. 자기장을 띤 고리, 기포, 기둥, 수천에서 수십만 광년 크기의 제트 등은 수억 년 동안 이 은하단들에서 간헐적인 급작스런 활동이 있었음을 강력히 시사한다.

이 과정에서 별이 생성되는 부분의 가장 멋진 예 중의 하나는 봉황자

48 | MS 0735.6 + 7421 은하단

지금까지 관측된 가장 강력한 블랙홀 분출 중 하나. 찬드라가 검출한 엑스선(파란색)은 은하단의 바리온 질량의 대부분을 구성하고 있는 섭씨 5천만 도의 가스를 보여준다. 찬드라 자료는 고온 가스 내의 공동들 또한 보여준다. 각각 직경은 약 64만 광년, 또는 우리은하 직경의 거의 7배이며, 은하단 중심의 초대질량 블랙홀이 폭발하여 생성되었다. 폭발은 거대 제트(분홍색)를 방출했고, 잔스키 전파 망원경(Jansky Very Large Array)으로 검출되었다. 허블 광학 자료와 합성한 이 자료들은, 은하단 은하들과 전경의 별들(주황색)을 보여준다. MS 0735.6+7421까지의 거리는 약 26억 광년이다.

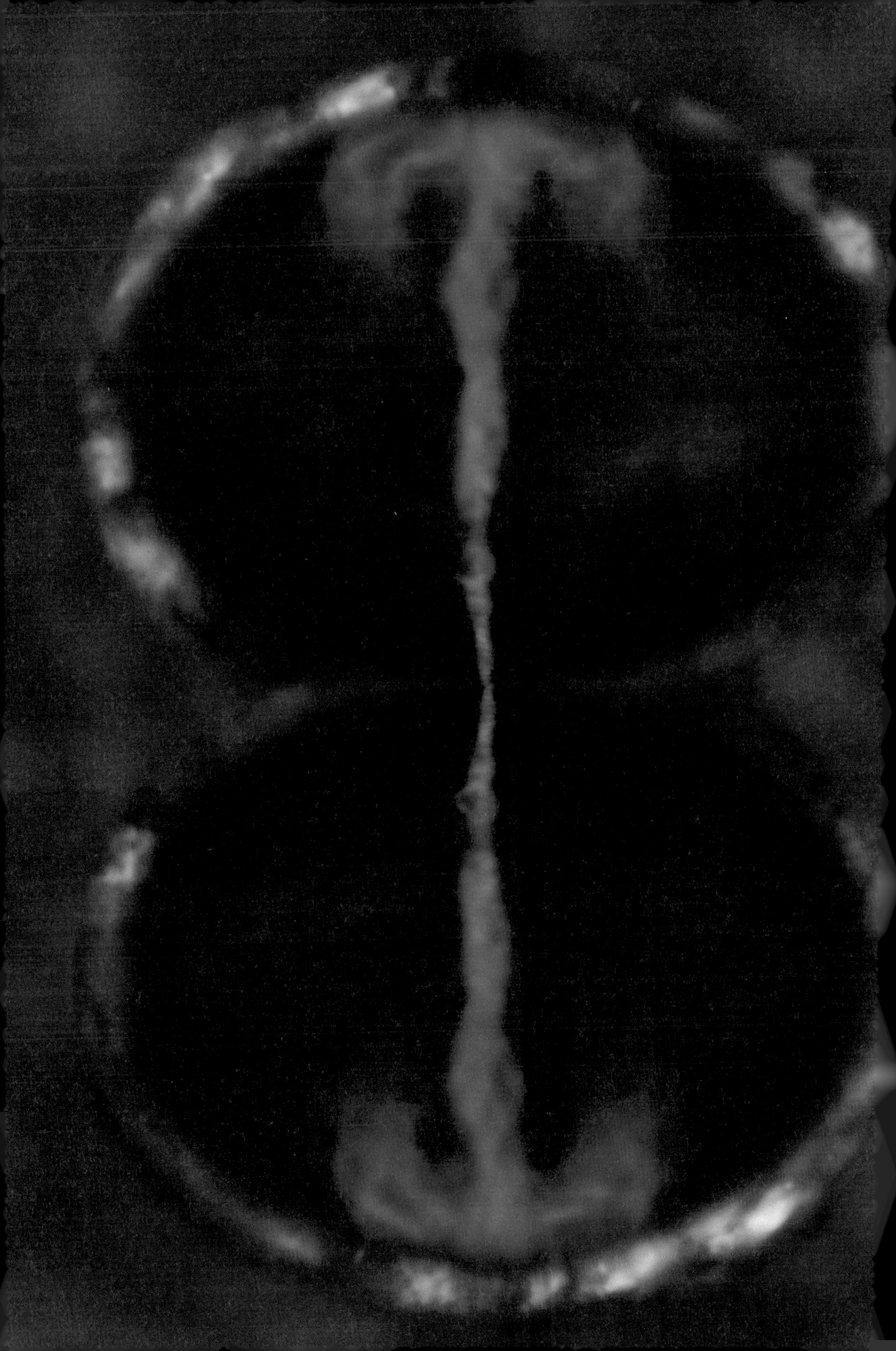

리Phoenix Cluster에서 가장 밝은 은하로 57억 광년 거리에 있다(그림 50). 이 시스템의 질량은 약 5천 억 태양 질량이며, 알려진 은하단 중 가장 많은 엑스선을 생성한다. 지난 몇 백만 년 이상, 이 은하에서 매년 태양 질량의 600배에 해당하는 별들이 생성돼 왔다. 이는 우리 은하의 별 생성률인 매년 1 태양 질량과 비교해보면 매우 놀라운 별 생성률이다. 찬드라 자료는 또한 은하단 중심부를 감싸고 있는 섭씨 5천만 도의 가스 구름 내부 3만 광년 내에 깊은 엑스선 공동이 있음을 밝혔다. 이는 유입, 역류, 냉각 등의 순환 과정이 한동안 진행되어 왔음을 시사한다.

놀랍게도 은하단 중심의 초대질량 블랙홀은 심지어 오늘날까지 빠른 속도로 성장하고 있다. 천체물리학자들은 초대질량 블랙홀의 성장이 수십억 년 전부터 감소한다고 생각했다. MS 0735 은하단의 경우 지난 1억 년 동안 초대질량 블랙홀이 태양 3억 개와 맞먹는 양을 집어삼킨 것으로 나타난다. 비교적 짧은 기간에 크기와 질량이 거의 두 배가 되었다. 그러나 중심 블랙홀은 활동적인 블랙홀들이 보통 방출하는 밝은 엑스선 혹은 가시광선과 같은 활동성을 보이지 않는다. 이 놀라운 시스템은 오직 엑스선 공동을 통해서 구분된다.

은하 충돌은 은하단 중심부에 상존하는 위험 요소로서, 초대질량 블랙홀에 물질을 넉넉히 제공하여 다시 활동할 수 있게 한다. 거대한 중심은하를 매우 가까이 지나가는 작은 은하는 붕괴한다. 작은 은하의 별들은 큰 은하의 일원이 되며, 가스는 블랙홀로 흘러가고, 중심 블랙홀은 거대 은하의 블랙홀과 병합된다. MS 0735에서 관측된 거대 공동들은 병합하고 있는 은하가 초대질량 블랙홀에 가스를 대량으로 유입시켰을 때 시작된 일련의 사건들의 최종 결과물일 것이다.

충돌의 역할은 은하들이 서로 더 가까이에 존재하고 병합이 일반적이었던 우주 초기의 은하의 진화를 과학자들이 이해할 수 있도록 한다. 여러 연구 결과에 의하면 은하의 형성과 진화의 많은 측면(은하의 크기, 은하의 모양, 별 생성률)은

49 | 고에너지 제트

초대질량 블랙홀 주변을 회전하는 가스와 결합된 자기장은 블랙홀로부터 흘러나가는 강력한 가스 제트를 생성할 수 있다. 이러한 제트들은 가스를 밀어내어 은하단의 가스 구름에서 관측되는 어두운 공동을 만든다.

은하 병합을 포함한 우주적 주기로 이해될 수 있다. 캘리포니아 공과대학의 필립 홉킨스Philip Hopkins와 동료들이 수행한 거대 규모 컴퓨터 모의실험에 의하면 가스가 풍부한 은하의 병합은 별의 생성과 중심 영역으로의 가스 유입을 촉발한다. 유입되는 가스는 초대질량 블랙홀의 급속한 성장과 그 인근의 강력한 복사를 촉진시킨다. 또 다른 병합이 일어날 때까지, 역류는 은하로부터 많은 양의 가스를 내보내고, 별의 생성은 급격히 느려지며, 블랙홀로의 흡착이 감소한다.

은하의 진화를 형성하는 블랙홀 피드백의 대부분은 은하가 젊었을 때, 즉 약 80억~100억 년 전에 발생했다. 이 시기는 거리가 먼 은하들에서만 관측되며, 이는 제트, 기포, 파동 등과 같은 세부적 연구를 어렵게 만든다. 다행히도 비교적 가까운 은하단에서 비슷한(동일하지는 않지만) 역류 과정이 발생 중이고, 찬드라가 직접 관측하고 측정할 수 있다.

태양 질량의 수백조 배 질량의 은하단은 말할 것도 없고, 태양 질량의 수백만 배에서 수억 배의 질량을 갖는 초대질량 블랙홀이, 태양 질량의 수십억에서 수천억 배의 질량에 이르는 은하에 큰 영향을 미친다는 것은 이상해 보일 수 있다. 이유는 초대질량 블랙홀과 그 중력장의 밀집된 성질에 있다. 초대질량 블랙홀들은 전체 은하에서 단연코 가장 큰 중력 포텐셜 에너지 공급원이다. 블랙홀 피드백은 부착원반을 통해 이 에너지를 활용하고 강력한 메가제트를 발사해서 우주에서 작동하는 가장 중요한 과정 중의 하나이다. 블랙홀이 모두 나쁜 것은 아닐 수 있다. 사실 노래처럼, 어쩌면 "나쁜 것은 새로운 좋은 것"일 수 있다.

50 | 봉황자리 은하단 SPT-CLJ2344-4243

엑스선과 가시광 합성 이미지. 엑스선 이미지(파란색)는 찬드라로, 가시광 이미지(빨간색과 노란색)는 허블 우주 망원경으로 관측했다. 밝은 중심은하는 엑스선과 가시광에서 모두 흰색으로 보인다. 찬드라 자료는 은하단 중심은하에 있는 초대질량 블랙홀 주변 영역에서 방출되는 고에너지 입자의 강력한 제트로 인해 주변 가스에 생성된 것으로 여겨지는 엑스선 공동을 보여준다. 16만 광년에서 33만 광년에 이르는 가스와 먼지로 이루어진 거대 필라멘트가 엑스선 공동을 감싸고 있다. 이미지 크기는 약 150만 광년이며, 봉황자리 은하단까지의 거리는 57억 광년이다.

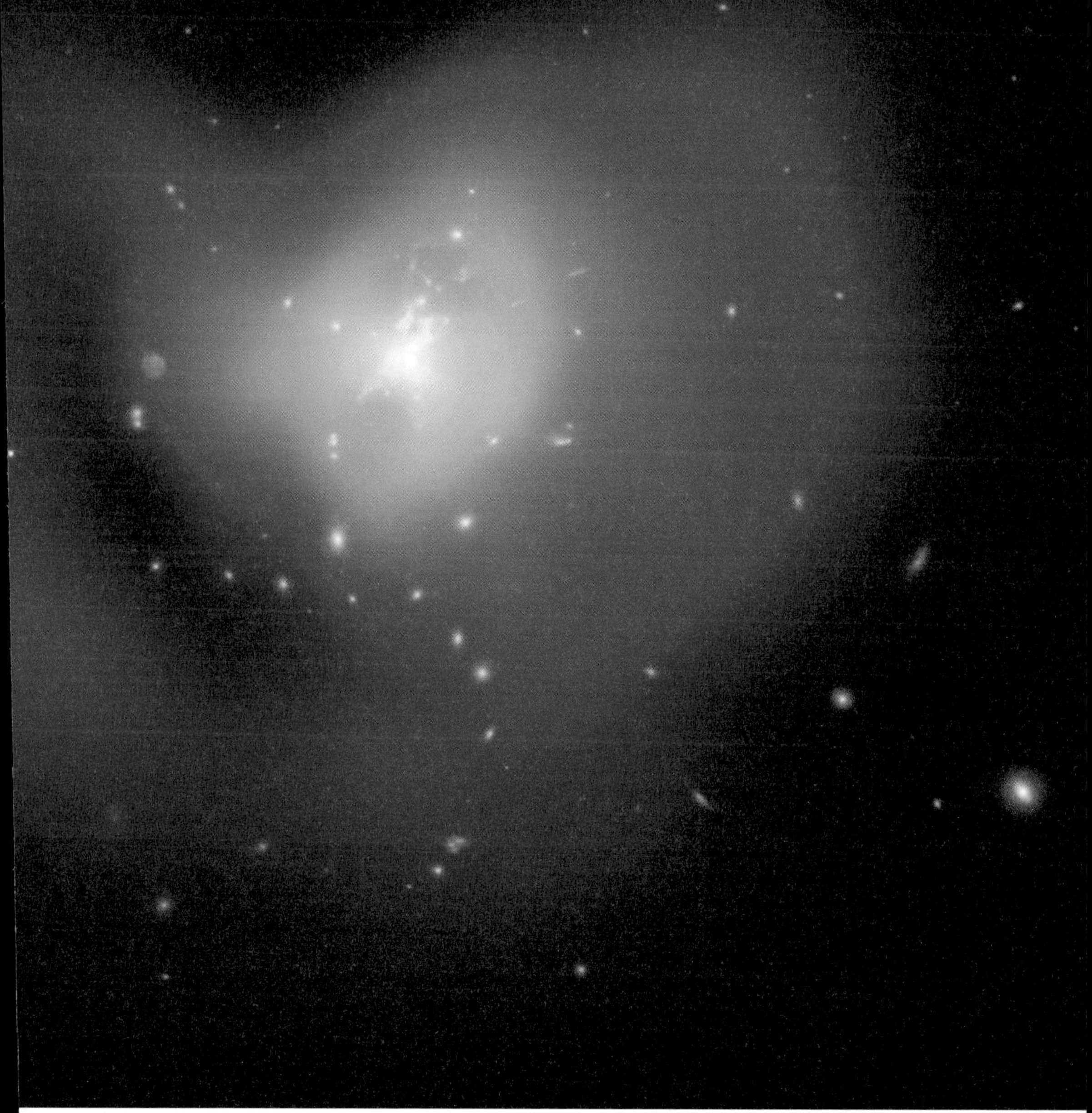

3부

THE 아름다운 우주

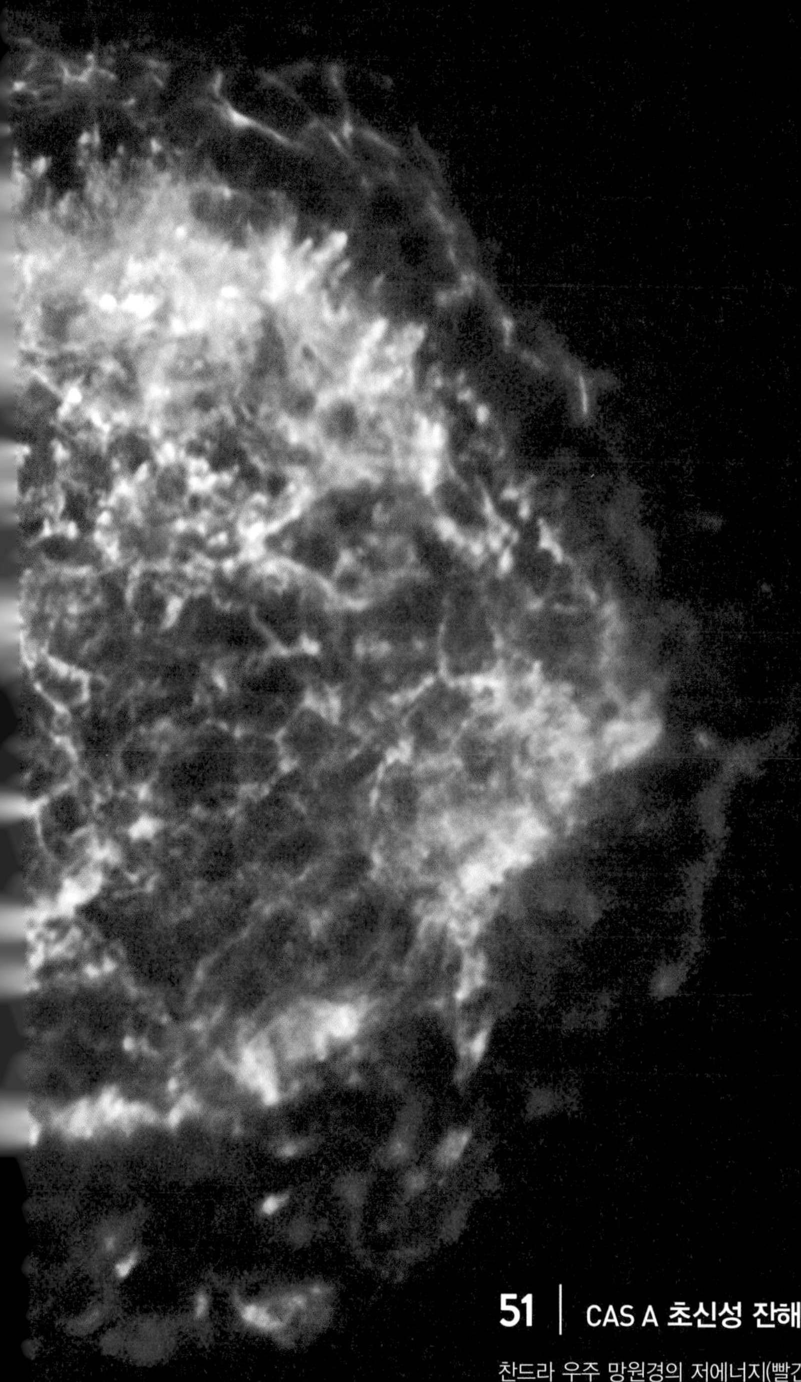

51 | CAS A 초신성 잔해

찬드라 우주 망원경의 저에너지(빨간색), 중에너지(녹색), 고에너지(파랑색) 엑스선 이미지. 파랑색은 전방충격파를 보여주며, 빨간색과 녹색은 반전충격파로 인해 가열된 별의 분출물을 보여준다. 첫 번째 찬드라 관측 이미지에서 발견된 중성자별은 중심 근처의 씨앗 모양의 흰색 점에 위치하고 있다. 이미지의 크기는 가로 세로 각각 약 29광년이다.

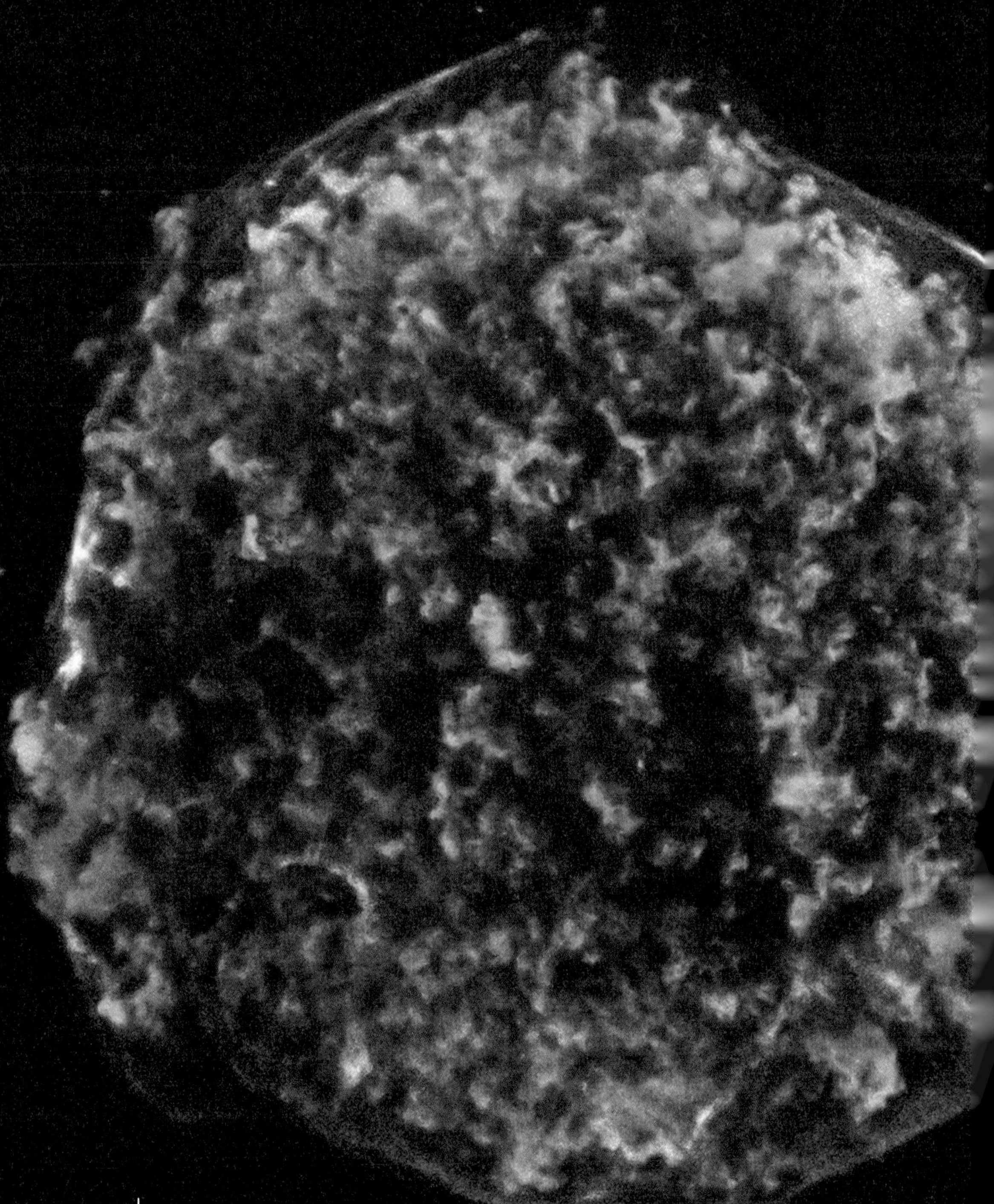

52 | 티코 초신성 잔해

찬드라 우주 망원경 이미지. 지구에서 약 1만 3천 광년 떨어져 있는 밝은 엑스선 광원인 이 초신성은 덴마크 천문학자인 티코 브라헤(Tycho Brahe)가 처음으로 관측하였으며, 그의 이름을 기리기 위해 티코(Tycho) 초신성으로 명명되었다. 폭발로 인해 초음속으로 팽창하는 별의 분출물은 주변의 성간 물질로 이동하는 전방충격파와 별의 분출물로 되돌아가는 반전충격파를 발생시켰다. 전방충격파는 매우 높은 에너지를 갖는 전자들이 빠르게 이동하는 모습을 나타내는 껍질층(파랑색)을 발생시켰으며, 반전충격파는 팽창하는 별의 분출물을 수백만 도의 온도(빨강색 및 황록색)로 가열시켰다. 찬드라 우주 망원경의 관측 자료를 통해 지구에 영향을 미치는 초고에너지 우주선(cosmic ray)의 일부가 충격파에 의해 생성되었을 것으로 예상되고 있다(그림 73).

16

꺼져가는 빛에 분노하고, 또 분노하라.

딜런 토마스, 1952

저 어두운 밤 속으로 순순히 들어가려 하지 마시오

수 세기 전에는 별이 우리의 운명을 결정한다는 믿음이 있었다. 거대한 우주 혹은 하늘에서 일어난 일들은 전쟁에서의 승리나 패배 혹은 통치자의 죽음과 같은 운명적인 사건들의 전조라고 여겨졌다. 이러한 이유로 인해 궁정 점술가들은 자신들의 일을 진지하게 받아들였고, 또한 그래야만 했다. 그들의 목숨이 달린 일이기도 했기 때문이다. 실제로 점술가들이 월식을 예측하지 못할 경우 처형될 수도 있었다. 오늘날의 천문학자들은 고대 중국, 일본, 한국, 아랍, 그리고 유럽의 관측자들이 세심하게 작성하여 보존해온 기록물들의 수혜자들이다.

고대 중국 송나라의 연대기에서 발췌한 내용 중에는 지금의 게 성운Crab Nebula을 만든 초신성 1054 CE의 관측에 관한 설명이 기록되어 있다. 이 기록(Duyvendak, 1942)은 궁정 점술가들이 일했던 때의 시대적 특징에 대한 단서를 제공한다. "경건한 마음으로, 객성客星의 출현을 관측하였다. 그 별은 약한 무지개 빛깔의 노란색을 띄었다. 황제의 성향을 고려해 나는 다음과 같이 예언했다. 객성은 천관성Aldebaran을 침범하지 않고 있습니다. 이는 제국의 주인이 황제 폐하라는 것을 가리키는 것이오니, 이것이야말로 제국의 홍복이옵니다." 만약 그 당시에도 현재처럼 과학과 기술이 발전되어 있었다면, 이 보고서는 미국 과학 재단 또는 NASA와 같은 정부 기관이 후원하는 연구비 관련 심사를 거뜬히 통과할 수 있었을 것이다.

점술가들의 기록을 역사학자와 천문학자들이 함께 연구하여 지난 2천 년 동안 우리 은하에서 발생한 초신성과 같은 강렬한 사건들에 대한 단서를 찾을 수 있었다. 그리고, 이를 통해 현재까지 약 30개의 초신성이 발생했을 것으로 추측되고 있다. 하지만 실제 기록된 초신성의 수는 훨씬 적은데, 여기에는 몇 가지 요인이 있다. 많은 사건들이 남반구에서 발생하였을 수도 있고, 우리 은하 중심부의 반대편에서 발생하였을 수도 있다. 혹은 먼지와 가스 구름에 둘러싸여 있었을 수도 있다.

기록에는 "새로운 별new star", "객성guest star", 그리고 "신성novae"에 관련된 많은 보고가 있지만 그중 극소수만이 초신성이었다. 초신성은 두 가지 기준에 의해 구별된다. 첫째로, 초신성의 관측이 가능한 지속시간(적어도 3개월, 그리고 1006 CE의 초신성의 경우 약 3년, 그림 72 참조)이다. 둘째로, 초신성의 근처에서 팽창하고 있는 뜨거운 가스 혹은 입자와 같은 초신성 잔해들의 발견 유무이다.

관측된 가장 밝은 초신성은 1006 CE의 초신성으로 금성보다도 밝았으며 몇 년 동안 관측이 가능했다. 하지만 SN 1006의 잔해는 1054 CE의 초신성만큼 주목받지는 못했다. 그 이유는 SN 1006이 백색왜성(Ia형 폭발)을 완전히 분해하여 별의 잔해를 제외하고는 아무것도 남기지 않는 열핵폭발에 의해 생성되었기 때문이다. 이와는 반대로, 게 성운은 매우 무거운 별에서 내부 핵이 붕괴되면서 생성된 작품이었다. 핵의 붕괴는 빠르게 회전하는 중성자별을 제외한 대부분의 물질들을 날려버리는 초신성을 유발한다. 이 우주 발전기는 폭발하는 별의 잔해들을 빛나게 만드는 자기장 폭풍과 고에너지 입자들을 생성한다. 찬드라 우주 망원경을 이용해 초신성 잔해 속에서 고속으로 회전하는 중성자별을 발견하는 것은 초신성 폭발의 유형을 구별하고 폭발한 별의 본질을 이해하는 가장 좋은 방법 중 하나이다.

지금까지 발견된 모든 초신성들은 수천 광년 떨어진 곳에서 발생했다. 그로 인해 지구에 미치는 물리적인 영향은 거의 없었다. 그러나 하나의 초신성은 현대 물리학과 천문학의 발전에 매우 중요한 역할을 했다.

1572년도에 발견된 초신성(184쪽 그림 52)은 폭발하는 별의 개념이 마법보다 그럴듯하지 않았던 갈릴레오와 뉴턴 시대 이전, 즉 망원경이 발명되기 전에 발생하였다. 별의 폭발은 별들이 영원히 불변하는 것들을 상징하며 불변의 세계는 끊임없이 변화하고 타락하는 세계 위에 존재하고 있다는 그 당시의 세계관에 어긋나는 현상이었다.

그리고 1572년 11월, 금성보다 더 밝은 별이 갑자기 카시오페이아 별자리에 나타났다. 그 당시 사람들은 지금보다 훨씬 더 깨끗한 하늘을 보고 있었지만 미적분과 같은 고등수학을 알지 못했다. 그래서 할로윈에 일어난 이 현상에 대해 이상하게 생각했다. 1572년의 이 새로운 별 혹은 신성은 유럽 전역과 아시아 전역에서 관측되었다. 1572년의 신성 출현과 티코 브라헤가 기록한 신성의 상세한 특징은 천문학을 포함한 모든 과학 분야에 혁명을 불러오는 데 매우 중요한 역할을 했다.

티코는 놋쇠로 만든 코와 다혈질적인 성격, 그리고 신랄한 말투를 지닌 천문학자였다. 어디서 그가 신랄한 말투를 배웠는지는 잘 알려져 있지 않다. 하지만 그의 어린 시절을 통해 그의 말투가 유전 또는 환경 중 하나, 혹은 둘 모두에 의해 형성되었음을 추측할 수 있다. 놋쇠로 된 코(티코의 코가 은이라고 보고되는 경우도 있지만, 2010년에 그의 몸이 발굴되면서 놋쇠 코라는 것이 확인됨)는 그의 다혈질적인 성격을 보여준다. 이 놋쇠 코는 티코가 20세 때 동료 학생과 누가 최고의 수학자인지에 대해 논쟁하던 중 일어난 결투에서 그의 코가 잘린 후에 만들어진 것으로 알려져 있다.

티코는 특별히 훌륭한 수학자도, 숙련된 검객도 아니었다. 하지만 그는 위대한 천문학자였다. 아마도 망원경 이전 시대 가장 위대한 천문학자였을 것이다. 그는 천구상의 별자리를 찾기 위해 정교한 도구를 만들었고, 세심하게 기록했으며, 부지런히 일했다. 그는 1572년의 신성을 바로 알아차렸고 카시오페이아 별자리의 다른 별들을 기준으로 신성이 나타난 위치를 정확하게 측정하기 위해 신성이 보이자마자 관측을 시작했다. 그리고 그는 신성이 금성만큼 밝았을 때부터 어두워서 눈에 보이지 않을 때까지 위치가 변하지 않았다는 것을 발견했다. 이 결과는 새로운 천체가 혜성이 아니라 별이라는 것을 의미한다. 당시의 세계관이었던 천동설에 의하면 별들은 8번째 주전원에 속해 있으며 고정된 위치와 밝기를 가져야만 한다. 하지만 이 새로운 별은 밝기가 변했다! 별의 폭발은 별들은 영원하다는 기존의 세계관을 박살냈으며, 갈릴레오, 케플러, 뉴턴 및 다른 저명한 과학자들을 위한 무대를 마련해 주었다.

프리츠 츠비키Fritz Zwicky와 월터 바데Walter Baade가 초신성supernova이라고 부른, 이전까지 알려지지 않았던 천문현상에 대한 증거를 제시했던 1934년 초반으로 가보자. 신성으로 분류되는 별의 폭발 현상은 그 당시에도 잘 알려져 있었으며 폭발의 특징 또한 꽤 명확하게 이해되고 있었다. 유명한 천문학자인 에드윈 허블Edwin Hubble은 신성의 특징을 이용하여 안드로메다andromeda를 비롯한 다른 은하들이 우리은하와 같은 별들의 집합체이며 지구로부터 수백만 광년 떨어져 있음을 증명했다.

츠비키와 바데는 초신성들이 보통의 신성보다 수백 배나 더 강력하며, 각각의 초신성은 단지 별의 외곽 층과 관련된 현상이 아니라 별 전체와 관련된 폭발 사건이라고 주장했다. 츠비키와 바데, 그리고 그들의 동료들은 초신성을 찾기 위해 광범위한 조사를 수행하였다. 그로부터 10년이 지나기 전에 새로운 유형의 현상으로서 초신성의 존재가 확립되었고, 몇 년 후 티코의 신성은 티코의 초신성으로 조정되었다. 1941년 루돌프 민코프스키Rudolph Minkowski는 초신성을 폭발로 방출되는 팽창하는 잔해물에서 수소를 발견할 수 없는 I형 초신성, 그리고 수소를 발견할 수 있는 II형 초신성 두 종류로 나눌 수 있다는 것을 발견했다.

다른 천문학자들이 초신성 관측에 합류하면서 발견된 초신성의 수는 기하급수적으로 증가했다. 이를 통해 II형 초신성이 은하의 나선팔과 같이 밝고 젊은 별이 많은 지역에서 발생했다는 것이 밝혀졌다. 또한, II형 초신성은 질량이 작고 오래된 별들로 이루어진 타원은하에서는 발생하지 않았다. 밝고 젊은 별들의 질량이 대부분 태양의 약 10배 이상이라는 점을 고려하면, II형 초신성은 무거운 별에 의해 생성된다는 결론을 이끌어낼 수 있다.

I형 초신성은 Ia 초신성, Ib 초신성, Ic 초신성의 하위 유형들로 구분된다. Ib형 초신성과 Ic형 초신성은 II형 초신성과 유사한 것으로 판명되었지만 Ia형 초신성은 달랐다. 다른 유형의 초신성과는 달리, Ia형 초신성은 일반적으로 타원은하를 포함한 모든 종류의 은하에서 발생하며, 별이 형성되는 지역 같은 특정한 영역에 대한 선호도를 보이지 않았다. 이러한 특징들은 그들이 나이가 오래된 별의 종족에서 유래했을 가능성이 있음을 의미한다. 마지막으로, 시간에 따른 빛의 변화인 광도 곡선의 경우 Ia형 초신성 사건들은 서로 매우 유사한 형태를 지니고 있

는 반면, 다른 유형의 초신성 사건들과는 현저하게 다른 형태를 지니고 있었다.

1945년 바데는 천문학에 관학 탁월한 지식을 바탕으로 1572 초신성에 대한 티코의 설명이 Ia형 범주에 속한다는 것을 보였다. 그리고 영국의 조드럴 뱅크 천문대에 있는 전파 천문학자들이 티코의 초신성 근처에서 강력한 전파원을 발견함으로써 초신성 잔해를 찾는 연구가 결실을 맺게 되었다. 1960년대에는 티코의 초신성 잔해가 마침내 희미한 성운의 형태로 발견됐다. 1970년 하버드-스미스소니언 천체물리 연구소CfA의 폴 고렌슈타인Paul Gorenstein과 그의 동료들은 연구로켓에 실린 엑스선 검출기를 이용하여 티코의 초신성 잔해로부터 엑스선 방출선을 발견했다. 2008년 막스 플랑크 연구소의 올리버 크라우제Oliver Krause는 티코 초신성 근처의 성간 구름에 의해 산란된 빛이 만들어낸 반사파를 분석하여 티코의 초신성이 실제로 Ia형 초신성임을 확인하였다.

1973년 일리노이 대학의 존 웰런John Whelan과 이코 이벤 2세Icko Iben Jr.는 백색왜성의 폭발로 인해 Ia형 초신성이 생성된다고 제안했다. 태양과 비슷한 별들의 응축된 잔해물인 백색왜성은 주로 탄소와 산소 원자로 이루어져 있다. 질량이 소위 찬드라세카르 한계Chandrasekhar limit로 불리는 태양질량의 1.4배 이하로 유지되는 한, 백색왜성은 본질적으로 가장 안정적인 별이다.

백색왜성은 우주에서 가장 희미한 별들 가운데 하나다. 그럼에도 불구하고 백색왜성은 19세기 중반 최초로 발견된 순간부터 꾸준히 천문학자들의 관심을 받아왔다. 그 이유 중 하나는 백색왜성이 물질의 흥미로운 상태를 보여주기 때문이다. 또 다른 이유는 태양을 포함한 대부분의 별들이 완전히 연소되어 붕괴된 상태에 도달하게 되면 백색왜성이 될 것이기 때문이다.

아주 먼 옛날, 하늘에서 가장 밝은 별인 시리우스는 중요한 그리고 때로는 독특한 역할을 했다. 기원전 3,000년경에 만들어진 고대 이집트의 기념비와 사원벽 등에는 시리우스의 상형문자인 개의 모습이 그려져 있었다. 하지 직전 시리우스의 출현은 여름이 시작된다는 것을 알리는 신호이자, 농업용수를 공급하는데 중요한 역할을 했던 나일강이 범람할 것이라는 신호였다. 덴데라에 있는 이시스-하토르 사원과 그 밖의 나일강 계곡에 위치한 수많은 사원들은 시리우스의 등장을 매우 중요하게 여겼다. 고대 그리스와 로마에서는 시리우스를 가뭄, 질병 및 광견병의 발생 등에 영향을 주는 것으로 여겼다. 우리는 지금도 7월과 8월의 무더위를 고대 시리우스의 관념과 관련지어 삼복더위로 표현하고 있다.

시리우스는 아주 밝아서 18세기 유명한 철학자이자 우주론자인 임마누엘 칸트Immanuel Kant가 우리 은하의 중심부는 시리우스라고 추측하였는데, 이 추측은 흥미롭기는 하지만 잘못된 발상이었다. 시리우스는 지구로부터 8.7광년 밖에 떨어져 있지 않은 아주 가까운 천체이며 대부분의 별들보다 별의 고유 밝기인 광도가 더 크기 때문에 매우 밝게 보인다. 또한, 시리우스는 1830년대와 1840년대에 천문학자들 사이에서 화제의 중심에 서있기도 했다. 이 당시 천문학자이자 수학자였던 프리드리히 베셀Frederick Bessel은 시리우스의 겉보기 운동의 경로가 보이지 않는 동반성의 영향으로 인해 불규칙적인 곡선 형태의 경로일 것으로 예상했다. 그러나 동반성의 이론적인 궤도는 계산할 수 있었지만, 관측을 통해 실제로 동반성을 발견하지는 못했다.

그 후 1862년 유명한 망원경 제작자인 알반 클라크Alvan Clark는 노스웨스턴 대학의 디어본 천문대에 설치된 그의 최신 작품인 18.5인치 굴절 망원경을 시험해보고 싶었다. 그는 시리우스를 관측하기로 결정했고, 이 별의 어두운 동반성을 바로 발견했다. 시리우스 B 또는 “강아지”라고 불리는 이 동반성에 관한 후속연구는 동반성의 직경이 태양 직경의 1% 미만이며, 태양보다 뜨거운 천체라는 결론을 이끌어냈다(그림 57과 그림 58).

처음 발견되었을 당시, 백색왜성은 천문학자들에게 큰 혼란을 가져다주었다. 만약 백색왜성이 핵융합을 통해 에너지를 생산하지 않는다면, 붕괴되지 않기 위해 필요한 압력을 도대체 어떻게 만들어내는 것일까? 그 당시까지의 지식으로는 이 압력을 만들어내는 것이 불가능해 보였다. 하지만 어렴풋이 그 해답이 드러나기 시작하면서 과학자들에게 “잘못은 별들 속에 있는 것이 아니라 그들의 이론에 있다.”라는 세익스피어의 말을 상기시켜 주었다. 위의 질문에 관한 명확한 해답을 얻기 위해서는 그로부터 반세기 후에 출현하게 되는 양자 이론을 기다려야 한다.

별은 가스와 먼지로 이루어진 가스 구름이 붕괴되면서 만들어지는 덩어리의 중심 부분에서 수소 핵이 헬륨 핵으로 변환되는 반응이 일어날 수 있을 정도로 고압 및 고온인 지점에 도달했을 때 태어난다. 이러한 핵융합 반응에 의해 방출된 에너지는 더 이상의 붕괴를 막는 데 필요한 압력을 제공한다.

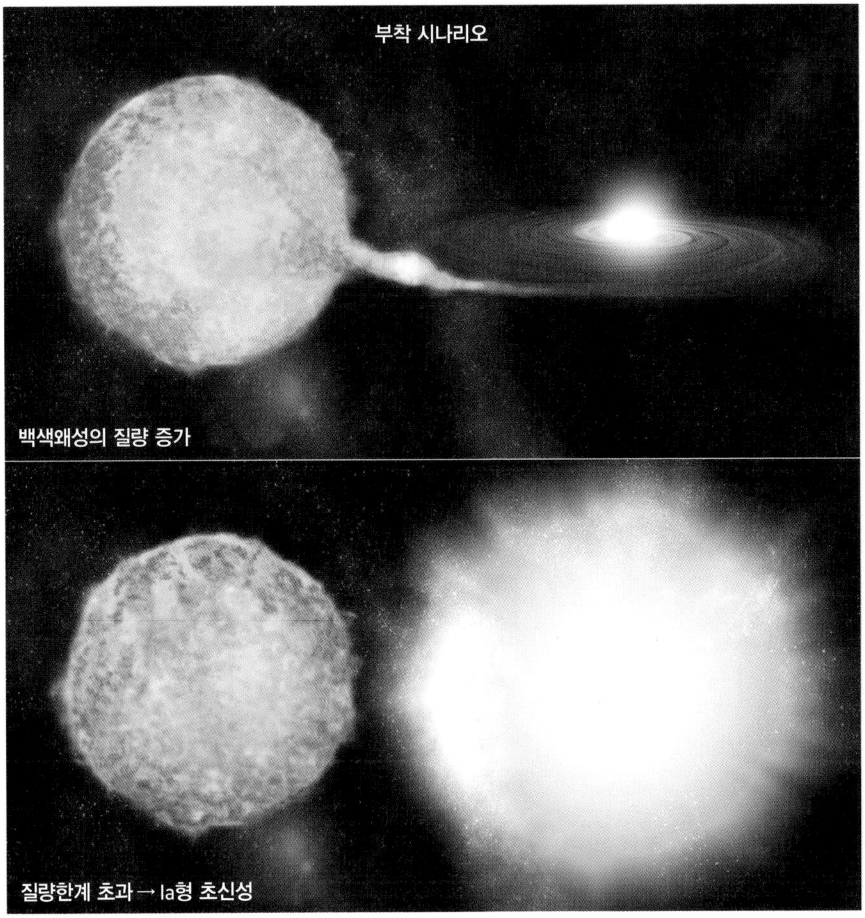

53 | 적색거성을 통한 촉발 구조

Ia형 초신성 폭발을 일으키는 적색거성 촉발 구조의 상상도. 적색거성의 물질들이 적색 원반부를 통해 백색왜성으로 끌려오면 백색왜성은 그 질량이 안정적인 형태를 유지할 수 있는 한계질량 이상이 되어 폭발하게 된다.

별 내부의 핵반응은 가벼운 원소의 핵이 서로 융합되어 무거운 원소(예: 수소 핵이 결합하여 헬륨 핵을 형성)를 형성하는 핵융합 반응이다. 이와는 대조적으로 지구상의 원자력 발전소는 핵분열을 통해 에너지를 생산하는데, 우라늄과 같은 무거운 원소의 핵이 분리되어 에너지 방출과 함께 더 가벼운 핵을 형성한다. 별의 중심에 있는 수소를 헬륨으로 융합시키는 핵융합 반응은 태양과 같은 별을 수십억 년 동안 지탱할 수 있게 해준다. 태양은 현재 이 진화 단계에 있으며, 이를 주계열 단계라고 한다.

별의 중심부에서 필수적이고 재생 불가능한 에너지원인 수소가 전부 소모되면 중심핵이 붕괴되기 시작한다. 그로 인해 중심핵 가장자리에 있는 수소 껍질층이 압축되고 가열되면서 껍질층에서 수소 핵융합 반응이 발생하게 된다. 이 새로운 핵융합 반응은 별의 직경을 현재 크기의 약 백 배에 이를 때까지 팽창하게 만드는 새로운 힘의 원천을 제공한다. 별의 진화단계 중 이 단계를 "적색거성" 단계라고 한다.

적색거성 단계 이후 약 1억 년 뒤에는 별에서 사용가능한 에너지원이 모두 소진될 것이다. 그리고 녹초가 되어버린 적색거성은 뜨거운 중심핵을 제외한 외곽층을 날려버릴 것이다. 이 때 남겨진 중심핵을 처음 관측한 천문학자의 이름을 붙여 볼프-레이에 별wolf-rayet star이라고 부른다. 이 별의 표면 온도는 섭씨 5만 도에 이르며, 끓어오르는 별의 외곽층은 시속 약 6백만 km의 항성풍에 의해 점점 질량을 소실하게 된다.

별의 내부에서 방출되는 복사선은 천천히 움직이는 적색거성의 대기층을 가열하여 행성상 성운planetary nebula이라고 불리는 복잡하고 우아한 섬유 모양의 껍질을 만든다. 소형 망원경으로 관측하면 행성의 원반과 비슷하게 보여 행성상 성운이라고 불린다. 엑스선으로 관측하여 이 성운이 빠른 항성풍에 의해 압축되고 가열된 섭씨 수백만 도에 이르는 가스 구름이라는 것이 밝혀졌다. 이후 결국에는 별의 중심부는 붕괴되어 백색왜성을 형성하게 된다.

백색왜성 단계에서는 남아있는 별의 모든 구성 물질들이 원래 별의 백만분의 일의 크기의 공간에 압축되어 채워진다. 만약 이렇게 압축된 물질로 올리브 열매 크기의 물체를 만든다면 그 질량은 자동차의 질량과 비슷하게 될 것이다. 백색왜성의 표면온도는 섭씨 약 2만 도에 이른다.

이 단계부터는 전자의 축퇴 압력이 백색왜성을 붕괴하지 않도록 막아준다. 양자 이론에 의하면 고밀도로 축퇴된 상태의 물질은 전자축퇴압electron degeneracy pressure이라고 불리는 압력을 생성할 수 있다. 이러한 압력은 하나 이상의 전자가 동시에 동일한 에너지 준위를 차지할 수 없다는 근본적인 원리에 의해 발생한다. 어떤 식으로 이 원리가 작용하는지 이해하기 위해 쇼핑몰에 연결된 한 칸당 한 대의 차량만 허용하는 주차 탑에 대해 생각해보자. 장사가 잘 안 될 때 주차장은 거의 비어 있으며 자동차들은 거의 움직임이 없다. 때때로 한 자동차가 들어오고 낮은 층에 주차할 것이고, 또 다른 자동차는 떠날 것이다. 그러나 휴가철이 다가오면 상황이 바뀐다. 주차장이 가득 차기 시작하고 주차 공간이 점점 사라진다. 운전자들은 빈 공간을 찾기 위해 점점 더 경쟁할 것이다. 그리고 공간이 생길 때마다 이를 차지하기 위한 압력이 형성된다.

극도로 고밀도인 백색왜성은 크리스마스 전 마지막 주말의 백화점 주차장과 같다. 모든 저에너지 준위는 이미 축퇴되었거나 채워져 있어서, 갈 곳이 없는 다른 전자들은 강제로 고에너지 준위 상태에 놓이게 된다. 이 현상으로 인해 "전자축퇴압"이 생성된다. 여기서 축퇴는 모든 저에너지 준위가 채워졌다는 사실을 의미한다. 이 때 생성되는 압력이 백색왜성이 자신의 질량으로 인해 붕괴되는 것을 막는다.

1926년 케임브리지 대학의 랄프 파울러Ralph Fowler는 양자 역학의 이론을 바탕으로 백색왜성이 밀도가 매우 높은 물질의 특별한 특성인 전자축퇴압에 의해 유지된다고 제안했다. 몇 년 후 파울러의 학생이었던 수브라마니안 찬드라세카르Subrahmanyan Chandrasekhar는 이 이론을 더욱 상세하게 연구했다. 그리고 1999년 NASA는 그를 기리기 위해 엑스선 우주 망원경의 이름을 찬드라 엑스선 우주 망원경으로 정하였다.

찬드라는 아인슈타인의 상대성이론과 양자역학을 이용하여 전자축퇴압이 백색왜성의 붕괴를 막을 수 있다는 것을 보였다. 또한 백색왜성의 질량이 찬드라세카르 한계로 알려진 태양질량의 약 1.4배보다 클 경우에는 붕괴되어 중성자별 혹은 블랙홀이 되거나 초신성 현상을 통해 분열될 것임을 보였다. 이 발견은 양자역학과 상대성이론이 우주의 신비를 설명하는 데 이용될 수 있음을 보였기 때문에 학계에 큰 파장을 주었다. 하지만 모두가 그의 결과에 동의하지는 않았다.

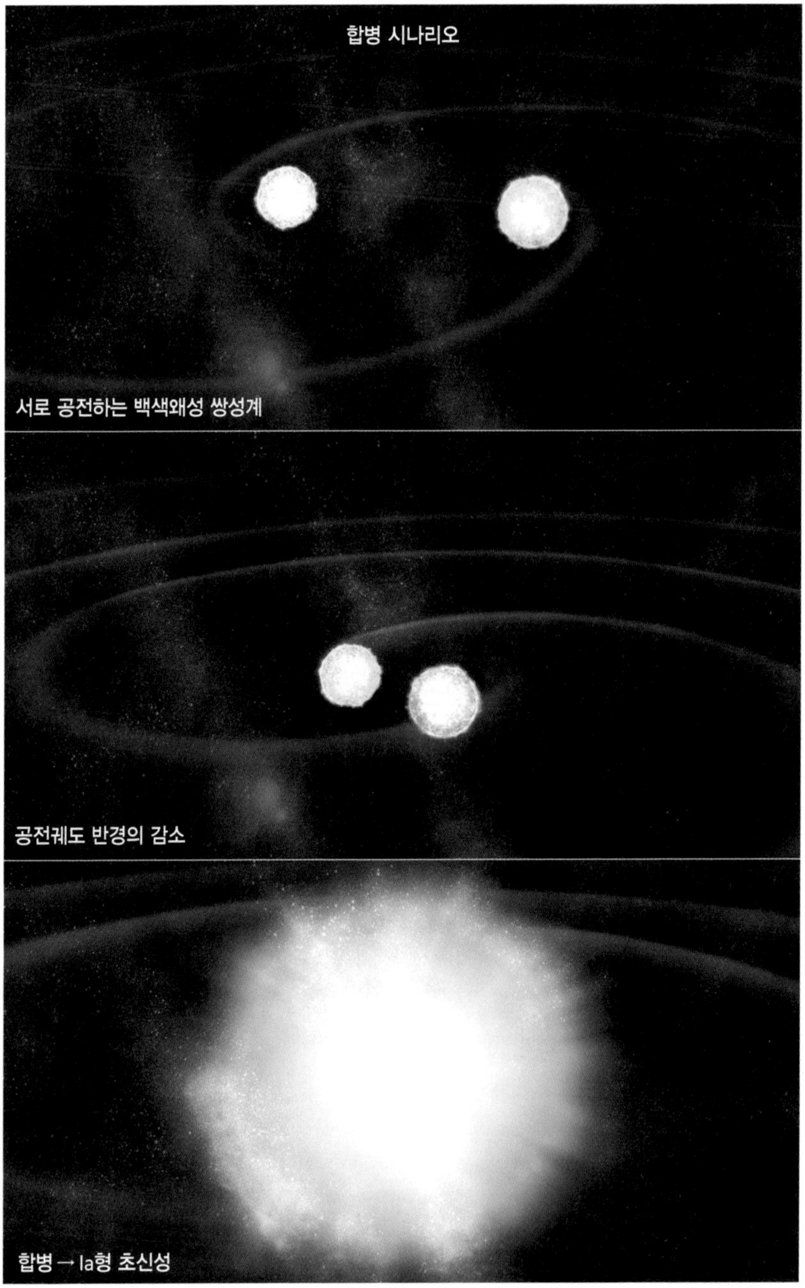

54 | 합병하는 백색왜성을 통한 촉발 구조

Ia형 초신성 폭발을 일으키는 또 다른 촉발 구조. 서로 공전하고 있는 두 백색왜성은 중력파에 의해 전달되는 에너지인 중력복사를 통해 에너지를 손실하고, 결국 합병하게 된다. 이 때 합병된 천체의 총 질량이 백색왜성의 한계질량을 초과하면 천체가 불안정해져 폭발하게 된다.

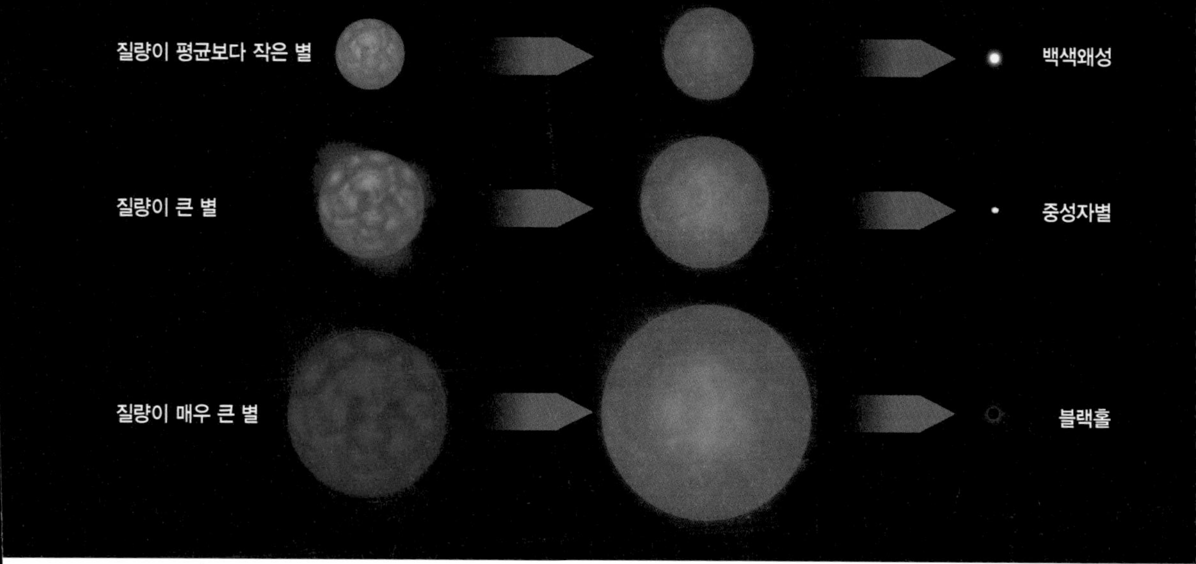

55 | 별의 운명

질량에 따른 별의 운명을 보여주는 개략도. 진화의 끝에 다다른 별의 질량이 태양 질량의 약 1.4배 이하일 경우 별은 백색왜성이 된다. 반면, 중성자별과 블랙홀을 형성하게 만드는 질량의 경계는 불확실하다.

그 당시 천체물리학 분야의 거장이었던 아서 에딩턴Arthur Eddington 역시 회의론자 중 한 명이었다. 그는 아인슈타인의 상대성이론을 검증하기 위해 일식이 일어나는 지역으로 원정을 간 경험도 있었고, 양자 이론이 별이 어떻게 타오르는지에 대한 해답을 제공할 것이라는 선견지명이 담긴 별의 진화에 관련된 책을 출간하기도 했다. 에딩턴은 또한 인도에서 영국으로 건너온 젊은 과학자인 찬드라와 친구 사이이기도 했다. 하지만 그는 찬드라가 무거운 별들이 붕괴될 운명에 있다고 예측한 것이 틀렸다고 생각했다. 에딩턴(1935)은 "별이 이 터무니없는 방식으로 행동하는 것을 막기 위한 자연의 법칙이 있을 것으로 생각한다."면서 강하게 이의를 제기했다. 이 논쟁은 수년간 지속되어 서로 절교하기까지에 이르렀다. 하지만 결국에는, 찬드라의 결과를 연구한 모든 사람들이(에딩턴을 제외한) 에딩턴이 틀렸고 찬드라가 옳다는 것에 동의했다.

통상적인 진화 단계에서 백색왜성은 더 이상 활동하지 않는 찌꺼기가 될 때까지 수십억 년 동안 천천히 냉각된다. 하지만 만약 백색왜성이 쌍성계의 일원이고 동반성으로부터 물질이 유입되어 백색왜성의 질량이 찬드라세카 한계를 넘어서게 되면, 백색왜성의 상태가 급격히 불안정해지면서 마치 핵폭탄처럼 폭발한 후 아무것도 남지 않게 된다. 이 때 생성되는 방사성 니켈은 코발트와 철로 붕괴되면서 빛을 발생시키는데, 이 빛은 폭발의 분출물들로 이루어진 팽창 구름을 몇 주 동안 밝게 빛나게 만든다.

Ia형 초신성은 우리은하와 비슷한 크기의 은하 내에서 대략 200년마다 발생한다. 이 초신성은 몇 달 동안 수십억 개의 태양이 내는 빛과 비슷할 정도의 매우 밝은 빛을 낸다. 팽창하는 별의 분출물에는 무거운 원소들이 포함되어 있어 성간 가스를 풍부하게 만든다. 또한, 분출물들은 음속폭음sonic boom 또는 충격파shock wave를 생성하여 성간 가스를 가열하고, 입자들을 높은 에너지 상태로 가속시켜, 새로운 별의 형성을 촉진시킨다.

성간 물질은 전방충격파forward shock wave라고 불리는 초신성 충격파에 의해 쓸려나가면서 얇은 껍질 모양을 이루게 된다. 대부분 수소로 이루어져 있는 성간 물질은 이 과정에서 가열되어 양성자와 전자의 혼합물로 분해된다. 또한, 충격파는 전자와 양성자 중 일부를 매우 높은 에너지로 가속시킨다. 충격파 뒤에 있는 자기장 주변에서 소용돌이치고 있는 전자들은 싱크로트론 복사synchrotron radiation라고 불리는 전파에서부터 엑스선에 이르는 광범위한 파장대의 복사선을 생성한다. 전파 천문학자들은 티코 및 다른 초신성 잔해를 발견했을 때 전파 싱크로트론 복사선을 관측했다.

초신성이 팽창함에 따라 뜨겁게 휩쓸린 성간 물질의 껍질은 팽창하는 별의 분출물에 역압back pressure을 가한다. 이 역압은 반전충격파reverse shock wave라고 불리는 별의 잔해물 방향으로 진행하는 역충격파를 만들어낸다. 우리는 출퇴근길 고속도로에서 반전파를 경험할 수 있다. 만약 우리가 주행하고 있는 차선 전방에서 교통사고가 난다면 우리보다 멀리 앞서 있는 차량은 위험을 피하기 위해 브레이크를 밟을 것이다. 그 뒤를 따르던 차량은 선행 차량과의 충돌을 피하기 위해 브레이크를 밟을 것이며, 계속해서 제동 및 제동등의 파도가 차선을 따라 뒤로 움직일 것이다. 이와 유사한 방식으로 반전충격파는 별의 분출물을 휩쓸면서 분출물의 온도를 수백만 도까지 가열시킨다.

찬드라 우주 망원경 덕분에 충격파 그리고 반전충격파로 인해 가열된 분출물을 관측할 수 있게 되었다. 티코 초신성의 잔해(184쪽 그림 52)를 관측한 찬드라 이미지는 초신성에 의해 생성된 소용돌이치는 분출물의 황홀한 모습을 자세하게 보여주고 있다. 팽창하는 분출물에 의해 생성된 전방충격파는 외부 테두리에 보이는 것처럼 선명한 파란색 원형 호의 형태를 갖고 있다. 오직 엑스선 이미지에서만 볼 수 있는 약 1천만 도의 온도를 지닌 별의 분출물은 얼룩덜룩한 노란색, 녹색 및 적색의 소용돌이치는 가스 덩어리들의 형태를 지니고 있다. 폭발의 중심 부분에서는 어떤 광원도 보이지 않는다. 광원이 없다는 사실은 다른 여러 증거들과 마찬가지로 티코 초신성이 백색왜성의 폭발과 붕괴로 인해 형성되었다는 사실을 뒷받침해준다. 비록 Ia형 초신성에서 백색왜성이 어떻게 폭발하는지에 대한 원인은 아직도 다양하게 논의되고 있지만, 티코 초신성이 백색왜성의 폭발로 형성되었다는 점에는 모두가 동의하고 있다.

Ia형 초신성은 나선형으로 소용돌이치며 합병한 후 폭발하는 두 개의 백색왜성(이중 축퇴 모델, double-degenerate model)에 의한 것일까, 아니면 동반성인 적색거성으로부터 많은 물질을 축적해 질량이 찬드라세카르 한계Chandrasekhar limit를 넘어서게 된 백색왜성의 폭발에 의한 것일까(단일 축퇴 모델, single-degenerate model)? 30년 이상 동안 진행되어 온 두 가설 모두 그럴듯하다. 이중 축퇴 모델은 2001년 실패한 모델로 인식되어 쓰레기통 속에 버려졌었지만, 폭발을 설명하는 이론적인 모델이 발전하면서 2012년 즈음에는 상황이 바뀌어 가장 그럴듯한 이론으로 받아들여졌다. 티코 초신성은 이러한 초신성의 기원에 관한 수수께끼와 관련된 전형적인 초신성이다. 일부 천문학자들은 이 초신성이 폭발 후 살아남은 동반성에 대한 증거를 찾았다고 주장하는 반면, 또 다른 천문학자들은 정밀한 조사 결과 동반성이 없다고 주장하고 있다.

초신성 폭발이 일어나는 쌍성계의 특성은 팽창하는 분출물들이 휩쓸고 지나가는 별 주위의 물질을 통해 유추할 수 있다. 동반성이 적색거성일 경우, 적색거성에서 발생하는 빠른 항성풍은 가스 껍질로 둘러싸인 저밀도의 공동을 생성시켜 폭발이 일어나기 전 쌍성계의 환경을 변화시킬 것이다. 그리고 이러한 변화는 초신성 잔해의 형태와 스펙트럼 관측을 통해 추측할 수 있는 충격파의 진화 과정에 영향을 미칠 것이다. 그러나 찬드라 우주 망원경이 관측한 7개의 Ia형 초신성 이미지에서는 단일 축퇴 모델에서 예상하는 이와 같은 빠른 항성풍에 대한 증거를 찾을 수 없었다.

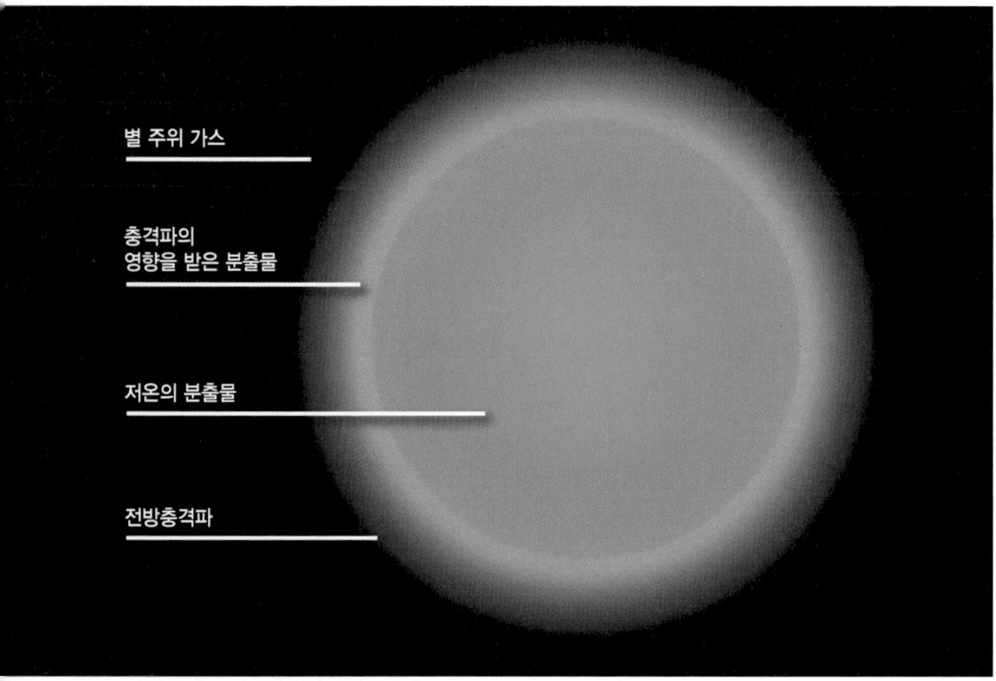

56 | 초신성 폭발

초신성 폭발의 개념도. 별을 구성하고 있는 물질의 대부분이 시속 수백만 km의 속도로 별 주위 가스로 방출되는 경우를 II형 초신성 폭발이라 부르고, 별 구성 물질 모두가 방출될 때를 Ia형 초신성 폭발이라 부른다. 이 천문현상은 폭발 후 수십 년에서 수천 년 동안 초신성 잔해로 관측될 수 있는 고온의 가스 및 고에너지 입자로 이루어진 껍질층을 만드는 충격파를 생성한다. 전방충격파는 팽창하는 분출물보다 빠르며 그로 인해 초음속으로 움직이는 비행기에 의해 생성되는 음속폭음처럼 충격파 뒤 공간에 급격한 압력 및 온도 변화를 일으킨다(보라색). 전방충격파 뒤의 고온 고압의 가스(자주색)가 팽창하며 분출물을 밀어내면 분출물을 가열시키는(주황색) 반전충격파가 발생한다. 반전충격파는 저온의 분출물(파랑색) 방향으로 통과하며 분출물을 가열시킨다. 만약 누군가가 분출물의 가장 앞쪽 가장자리에서 파도타기를 하고 있다면, 내부로 움직이는 반전충격파와 외부로 움직이는 전방충격파를 관측할 수 있을 것이다. 더 멀리 있는 다른 누군가는 두 충격파에 의해 생성된 두 껍질층이 서로 다른 속도로 외부로 움직이는 것을 관측할 수 있을 것이다.

57 | 시리우스 A, B 항성계의 광학 이미지

지구에서 불과 8.7광년 떨어진 곳에 위치하고 있는 시리우스 A(강아지별)는 광학 망원경으로 관측할 경우 북반구에서 가장 밝은 별인 반면, 시리우스 B는 시리우스 A보다 약 1만 배 정도 더 어두운 별이다. 이 두 별은 서로 너무 가까운 거리에 있어서 1862년 알반 클라크(Alvan Clark)가 처음 발견하기 전까지 백색왜성인 시리우스 B의 존재는 알려지지 않았다. 시리우스 B의 질량은 태양의 질량과 동일하지만 지름은 지구의 90%에 불과하다. 그로 인해 시리우스 B의 표면중력은 지구의 약 40만 배나 된다.

하지만, 요하네스 케플러Johannes Kepler의 이름을 딴 초신성 잔해는 빠른 항성풍의 증거를 보여주고 있다. 케플러가 이 초신성을 처음으로 관측한 사람은 아니었지만, 초신성이 등장한 직후부터 약 1년 동안 지속적으로 관측하고 그 결과를 자세하게 설명하는 책을 출판함으로써 초신성을 "그의 것"으로 만들었다. 케플러 초신성의 잔해(그림 59)를 관측한 찬드라의 이미지는 티코 초신성 잔해와 비슷한 특징을 지닌 급격히 팽창하는 성운의 모습을 보여주고 있다. 초신성 충격파로 인해 생성된 고에너지 전자들에 의해 만들어진 엷은 청색 껍질과 그 안의 소용돌이치는 별의 파편들이 보인다. 하지만, 케플러 초신성의 잔해는 티코 초신성의 잔해보다는 좀 더 구조적인 형태를 보여준다.

케플러 초신성 잔해의 북쪽 밝은 영역은 백색왜성이 폭발하기 전 동반성인 적색거성에서 방출된 물질들이 초신성 충격파와 어우러지면서 나타나는 현상이다. 또한 중심 부분에 보이는 원반 모양의 구조 속에는 적색거성의 존재에 관한 두 가지 추가적인 증거가 담겨 있다. 첫 번째 증거는 Ia형 초신성에서는 만들어지지 않는 다량의 마그네슘 원소가 발견된다는 점이며, 두 번째 증거는 먼지가 다량으로 함유된 별의 원반부로 인해 생성되는 밝은 적외선 방출선이 관측된다는 점이다.

밝은 외곽 영역을 재현하기 위해 실시한 이론적인 시뮬레이션 연구를 통해 이 현상이 백색왜성과 태양 질량의 4~5배 사이의 질량을 갖는 적색거성으로 이루어진 쌍성계에 의한 것임을 예측할 수 있었다. 그리고 이 결과에 의하면 백색왜성은 형성된 지 약 1억 년 만에 폭발했다.

즉각적으로 폭발하는 초신성들이 발생하면, 이들은 은하계를 넘어서는 아주 먼 거리에서도 관측이 가능하다. Ia형 초신성들은 모두 질량이 태양 질량의 약 1.4배보다 큰 별들에서 일어나기 때문에 대부분 동일한 양의 빛을 생성하고, 광도곡선의 형태 역시 비슷한 특성을 지닌다. 앞에서 설명한 것처럼 이러한 특징들은 이 초신성들을 매우 유용한 거리 지표distance indicator로 사용할 수 있게 만들어준다. 만약 어떤 Ia형 초신성이 다른 Ia형 초신성보다 어둡다면 이것은 이 초신성이 다른 초신성보다 더 멀리 떨어져 있다는 의미이며, 어두워진 정도를 비교함으로써 상대적으로 얼마나 더 멀리 떨어져 있는지를 계산할 수 있다. 최근 몇 년 동안 Ia형 초신성들은 우주의 팽창 비율을 결정하는 데 사용되어 왔다. 이 연구를 통해 우주는 암흑에너지라고 불리는 신비한 물질로 가득 차 있어 우주의 팽창이

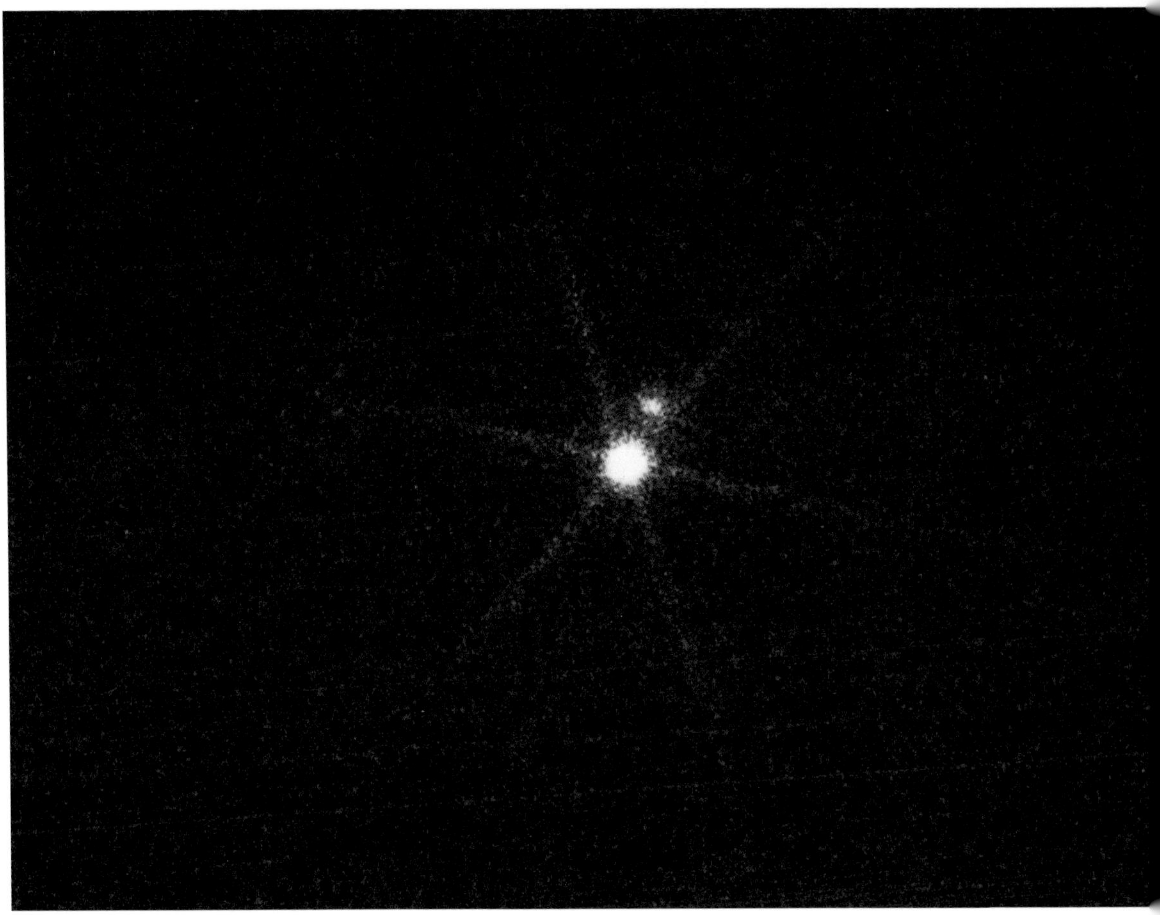

58 | 시리우스 A, B 항성계의 엑스선 이미지

두 개의 엑스선 광원을 보여주는 찬드라 우주 망원경 이미지. 광학 이미지인 그림 57과는 대조적으로 중심부의 밝은 광원은 섭씨 약 2만 5천 도의 표면온도를 지닌 백색왜성인 시리우스 B이다. 시리우스 B는 저에너지의 엑스선을 생성하지만 엑스선의 총량은 시리우스 A보다 훨씬 크다. 1시 방향의 작은 광원은 태양의 2배 크기를 갖는 시리우스 A이다. 자외선 복사선의 영향을 고려하면 시리우스 A의 엑스선 복사선의 세기는 이미지에서 보이는 것보다 약할 수 있다. 이미지에서 스파이크 무늬는 찬드라 우주 망원경의 통신기기를 지탱하고 있는 격자 구조 때문에 생긴 것이다.

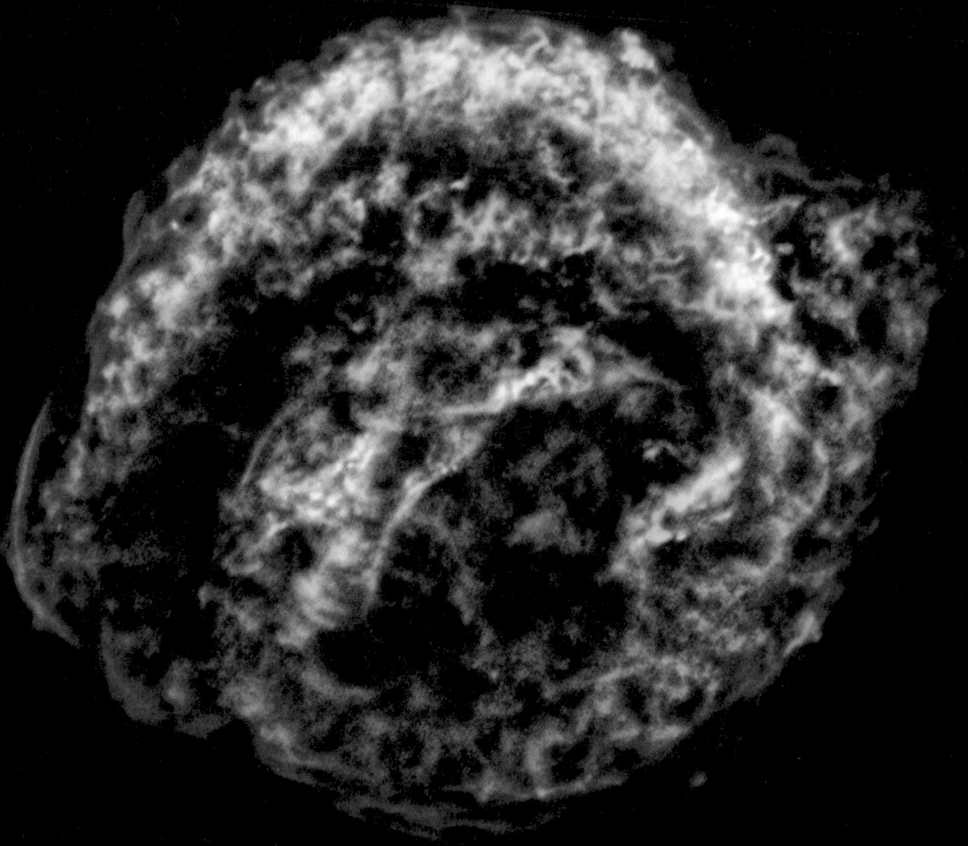

59 | 케플러 초신성 잔해

지구에서 약 2만 광년 떨어진 곳에 있는 초신성 잔해. 밝은 파랑색 테두리는 폭발로 생성된 전방충격파가 만들어낸 고에너지 엑스선의 모습이다. 빨강색과 녹색은 반전충격파에 의해 가열된 수백만 도에 달하는 가스로부터 나온 저에너지 및 중에너지 엑스선이다. 상단의 밝은 원호는 폭발 전 생성된 항성풍을 초신성 잔해가 활 모양으로 휩쓸고 지나가면서 만들어진 것으로 설명된다. 중심 부근의 원반 모양의 구조는 초신성 잔해가 폭발 전 별에서 떨어져나간 물질들로 이루어진 원반에 충돌하면서 형성된 것으로 추측된다.

가속화되고 있다는 것을 발견하게 되었다. Ia형 초신성을 이용한 방법의 한 가지 문제점은 우주의 탄생Big Bang 이후 최초의 Ia형 초신성들이 상당수 발생하기까지 대략 10억 년이 걸린다는 점이다. 만약 이러한 초기 Ia형 초신성들이 충분히 많다면, 암흑에너지가 우주 초기 일어난 우주급팽창cosmic inflation에 미치는 영향을 측정하는 것이 가능할 것이다.

Ia형 초신성에 대해 연구할수록 우리는 끊임없이 놀라게 된다. 가장 최근에 폭발한(약 110년 전) 초신성 잔해로 알려진 G1.9+0.3의 경우, 찬드라 우주 망원경 관측을 통해 티타늄의 방사성 붕괴로부터 만들어진 스칸듐 핵의 방사성 붕괴로 인한 복사선을 처음으로 확실하게 검출할 수 있었다. 검출된 스칸듐 엑스선의 강도를 이용하면, 폭발로 생성된 티타늄의 양을 계산할 수 있다. 생성된 티타늄의 양은 지구의 지각에 있는 티타늄의 양보다 약 700만 배 정도 더 많으며, 이는 상당히 많은 수의 비행기, 골프채 및 인공 관절을 만들기에 충분한 양이다. 이론적인 연구에 의하면 티타늄이 많이 생성되기 위해서는 충격파가 더 빨리 전파되고, 더 많이 가열되고, 더 많은 티타늄을 합성할 수 있는 비대칭 폭발이 일어나야 한다. 그리고 실제 관측 결과 철과 실리콘, 황과 같은 중간 질량 원소들의 공간적 분포는 폭발 자체가 비대칭임을 시사하고 있다. 덧붙여서, 이 초신성 폭발로 생성된 철의 양은 백만 개의 지구에 존재하는 철의 양과 비슷하다.

60 | 초신성 1987A

지구에서 160,000광년 떨어진 은하인 대마젤란 성운(Large Magellanic Cloud)에 있는 초신성. 육안으로도 보이는 SN 1987A는 알려진 초신성 중 가장 밝은 초신성이다. 광학(허블: 분홍색, 흰색) 및 엑스선(찬드라: 파란색, 보라색) 이미지를 합성해 만들어진 이 이미지는 밝은 중심부 고리를 포함한 3중 고리 구조를 보여준다. 중심부 고리의 밝은 흰색 점들은 온도가 수백만 도에 이르는 가스의 모습이다. 이미지의 크기는 가로 세로 각각 약 50광년이다.

17

모든 것이 무너져 내려 더 이상 중심을 잡을 수 없다.

무질서가 온 세상에 펼쳐진다.

윌리엄 버틀러 예이츠, 〈재림〉, 1919

폭축하는 핵

태양과 비슷한 질량을 지닌 별들은 수십억 년 동안 빛난다. 반면, 태양보다 훨씬 더 무거운 별들은 짧지만 화려하게 살다 간다. 태양보다 12배 이상 무거운 별은 자신의 에너지를 급격하게 소비하여 불과 수백만 년 후 파국으로 치닫게 된다. 이 거대한 별은 엄청나게 팽창하여 적색거성이 되고 시간당 약 3만 km가 넘는 속도로 별의 외곽 층을 방출한다. 그로부터 (태양과 같은 별의 삶에서는 눈 깜짝할 순간인) 불과 수십만 년 후에는 노출된 뜨거운 내부 층에서 방출되는 강력한 복사선이 시속 약 500만 km의 속도로 별의 가스를 밀어내기 시작한다.

고속의 항성풍stellar wind 단계가 시작되고 난 뒤 무거운 별은 죽음을 맞이한다. 항성풍 단계 이후 수십만 년 동안 별의 내부는 서로 다른 층에서 발생하는 연속적인 핵융합의 결과물들로 인해 계층화된 구조로 변하게 된다(그림 61). 그로 인해 안쪽 층들에는 철, 니켈, 크롬, 티타늄과 같은 무거운 원소들이 존재하게 되고, 외곽 층들에는 황, 규소, 마그네슘, 네온, 산소, 탄소 및 헬륨 원소들이 존재하게 된다. 그리고 가장 외곽 층에는 핵융합에 참여하지 않은 수소를 다량으로 포함한 물질들이 별을 둘러싸고 있다. 이러한 양파 껍질 구조를 만드는 핵반응은 수소를 헬륨으로 융합시키기까지 수백만 년이 걸리지만, 중심부로 갈수록 반응 속도가 점점 빨라져 철이 생성되기까지는 단 하루면 충분하다. 철 원소 이후로는

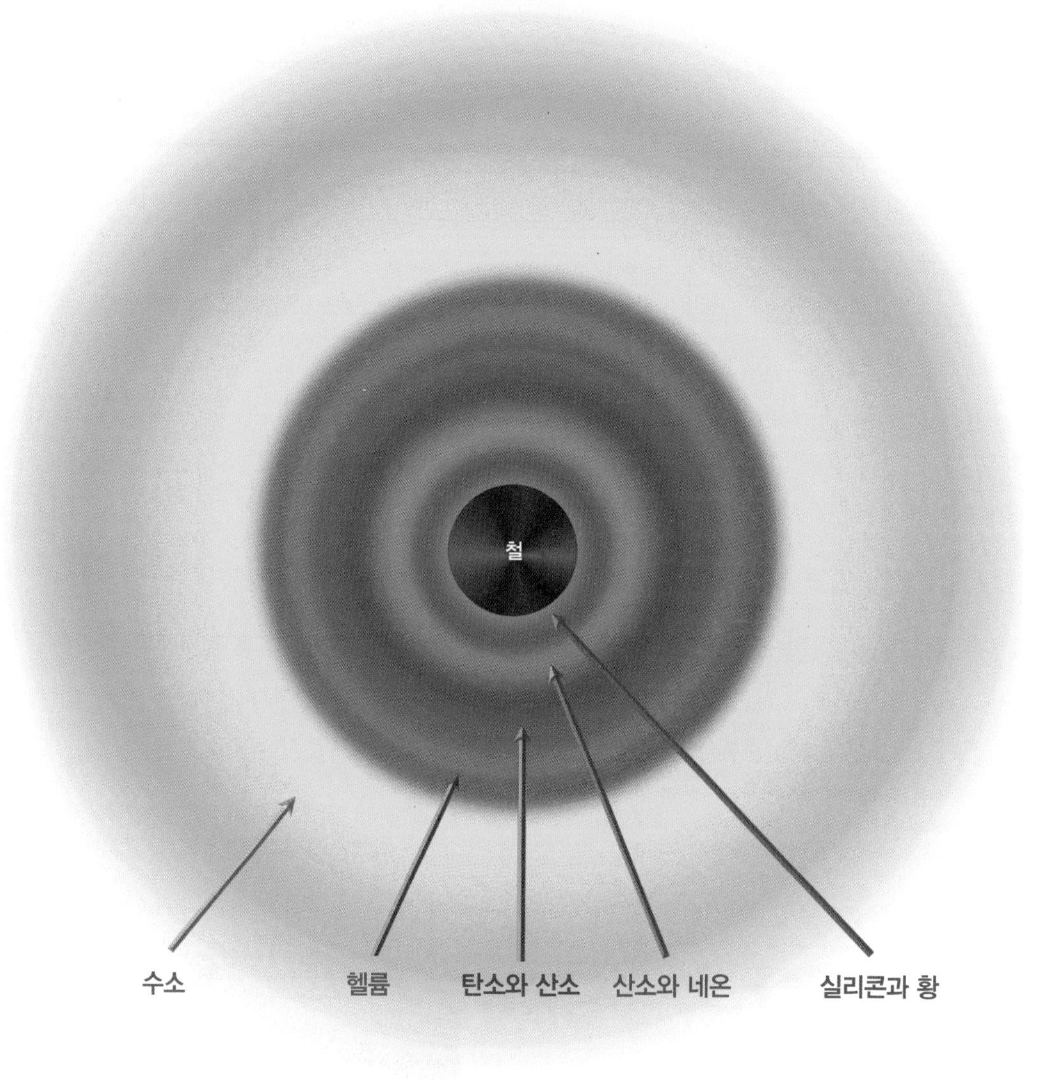

61 | 초신성 폭발 직전의 별

초신성 폭발 직전의 별의 구조. 별이 진화의 끝에 다가갈수록 중심부에서는 핵융합 반응에 의해 더 무거운 원소들이 생성된다.

핵융합을 통해 에너지가 생성되지 않기 때문에, 중심부에서 철이 만들어지는 순간 별의 죽음이 시작된다.

에너지가 생성되지 않으면 중심부는 더 이상 유지되지 못하고 외곽 층 물질들이 자유낙하하여 붕괴되기 시작한다. 이 과정은 불과 몇 초 만에 이루어지며 중심부에 있는 물질들은 극단적으로 높은 밀도로 압축된다. 전자축퇴압electron degeneracy pressure이 단 하루조차 유지될 수 없는 이러한 고밀도 상태는 전자들을 양성자 내부로 밀어 넣어 자연에 존재하는 가장 이상한 물체 중 하나인 중성자별을 만들어낸다. 중성자별은 태양의 질량(지구 질량의 약 30만 배)이 약 20 km의 공간에 압축된 형태의 천체이다(그림 62).

중성자별을 이루는 물질은 일반적인 형태의 물질이 아니다. 우리의 몸과 우리 주변의 물질들은 대부분 빈 공간으로 이루어져 있다. 심지어 바위조차도 대부분 빈 공간이다. 이것은 물질이 전자구름 궤도에 둘러싸인 양성자와 중성자로 이루어진 원자핵을 기반으로 하는 원자들로 이루어졌기 때문이다. 원자핵은 원자 질량의 99.9% 이상을 차지하고 있지만 그 크기는 전자구름 직경의 백분의 일에 불과하다. 전자들 자체는 공간을 거의 차지하지 않는다. 그로 인해 99.9999999999999%가 열린 공간인 전자 궤도의 형태는 원자의 크기를 결정한다. 바위에 머리를 부딪쳐도 아프기만 할 뿐 바위의 형태는 변하지 않는다. 바위는 대부분 빈 공간이지만 그 공간에는 너무 빨리 움직여 우리가 볼 수 없고 느끼지도 못하는 야단법석인 전자들이 존재한다. 중성자별은 내부의 중력이 너무 강해 원자의 빈 공간이 뭉개지고 전자가 양성자로 변환되면서 형성되기 시작한다.

원자의 전자구름을 원자핵의 크기로 뭉개서 물질의 빈 공간을 없애면 물질은 어떤 모양처럼 보일까? 만약 아주 강한 힘으로 축구 경기장과 비슷한 크기의 암석에 존재하는 모든 빈 공간을 뭉갠다면, 암석은 모래알만 한 크기로 압착되겠지만 그 무게는 여전히 40억 kg에 달할 것이다. 중성자별 내부의 모든 빈 공간은 이처럼 압축되어 있다. 그래서 새로운 종류의 압력인 중성자축퇴압neutron degeneracy pressure이 활성화된다. 이 새로운 압력은 전자가 아닌 중성자에 의해 형성된다는 점과 중성자별의 크기를 백색왜성의 약 천분의 일 정도로 축소시킨다는 점을 제외하면 전자축퇴압과 비슷하다.

중성자별 및 초신성 잔해의 탄생
(실제 척도 아님)

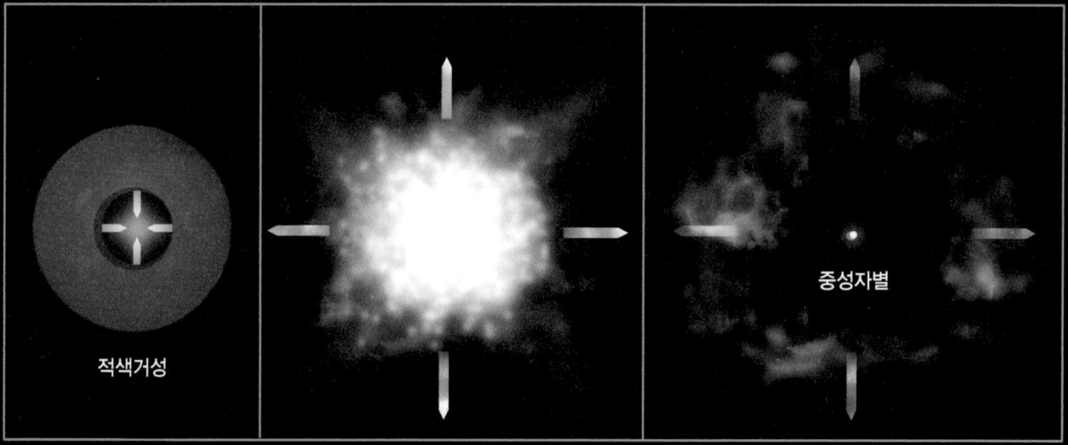

62 | 중성자별과 초신성 잔해

무거운 별의 중심부에서 핵융합 반응을 일으키는 원소의 고갈로 인한 중심핵 붕괴. 붕괴로부터 1초 이내에 중성자별이(별이 매우 무거울 경우에는 블랙홀) 형성된다. 중성자별의 형성으로 인해 막대한 양의 에너지가 방출되며, 이렇게 방출된 에너지는 별의 내부를 파괴시킨다. 중심부의 중성자별을 제외한 별의 나머지 부분은 충격파에 의해 시속 약 500만 km의 속도로 팽창한다. 팽창하는 동안 가벼운 원소들은 핵융합 반응을 통해 더 무거운 원소로 변환되는데, 이 때 수십억 개의 태양과 맞먹는 막대한 빛이 발생한다.

별 중심부에서 중성자 핵이 생성된 이후 어떤 일이 발생하는지에 대해서는 아직 확실하게 밝혀지지 않았다. 하지만 중성자 핵이 별의 나머지 부분에 좋지 않은 영향을 준다는 점은 분명하다. 중성자별의 형성은 엄청난 양의 에너지를 방출하여 거대한 충격파를 만들어낸다. 이 충격파는 중심부를 제외한 별의 외곽층을 휩쓸면서 가벼운 원소를 무거운 원소로 변환시키는 핵융합반응을 불러일으킨다. 이 결과물이 바로 몇 달에 걸쳐 수억 개의 태양과 맞먹는 정도로 밝게 빛나는 초신성이다. 이 때 백색왜성을 파괴하는 Ia형 초신성 폭발과는 달리 중성자별은 끝까지 살아남는다. 매우 강한 중력장과 자기장, 그리고 매우 높은 밀도를 지닌 중성자별은 지구 또는 우주의 다른 대부분의 장소에서는 재현 불가능한 물질을 연구하는 데 매우 중요한 역할을 하고 있다.

초신성 분출물이 팽창함에 따라 주변의 가스에서는 충격파가 발생한다. 충격파는 초신성 폭발 수백만 년 전에 발생한 항성풍을 휩쓸고 지나간다. 엑스선 방출선의 강도 및 스펙트럼의 형태, 그리고 속도와 같은 충격파의 세부사항들은 별의 구조 및 별이 가진 에너지에 따라 변하는 항성풍의 특성에 의해 결정된다. 찬드라 우주 망원경을 이용해 수년에서 수십 년 전에 발생한 엑스선 방출선을 연구하면 초신성 폭발 이전의 별에 대한 정보를 예측할 수 있다.

1987년, 초신성 1987A(또는 SN 1987A)로 불리는 중심핵 붕괴 초신성이 대마젤란 성운 은하에서 발생했다(204쪽 그림 60). SN 1987A는 천체물리학자들에게 자연의 가장 장엄한 광경을 앞줄 좌석(2층 가장 앞줄 좌석 정도, 이 이상 가까워지고 싶지는 않음)에서 관람할 수 있는 기회를 주었다. 중성미자의 발견과 팽창하는 분출물의 관측은 중심핵 붕괴 초신성의 발생에 대한 기본적인 개념을 확립시켜줬다. 하지만, 늘 그렇듯이 답을 알지 못하는 질문들이 여전히 많이 남아있다.

역설적이게도, SN 1987A를 일으킨 별이 더 이상 존재하지 않는다는 사실을 통해 우리는 별의 유형을 확실하게 유추할 수 있다. 이 별은 폭발하기 전 청색초거성이었다. 별이 폭발하기까지의 과정은 조금 복잡하고 어렵다. 청색초거성blue supergiant star은 적색거성red giant star 단계를 지나 소멸하는 것으로 알려져 있다. 별이 적색거성 단계에 진입하면 느린 항성풍을 생성하기 시작한다. 그리고 그 다음 단계인 청색초거성 단계에 진입하면 빠른 항성풍이 생성되는데, 이 빠른 항성풍이 앞서 생성된 느린 항성풍을 뒤에서 들이받아 고온의 저밀도 공동cavity을 만들어낸다. 관측을 통해 SN 1987A에는 3중 고리 구조가 존재하는 것이 밝혀졌다. 이 구조는 폭발하기 약 2만 년 전 일어난 두 별의 합병으로 생성되었을 수 있다. 합병가설에 의하면 두 별 사이의 각운동량이 느린 적색거성 항성풍을 모래시계 형태로 변형시키며, 이렇게 변형된 항성풍과 빠른 항성풍이 충돌하면서 고리 구조가 생성된다. 또 다른 가능성으로는 빠르게 회전하는 별의 질량 손실에 의해 3중 고리가 생성되었을 수도 있다. 그리고 두 가설 모두 중심부 근처에 가스 고리가 생성된 후 SN 1987A의 폭발이 이 고리를 휩쓸고 지나가면서 고리를 밝게 만들었을 것으로 예상한다.

찬드라 우주 망원경은 SN 1987A가 발견된 지 12년 후 망원경이 설치된 순간부터 지금까지 약 16년 동안 이 초신성을 지속적으로 관측해왔다. 찬드라로 관측하여 충격파의 진행을 추적하고 별 주변의 가스를 조사하였다. 폭발 후 약 16년 뒤에 충격파는 폭발 전 빠른 항성풍과 느린 항성풍의 충돌로 인해 만들어진 중심 부분의 고밀도 가스 고리를 통과하면서 고리를 밝고 빛나게 만들었다. 폭발 후 26년 후인 2013년 중반에는 중심부 고리에서 관측되는 엑스선 밝기가 평탄해지면서 거의 변하지 않게 되었다. 이는 충격파가 명백하게 중심부 고리를 떠나 그 너머의 알려지지 않은 영역으로 이동한 것을 의미한다. 만약 찬드라 우주 망원경이 충격파가 SN 1987A 주변의 성간 공간으로 팽창하면서 발생시킨 엑스선 신호를 발견한다면, 이를 통해 고리 너머의 영역에 무엇이 있는지에 대한 해답을 얻을 수 있을 것이다.

한편, 천체물리학자들은 SN 1987A의 중심에 존재할 것으로 예상되는 중성자별이 나타나기를 간절히 기다리고 있다. 하지만 그들은 좀 더 인내심을 가져야 한다. 중성자별은 아직 찬드라 우주 망원경으로 발견하지 못했다. 이는 중성자별이 여전히 먼지와 가스에 둘러싸인 채로 가려져 있음을 의미한다. 이 장막이 벗겨지기까지는 수백 년이 걸릴 수도 있다.

자세하게 연구된 초신성 잔해 중 하나는 장막이 이미 벗겨졌다. 17년이 넘었지만, 나는 아직도 처음 본 순간을 선명하게 기억한다. 찬드라 우주 망원경은 발사되어 탐사를 시작하였으며, 모든 관계 기관들은 역사적인 엑스선 우주 망원경의 첫 번째 이미지를 얻기 위해 집중하였다. 관측 대상은 중심핵 붕괴 초신성의 잔해인 카시오페이아자리 전파원 A(Cas A, 182~183쪽 그림 51)였다. Cas A는 강력한 엑스선 광원이며 이전의 모든 엑스선 망원경들 역시 Cas A를 관측했다. 따라서 찬드라의 Cas A 관측은 이 새로운 망원경이 얼마나 좋은지 검증할 수 있는 기회였다.

10년 혹은 20년 이상 망원경에 매달렸던 과학자들과 엔지니어들은 모두 관측된 이미지가 나타날 화면이 설치된 기계실에 모여 있었다. 1999년 8월 26일 오후 8시 40분, 1천 광년 떨어진 곳에서 폭발한 화려한 별의 유적이 화면에 나타났다. 우리는 태양계 너머에서 만들어진 최고의 엑스선 이미지를 바라보았다. 마치 갈릴레오의 어깨 너머로 망원경의 접안렌즈를 들여다보며 아무도 보지 못했던 우주의 풍경을 바라본 것처럼 그렇게 바라보았다. 이 순간의 감정을 말로 전부 표현하기는 어렵다. 사람들은 외쳤다.

"굉장해!"

"장관이야!"

"중앙에 있는 저건 뭐지?"

놀랍게도 아주 작은 푸른 점이 초신성 잔해의 중앙 부분에 나타났다. 첫 번째 관측에서 찬드라 우주 망원경은 그 어떤 망원경들도 발견하지 못했던 3.5세기 전에 발생한 초신성 폭발 뒤 남겨진 중성자별을 발견한 것이다.

중성자별은 수십억 도의 온도에서 형성되며, 형성된 후 처음에는 빠르게 냉각되다가 점점 냉각 속도가 느려진다. 어떻게 중성자별이 냉각되는지는 별 내부에서 무슨 일이 일어나고 있는지에 따라 달라진다. 고밀도 상태에서 물질의 행동을 연구하는 물리학자들은 가상의 모델을 기반으로 냉각 속도를 계산하여 이를 실제 관측된 냉각 속도와 비교하였다. 중성자별의 이상한 점은 대기층에서부터 시작된다. Cas A 중성자별의 대기는 대부분 순수한 탄소로 이루어져 있으며 대기의 두께는 약 7 cm에 불과하다. 대기의 압력은 지구 중심에서의 압력보다 10배 이상 강하며 대기의 밀도는 다이아몬드의 밀도와 비슷하다. 또한, 표면중력은 지구 표면보다 약 1천억 배 더 강하며 표면온도는 섭씨 약 150만 도이다.

찬드라 우주 망원경의 관측 자료에 따르면 Cas A 중성자별의 엑스선 밝기는 10년 동안 21% 감소하였다. 감소량을 탄소 대기 모델에 적용하면, 같은 기간 동안 표면온도는 4% 감소한 것으로 나타난다. 이 결과는 표준 대기 모델이 예측하는 표면온도의 감소보다 훨씬 급격하며, 이는 중성자별의 내부가 초유체superfluid

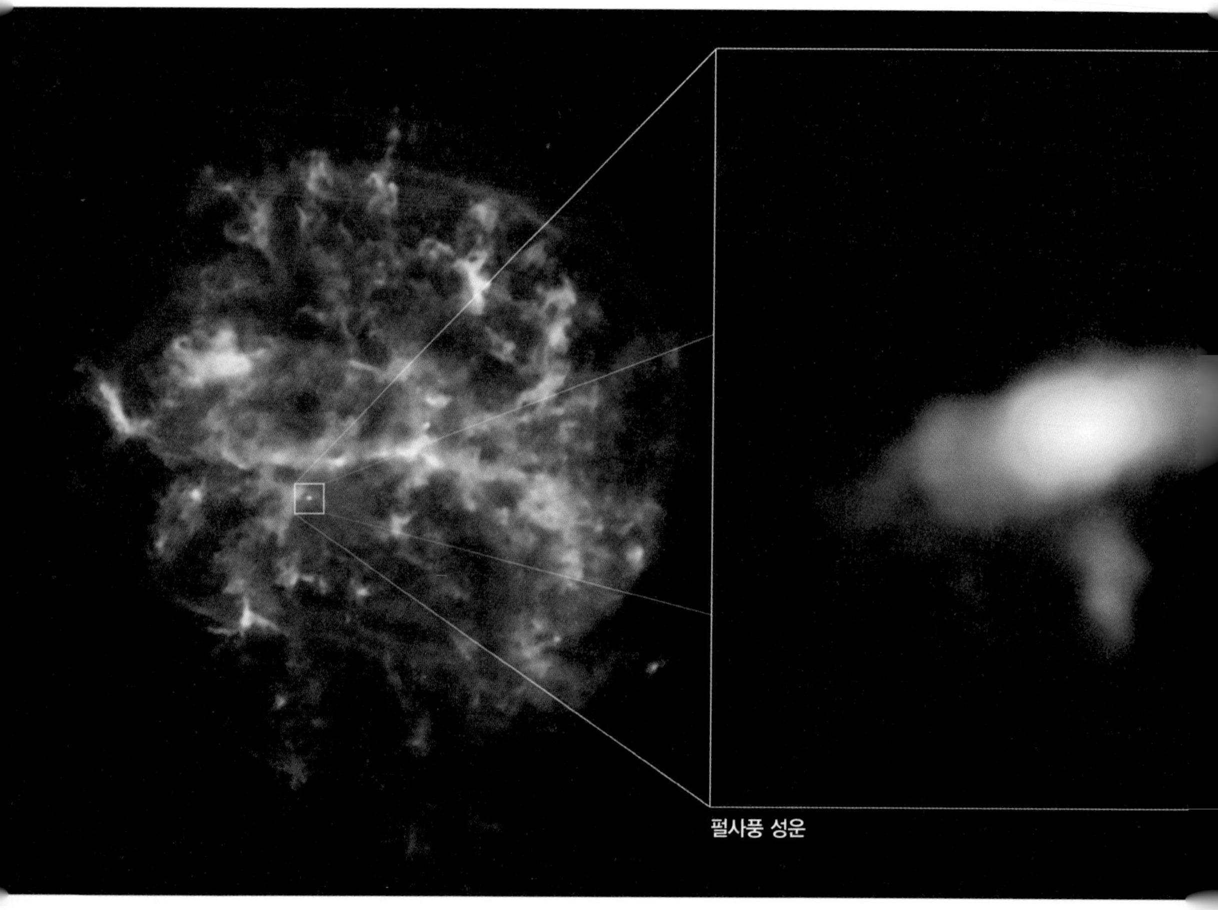

63 | G292.0 + 1.8 초신성 잔해

지구에서 2만 광년 떨어진 중심핵 붕괴 초신성 잔해. 찬드라 우주 망원경으로 관측한 이미지이며, 적색, 오렌지색, 녹색, 파랑색은 각각 저에너지, 중에너지, 중간-고에너지, 고에너지 엑스선을 가리킨다. 흰색은 SDSS 지상 망원경으로 관측한 광학 영역에서의 복사선이다. 잔해 중간을 가로지르는 수평 모양의 띠는 충격파에 의해 휩쓸린 성간물질이며, 우측의 확대한 이미지에 나타난 파랑색 구름과 흰색 점은 펄사풍 성운에 둘러싸인 중성자별이다. 잔해물의 가로 세로 크기는 약 65광년이다.

혹은 초전도superconductor 상태에 있음을 의미한다. 이 같은 상태에서는 열이 별의 내부에서 표면까지 거의 아무런 저항 없이 전달될 수 있다. 우리가 알고 있는 지구상에서의 초전도체 또는 초유체는 저항이 없는 전류 또는 유체의 흐름이 발생할 수 있는 상태인 절대 영도에 가까운 온도까지 냉각될 수 있는 물질들을 가리키는 용어다. 백만 도가 넘는 온도에서 초유체성과 초전도성을 보이는 놀라운 능력을 지닌 물질들로 이루어진 중성자별의 존재를 생각하면, 우리는 특별함이 평범함이 되는 영역에 들어선 것일지도 모른다.

Cas A 중성자별은 초신성 폭발로 인해 급속하게 팽창하는 잔해물 속에 묻혀있다. 찬드라 우주 망원경의 초기 관측 이후 Cas A는 지속적으로 관측되었다. 초신성 폭발로 인한 빛의 흔적을 포함한 다양한 증거들은 Cas A가 중심핵 붕괴 초신성의 산물임을 시사하고 있다. 또한 이러한 증거들로부터 초신성 폭발을 일으킨 별은 생성되었을 당시 질량이 태양의 약 16배였으며, 진화하는 동안 질량의 3분의 2를 손실했음을 추측할 수 있다. 찬드라의 Cas A 장시간 노출 이미지에서는 잔해의 중심으로부터 약 10광년까지 서로 반대 방향으로 뻗어나간 두 개의 큰 분출형 구조를 확인할 수 있었다. 북반구에서 가장 밝은 별인 시리우스까지의 거리가 8.6광년임을 생각해보면, 성간 공간으로 확장하고 있는 분출형 구조의 크기가 얼마나 큰지 추측할 수 있다. 폭발 후 약 340년 동안 거의 일정하게 유지된 구름이 철 원소로 구성되어 있다는 것도 확인되었다. 중성자별은 중심에서 약간 비껴간 곳에 위치하고 있는데, 이는 비대칭 폭발로 인한 반동 때문일 가능성이 크다.

우리는 찬드라 우주 망원경의 자료와 적외선 영역의 스피처 우주 망원경 자료를 바탕으로 Cas A 초신성 잔해의 3차원 모형을 만들었다. 이 모형에 의하면 대부분 실리콘 원소로 이루어진 분출형 구조는 좌측 상단과 우측 하단에 형성되며, 철 원소로 이루어진 버섯 모양의 구름은 좌측 하단과 우측 상단에 형성된다. 이를 통해 분출형 구조와 버섯 모양의 구름은 넓고 두꺼운 원반부에서 나타나며, 폭발로 인한 충격파는 남아있는 가스를 구 모양으로 부풀게 만든다는 것을 예상할 수 있다. 반면, 전방충격파는 3차원 모형에서는 나타나지 않았다.

노란색, 주황색 및 녹색 물질은 반전충격파에 의해 가열된 잔해이다. 노란색/주황색 고리 안의 빨간색 물질은 아직 반전충격파의 영향을 받지 않았다. 분출물이 팽창함에 따라 캔에 담긴 에어로졸 스프레이가 냉각되는 것처럼 급속히 냉각된다. 따라서 적외선 영역에서만 모습을 확인할 수 있다. 결국, 3차원 모형을 통해 별의 외곽 층은 구의 형태로 방출되고, 내부 층은 원반부에서 여러 방향으로 튀어나가는 고속의 분출물들에 의해 형성되었음을 추측할 수 있다. 이것은 별의 폭발이 매우 복잡한 사건이며, 별의 자전 또는 별이 속해 있는 쌍성계의 동반성과 연관이 있음을 의미한다.

또 다른 초신성 잔해인 G292.0+1.8(그림 63)은 폭발 이전에 방출된 물질을 통과하는 폭풍 같은 파동, 무거운 원소가 풍부한 분출물, 중앙의 중성자별 등 중심핵 붕괴 초신성 잔해의 진화 양상과 관련된 많은 정보를 제공하고 있다. 그리고 Cas A에서는 관측할 수 없었던 특징인 매우 빠르게 자전하는 중성자별에 의해 생성된 펄사풍 성운pulsar wind nebula(맥동풍 성운) 또한 관측되고 있다. G292.0+1.8의 중성자별은 Cas A와 마찬가지로 비대칭 폭발의 반동으로 인해 중심에서 약간 비껴간 곳에 위치하고 있다. 폭발을 일으킨 별은 태양보다 약 20배에서 35배 정도 무거운 별일 가능성이 크다. 중성자별과 펄사풍 성운은 초신성 잔해가 거대한 별의 중심핵이 붕괴하여 만들어졌음을 의미한다. 찬드라 우주 망원경의 주요한 업적 중 하나는 펄사pulsar(맥동성) 및 이와 관련된 펄사풍 성운을 발견한 것이다. 이 펄사풍 성운의 유무에 따라 초신성 잔해가 중심핵 붕괴에 의해 형성되었는지 아닌지를 판단할 수 있다. 찬드라 우주 망원경 이전에는 초신성 잔해가 중심핵 붕괴의 산물인지 아니면 백색왜성의 열핵폭발의 산물인지를 밝히기 어려웠다.

중심핵 붕괴 초신성 잔해의 복잡성과 다양성 속에서도 몇 가지 일반적인 유사성이 존재한다. 중심핵 붕괴 초신성은 일반적으로 15~35 태양 질량을 갖는 별에서 일어나는 현상이다. 잔해는 매우 불규칙적이며 양극성 및 분출형 구조에서 나타나듯이 구대칭 형태에서 크게 벗어나 있다. 이러한 구조의 기원은 아직까지도 잘 알려져 있지 않지만, 쌍성계에서의 동반성, 동반성에서부터 유입된 물질들이 이루는 부착원반, 폭발 과정에서의 불안정성, 별의 빠른 자전, 강한 자기장 등이 원인일 것으로 추측되고 있다.

질량이 태양의 30배 이상인 초대질량 별의 경우 중심핵의 운명은 불확실하다. 중심핵은 표피층을 분출한 뒤 중성자별의 형태로 안정화될 수도 있고, 표피층을 분출하거나 분출하지 않은 상태로 블랙홀로 붕괴될 수도 있다. 따라서 블랙홀이 별의 폭발 과정을 거치지 않고 직접 형성되지 않는 한(매우 가능성이 낮음) 몇몇

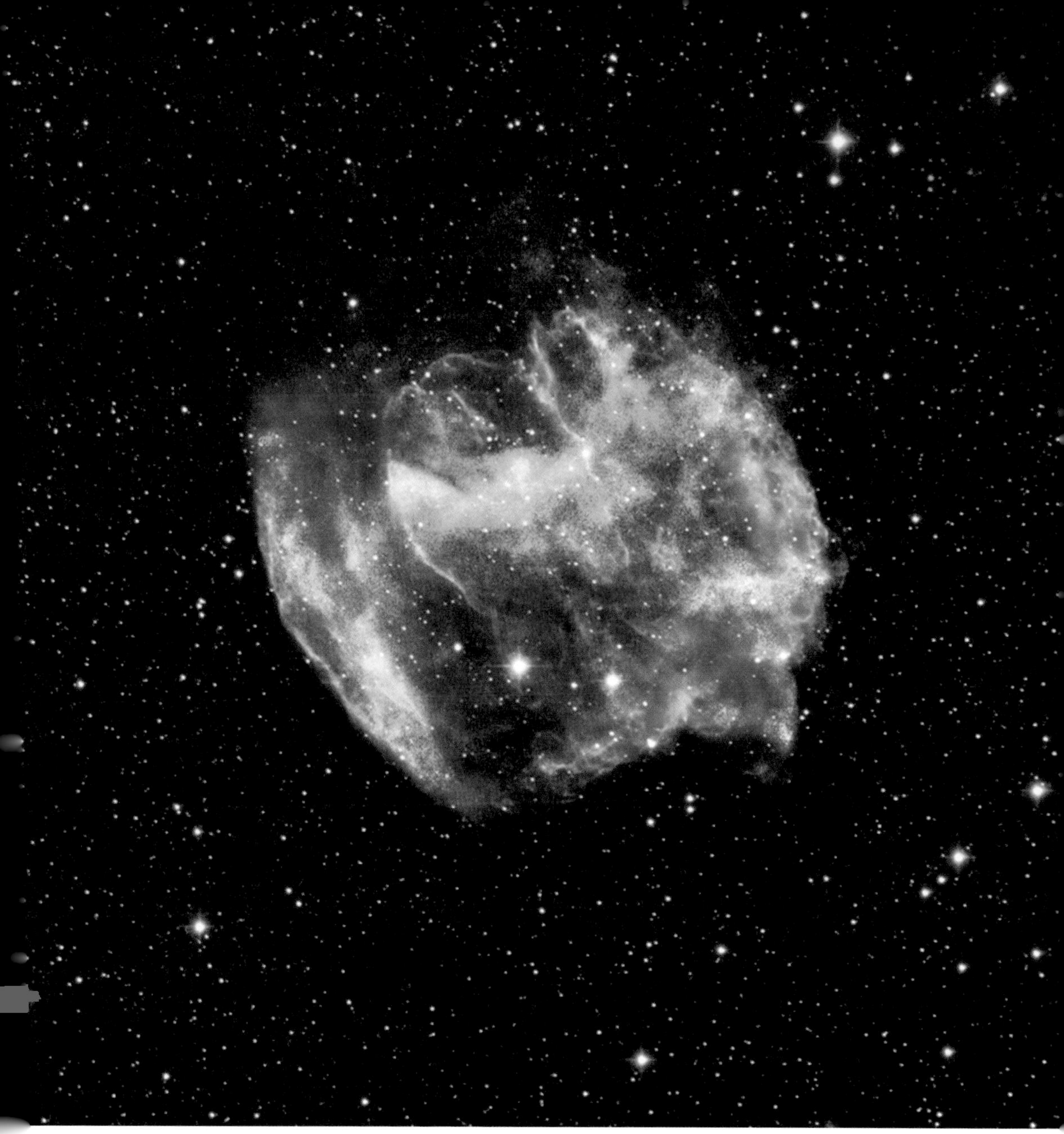

64 | W49B 초신성 잔해

우리 은하에서 가장 최근에 생성된 블랙홀을 포함하고 있을 가능성이 매우 높은 초신성 잔해. 찬드라 우주 망원경의 엑스선 영역(파란색 및 녹색), 잔스키 전파 망원경의 전파 영역(분홍색), 그리고 팔로마 천문대의 적외선 영역(노란색) 관측 자료를 합성하여 만든 이미지이다.

초신성 잔해 속에는 블랙홀이 존재할 것이다. 이처럼 블랙홀을 포함할 것으로 예상되고 있는 가장 강력한 초신성 잔해 후보는 W49B(그림 64)이다.

W49B의 형태는 폭발 속에서 자전하는 별의 축을 따라 고속으로 물질이 배출되어 만들어진 것이다. 이 형태는 고속으로 회전하는 별에서 발생하는 초신성 폭발을 예측하는 이론 모델의 결과와 일치한다. 고속으로 회전하는 별에 대한 더욱 확실한 증거는 초신성 잔해에 존재하는 철 원소의 분포로부터 얻을 수 있다. W49B의 폭발로 생성된 분출형 구조에는 다량의 철이 함유되어 있음이 발견되었다. 철은 폭발로 생성된 니켈의 핵융합 반응을 통해 생성된다. 따라서 관측된 철 함량으로부터 니켈의 양을 추측할 수 있는데, 이렇게 예측된 니켈의 양은 양극/분출 형태의 초신성 모델에서 예상하는 양과 일치했다. 니켈–철 변환 반응은 팽창하는 물질의 운동에너지가 커서 핵융합 반응이 활발하게 일어나는 극축에서 더 효율적으로 발생한다. 찬드라 관측 자료를 심도 있게 조사한 결과, W49B에는 중성자별이 존재하지 않는다는 것 또한 밝혀졌다. 이 결과 역시 초신성 폭발로 인해 블랙홀이 생성되었음을 의미한다. W49B의 초신성 폭발은 약 천 년 전에 일어난 것으로 예상하고 있다. 만약 W49B에 블랙홀이 존재하고 있다면, 이 블랙홀은 알려진 블랙홀 중 가장 나이가 적은 블랙홀일 것이다.

FANTASTIC
UNIVERSE

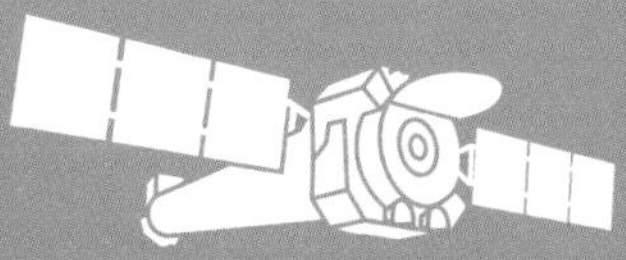

65 | 게 성운

게 성운의 적외선, 가시광선 및 엑스선 합성 이미지. 서기 1054년, 중국의 천문학자들과 세계의 여러 사람들이 하늘에서 새로운 밝은 물체를 발견했다. 이 "새로운 별"은 사실 황소자리에서 일어난 초신성 폭발로 만들어졌으며 오늘날 게 성운이라고 불린다. 성운의 중심에는 매우 밀도가 높고 빠르게 회전하는 중성자별이 폭발 후에 남아 있다. 이 별은 펄사라고도 하며 고에너지를 가진 입자를 폭풍처럼 내뿜고 있다. 찬드라 엑스선 자료는 파란색으로(중성자별 주변), 허블 망원경의 가시광선 자료는 빨간색과 노란색으로, 스피처 망원경의 적외선 자료는 자주색으로 표시되었다. 아주 높은 고에너지의 전자들을 방출하는 엑스선은 저에너지의 전자들을 방출하는 가시광선이나 적외선보다 더 빨리 에너지를 잃는다. 그래서 파랑색의 찬드라 지역은 다른 지역보다 작다.

18

그래서, 기울어져 회전하는 모델로
중성자별로부터 방출되는 에너지를
설명할 수 있을 것 같다.

프랑코 파치니, 〈중성자별의 에너지 방출〉, 1967

게 성운과 펄사풍 성운들

거대한 별의 진화에 대한 이론적 모델은 항성 진화의 마지막 단계에서, 별의 중심이 붕괴되어 중성자별이라는 극단적으로 높은 밀도를 가진 형체를 형성한다는 것을 보여준다. 그 다음에 일어나는 일은 여전히 잘 이해되지 않고 있지만, 중성자별의 형성은 엄청난 양의 에너지를 방출하여 초신성 폭발로 인해 빠른 속도로 별의 외부층을 방출한다는 점에 대부분 같은 견해를 가지고 있다.

월터 바데Walter Baade와 프리츠 츠비키Fritz Zwicky는 "초신성supernova"이라는 우주 폭발의 새로운 부류를 기술한 1934년 동반 논문에서 다음과 같이 언급했다. "우리는 확신할 수는 없지만 초신성이란 보통의 별이 대부분 중성자들로 이루어진 중성자별로 변환하는 과정을 나타낸다는 관점을 제시한다." 이 가설은 제임스 채드윅James Chadwick이 영국 케임브리지에 있는 실험실에서 중성자를 발견한 지 불과 2년 만에 만들어졌다. 그 후 34년이 지나서야 중성자별이 발견되었다. 1960년대에 이르러서 이론 물리학자들은 중성자의 존재를 받아들이고 천체 물리학자들이 관측 증거를 찾아내기를 조바심 내며 기다리고 있었다.

사실, 이미 20년 전에 중성자별 하나가 발견되었지만 아무도 그것이 중성자별이란 것을 깨닫지 못했다. 1942년, 캘리포니아의 릭 천문대Lick Observatory의 니콜라스 마얄Nicholas Mayall과 네덜란드의 레이던 천문대Leiden Observatory의 얀 오르트Jan Oort는 서기 1054년 사건의 중국 및 일본 역사기록을 연구하고 "게 성운은 1054년 초신성 폭발의 결과물로 확인될 수 있다."라고 결론지었다. 루돌프 민코프스키Rudolph Minkowski는 마얄과 오르트의 연구 직후에 게 성운 중심에 있는 별(그림 65와 그림 66)을 폭발의 잔재로 정확하게 식별한 논문을 썼다. 그러나 그는 중앙 별이 백색왜성이라고 잘못된 결론을 내렸다.

참고로 게 성운이란 1840년대에 아일랜드의 버 성Birr Castle에 있는 72인치 반사 망원경을 소유한 영국계 아일랜드 천문학자 윌리엄 파슨스William Parsons가 그린 스케치에서 그 이름을 얻었다. 그는 로스 경Lord Rosse으로도 알려져 있다. 그의 망원경은 당시 세계에서 가장 큰 망원경이었다. 그 전에 파슨스는 36인치 망원경으로 성운을 관측했는데 그것이 말굽 게처럼 보여서 게 성운Crab Nebula이라고 불렀다. 나중에 더 큰 망원경으로 관측한 결과 그것이 실제로 게처럼 보이지 않는다는 것을 알았지만, 이미 이름은 굳어진 후였다.

그렇게 중성자별의 존재 확인 문제는 핵 천체 물리학 분야가 발전한 1950년대 말까지 미해결 과제로 남아 있었다. 당시 캐나다 원자력 에너지 실험실Atomic Energy of Canada에서 연구하던 앨리스터 카메론Alistair Cameron은 1930년대 로버트 오펜하이머Robert Oppenheimer와 조지 볼코프George Volkov가 연구한 중성자별의 성질에 대한 초기 자료를 업데이트했다. 1962년 리카르도 지아코니Riccardo Giacconi와 동료들에 의해 처음으로 태양계 밖의 엑스선원이 발견됨으로써 이 활동들은 폭발적으로 증가했다. 엑스선원이 중성자별일 수 있다는 것을 보여주는 여러 이론적 논문들이 뒤따라 나왔다. 특히, 1963년 로켓 비행에서 발견된 게 성운으로부터의 엑스선 방출은 뜨거운 중성자별에 의해 설명될 수 있다고 주장되었다. 이 경우 게 성운으로부터의 엑스선 방출은 성운 그 자체처럼 펼쳐져 있지 않다. 중성자별에서 나오기 때문에 오히려, 하나의 작은 점처럼 보일 것이다. 당시 엑스선 검출기는 기본적으로 상자 안에 일부 엑스선 검출 전자 장치가 있는 것이 전부였다. 마치 작은 구멍이 난 신발 상자를 통해 보았을 때처럼 해상도가 좋지 않아서 한동안은 그럴듯한 예측이었다.

이러한 어려움에도 불구하고, 게 성운의 엑스선원을 발견한 해군 연구소Naval Research Laboratory, NRL 팀의 허버트 프리드먼Herbert Friedman은 게 성운 엑스선원의 크기를 측정하는 데 도전했다. 그는 게 성운이 달에 의해 가려지도록 로켓 비행시간을 맞췄다. 프리드먼과 그의 팀이 관찰한 바에 따르면, 달이 게 성운과 엑스선원이라고 추측되는 성운 중앙의 한 점에 불과한 별을 가리며 지날 때, 엑스선 방출은 한 점의 광원이 가려질 때 예상했던 대로 급진적으로 감소하지 않고 점차적으로 감소했다. 이것은 엑스선이 한 점에 불과한 중성자별이 아닌 몇 광년의 넓은 지역의 성운에서 오고 있다는 결론을 이끌어 냈다. 나중에 밝혀졌지만, 그 결론은 부분적으로만 옳았다. 중성자별이 게 성운으로부터의 모든 엑스선을 생성하지는 않지만 상당히 많은 양을 생성한다는 것을 지금은 알 수 있다. 또한 나머지도 중성자별에 의해 간접적으로는 생성된다.

프리드먼 그룹의 관측에 한 가지 의문점이 있다. 게 성운으로부터 나오는 전파를 생성하는 과정과 같은 싱크로트론 과정에 의해 엑스선을 생성하는 전자는 몇 년 만에 에너지를 잃어버린다. 몇 광년에 펼쳐진 게 성운의 전자는 극도의 높은 에너지로 지속적으로 가속되고 있거나, 중성자별은 높은 에너지의 엑스선을 방출하면서 성운 속으로 흘러나가는 전자를 지속적으로 생성하여야 한다.

1967년 당시 코넬 대학에 있었던 프랑코 파치니Franco Pacini는 어떻게 고에너지 전자가 생성될 수 있는지를 보여주었다. 중성자별은 별의 중심부 핵이 붕괴되어 형성된다. 중심부 핵의 크기는 지구의 크기에 버금가거나 조금 더 크다고 할 수 있다. 중심부 핵이 붕괴되면서, 마치 피겨 스케이팅 선수가 팔을 잡아당길 때 회전 속도가 증가하는 것처럼, 회전 속도가 증가한다. 중심부 핵을 관통하는 자기장은 또한 붕괴의 결과로 크게 증폭된다. 파치니는 거대한 별의 핵이 붕괴되면 심하게 자성화되고 빠르게 회전하는 중성자별을 만들 수 있다고 결론지었다. 이러한 중성자별은 발전기처럼 작동하여 원칙적으로는 매우 낮은 주파수의 전자기파 형태로 엄청난 양의 에너지를 생성할 수 있다. 파치니는 이 과정이 게 성운에서 전자를 극도로 높은 에너지로 가속하는 데 필요한 에너지의 원천이 될 수 있다고 추측했다.

파치니의 논문은 중성자별의 존재에 대한 증거가 나오기 전인 1967년에 출판되었다. 그 다음 해에 앤서니 휴이시Anthony Hewish, 조슬린 벨Jocelyn Bell 및 케임브리지 대학의 동료들이 새로운 유형의 놀라운 전파광원을 기술하는 논문을 독립적으로 발표했다. 여러 전파 광원들은 매우 빠르고 놀라울 정도로 정확하고 규칙적으로 맥동하는 것이 밝혀졌다. 그들은 백만 년 만에 1초 차이를 내는 시계처럼

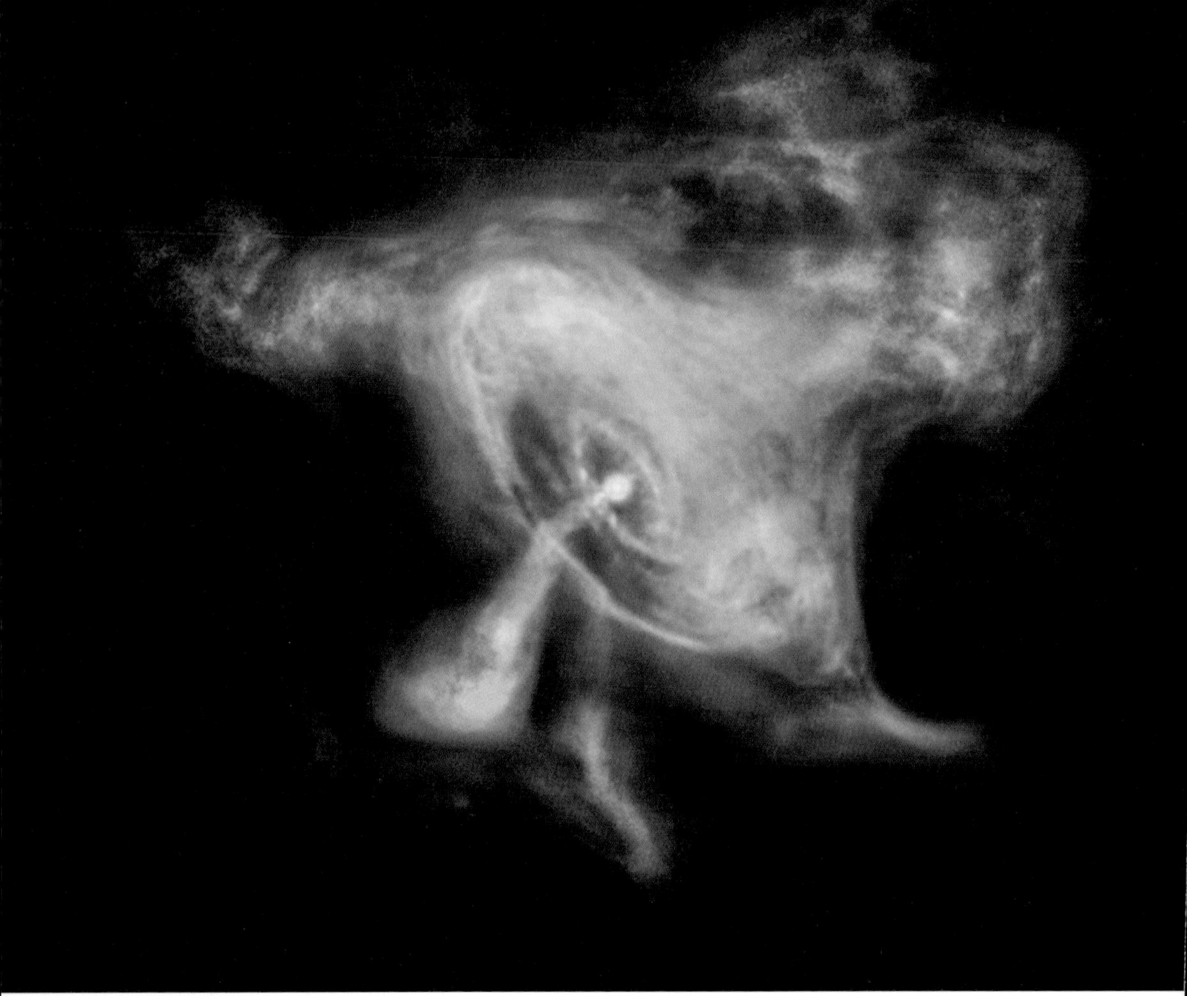

66 | 게 성운

중국계 천문학자와 세계 각지의 다른 사람들에 의해 서기 1054년에 관측된 초신성의 잔해인 게 성운(게 성운은 지구에서 약 6,500광년 떨어져 있다.)의 엑스선 이미지. 폭발한 뒤 매우 조밀하고 빠르게 회전하는 중성자별(펄사라고도 함)이 남았다. 펄사는 평창하는 엑스선 성운을 만드는 고에너지 입자의 눈보라가 생겨난다. 이 찬드라 이미지에서 저에너지 엑스선은 적색이고, 중에너지의 엑스선은 녹색이며, 가장 고에너지의 엑스선은 파란색이다. 엑스선을 생성하는 전자가 성운으로 나가는 동안 에너지를 잃어버리기 때문에 가운데의 고에너지 엑스선에서 주변의 낮은 에너지로 점진적으로 전환된다.

정밀하게 깜빡인다. 맥동 간격은 각각 다르지만 대개 1초 이하이다. 그 다음 해에게 성운의 중심 별은 전파, 가시광 및 엑스선 파장에서 펄사pulsar가 되는 것으로 밝혀졌다. 맥동pulsation의 규칙성은 매우 거대한 몸, 즉 별의 회전의 관점에서만 이해될 수 있다. 특히 게 성운 펄사의 경우 맥동의 신속성은 오직 한 종류의 별, 즉 중성자별에 의해서 설명될 수 있다. 다른 유형의 별, 심지어 백색왜성도 일부 펄사가 회전하는 것처럼 빨리 회전하면 분리되어 쪼개진다.

펄사 발견은 중성자별과 블랙홀의 이상하고 멋진 세계를 탐험하는 문을 여는 열쇠였다. 게 성운은 가장 잘 알려진 펄사를 가지고 있다. 그것은 약 30분의 1초의 맥동주기를 가지고 있으며, 파치니가 설명한 메커니즘을 통해 초당 1만 개 이상의 태양과 같은 에너지를 생산한다.

파치니가 예측한 것처럼, 빠른 회전과 강한 자기장의 조합은 매우 낮은 주파수의 전자기파를 생성한다. 그것을 보는 또 다른 방법은 급격한 회전과 강한 자기장으로 번개 전압의 수천억 배에 달하는 1조 볼트의 전기 전위를 만들어내는 것이다. 이 전압은 고에너지의 전자를 중성자별에서 멀리 가속시키는 역할을 한다. 전자의 일부는 별의 자기극을 따라 등대와 같은 방사선 빛줄기를 생성한다. 엄청난 전압에 의해 생성된 전자와 반전자, 즉 양전자가 혼합되어 있을 가능성이 많지만 여기서는 간단히 전자라고 부른다. 중성자별의 회전 때문에 빛줄기는 규칙적인 순서의 맥동(펄스)으로 나타난다.

게 성운 중앙의 펄사 발견은 하룻밤 사이에 엑스선 방출을 위한 에너지원 문제를 해결했다. 고도로 자기화된 중성자별이 성운의 중심에 있었고, 1초에 30번 회전하며 그 과정에서 고에너지 전자를 생성했다.

전자의 에너지는 궁극적으로 중성자별의 회전 에너지에서 비롯되므로 중성자별의 자전은 느려져야 한다. 모델은 중성자별의 자전 속도 감속율이 복사 형태로 손실되는 에너지를 설명하기에 충분하다고 명확히 예측해준다. 에너지 손실 효율이 100%가 되지 않기에 이 예측은 옳은 듯싶다. 느려지는 펄사의 자전율을 측정한 결과 이것이 사실인 것으로 나타났다. 맥동(펄스) 간격은 차츰 멀어져 중성자별의 자전이 차차 감속하고 있음을 나타낸다. 매년 자전은 약 1조분의 1초 정도 느려진다. 달리 말하자면, 펄사 시계는 일 년에 약 15마이크로초를 잃어버리는 것이다. 어느 쪽이든 중성자별의 자전 감속에 의한 에너지 손실은 게 성운으로부터 관측된 복사를 설명하기에 충분한 에너지에 해당한다.

몇 년 안에 연구자들이 고도로 자기화되고 빠르게 회전하는 중성자별의 모델을 더 발전시켜, 그 모델이 펄사에 대한 설명으로 받아들여지게 되었다. 이 모델은 30년이 지나서 찬드라 우주 망원경이 성운 펄사를 둘러싼 지역의 장대한 엑스선 이미지를 만들었을 때 극적으로 확증을 받았다.

그럼 문제가 해결되었는가? 주범을 찾았다는 점에서는 그렇다. 그 방법의 관점에서는 대충 그렇다. 찬드라 우주 망원경이 발사되기까지는 펄사 발전기가 실제로 어떻게 작동하는지에 대한 세부 사항을 밝힐 때까지 다시 25년이 걸렸다. 중앙 펄사는 펄사에서 광년의 3분의 1 정도 되는 기울어진 반지 또는 토러스torus 모양으로 둘러싸인 엑스선의 밝은 점 광원으로 나타난다. 비교하자면 토러스의 지름은 명왕성의 궤도의 약 500배이므로 태양계가 고리 안에 편안하게 들어갈 수 있다. 이 토러스는 유출되는 펄사 바람과 성운 주변의 물질 사이의 상호 작용에 의해 생성된 충격파일 가능성이 크다. 입자는 주로 원반 모양의 충격파에서 흘러나오거나 또는 확산되어 성운에서 더 떨어지게 되어 큰 토러스 또는 고리 형체를 형성한다. 광학 파장에서 보이는 실줄기 모양의 필라멘트 구조는 내부의 고에너지 입자 구름을 둘러싸고 있는 더 차가운 물질로 구성된 망사 모양의 껍질일 가능성이 높다. 강력한 제트는 토러스에 수직인 방향으로 뻗어 있고, 희미한 제트는 반대 방향으로 뻗어있다.

2011년 이후, 게 성운에서 강렬한 감마선 플레어가 정기적으로 보고되었다. 찬드라 우주 망원경이 관측한 광자 에너지의 약 1000배의 감마선 강도는 몇 시간 만에 급격히 증가한 다음에 감소한다. 상승과 하강의 빠른 속도는 우리 태양계 정도의 크기만 한 작은 영역에서 발생할 가능성이 높음을 의미한다. 감마선 망원경은 감마선 플레어의 정확한 위치를 분석해서 관측할 수 없기 때문에 성운의 어느 곳에서나 올 수 있지만 가장 가능성 있는 위치는 토러스 안쪽이나 중성자별 근처일 것이다.

현재로서는 감마선 플레어의 기원은 여전히 수수께끼로 남아 있다. 그러나 관측자료들과 대규모 컴퓨터 시뮬레이션(그림 67)을 분석한 결과, 게 성운의 기원에 대한 다음과 같은 일반적인 특징을 알아낼 수 있었다. 초신성 폭발이 일어나면서 질량이 큰 별의 중심핵은 폭축되어 고도로 자기화된 아주 빨리 자전하는 중성자별 또는 펄사를 만들어낸다. 그리고 이어서 펄사풍을 생성하는데, 펄사풍은 빛의 속도와 가까운 속도로 펄사 바깥으로 향하면서 고에너지 입자들과 자기장으로 구성된 매우 커다란 기포를 형성한다. 이런 기포의 직경은 수 광년이다.

게 성운의 기본 구성요소는 그리 특별하지 않은, 우주공간에서 쉽게 접할 수 있는 천체인 중성자별이다. 이 중성자별은 아주 빨리 자전하고 있고 매우 강한 자기장을 가지고 있다. 이 중성자별을 만들려면 질량이 큰 별만 있으면 된다. 질량이 큰 별은 보통별보다 약간 빠르게 자전하고 보통별보다 조금 강한 자기장을 지니고 있기만 하면 되는데, 수십억 개의 질량이 큰 별을 지닌 은하에서 이런 별들을 찾는 일은 그리 어렵지 않다.

한 가지 질문이 바로 떠오른다. 펄사풍 성운을 만드는 것이 상대적으로 쉽다면, 왜 더 많은 것들이 알려지지 않았을까? 이 문제를 해결하기 위해 찬드라와 같은 망원경이 필요하다. 찬드라 덕분에 게 성운은 펄사풍 성운pulsar wind nebula이라는 물체의 가장 탁월한 사례일 뿐이라는 것을 알았다. 이러한 성운은 급격히 회전하는 중성자별이 수 광년 퍼져 있는 상태의 고에너지의 입자구름을 만든다. 찬드라 우주 망원경은 50개가 넘는 그러한 천체를 발견했으며, 그 천체들은 두 부류로 나눌 수 있다. 게 성운과 같은 토러스와 제트 모양을 가진 부류, 그리고 거꾸로 휩쓴, 올챙이와 같은 구조를 가진 다른 부류이다(그림 68).

많은 펄사풍 성운에서 관찰되는 올챙이 구조는 주변 가스를 지나가는 펄사의 빠른 움직임에 의해 생성된다. 올챙이의 머리는 연못을 가로지르는 오리가 뿜어내는 파도와 비슷한 활 모양으로 만들어진다. 활 모양 파도 형태는 연못의 오리나 보트, 하늘을 나는 비행기, 행성 간 매체를 통과하는 혜성, 성간 가스를 통과하는 펄사 등 매체를 통해 움직이는 물체에서 공통적으로 나타나는 특징이다. 이러한 환경을 통해 움직이는 물체는 일련의 압력 또는 음파를 생성한다. 물체가 충분히 빨리 움직인다면, 이 파도는 합쳐져서 활모양 충격bow shock이라고 불리는 3차원의 활 모양의 파도가 된다. 지구 대기권에서의 활모양 충격의 친숙한 예는 초음속 제트의 움직임에 의해 생성된 음속폭음sonic boom이다. 비행기가 날아갈 때, 비행기 앞의 공기를 밀고 음파를 생성한다. 비행기가 소리의 속도보다 빠르게 움직이면 활모양 충격이 발생한다. 땅에 있는 사람들은 활모양 충격이 음속폭음의 형태로 그들을 통과할 때 이 음파들의 결합을 들을 수 있다.

67 | 자기장 구조

고해상도 컴퓨터 시뮬레이션으로 볼 수 있는 게 성운 펄사의 자기장 구조. 마치 우주가 머리를 망친 날인 것처럼 보이는 곳에서 펄사의 자기력선 방향에 따라 색이 칠해졌다. 자전에 평행한(azimuthal) 또는 적도 성분이 지배적인 부분(Bφ)은 파란색이고, 자전에 수직한(poloidal) 성분이 지배적인 부분(Bp)은 빨간색이다. 중간적 배향을 갖는 자기장 성분은 녹색이다(오른쪽의 색상 표 참조). 길이 척도는 왼쪽에 있다(1광년은 약 10^{18} cm이다). 말단 충격(termination shock)의 표면은 중앙의 자홍색 영역으로 표시된다.

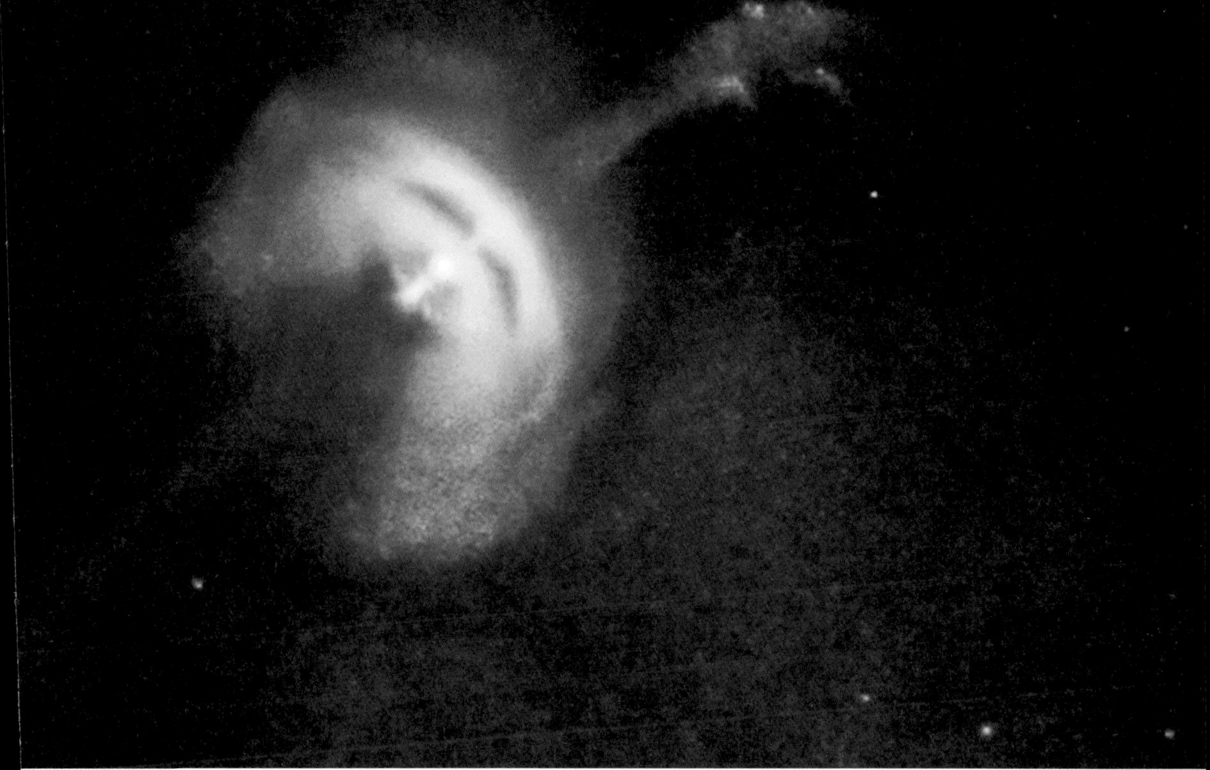

68 | 돛자리 펄사풍 성운

지구에서 약 1000광년 떨어진 돛자리 펄사풍 성운(Vela pulsar wind nebulae)을 찬드라 우주 망원경이 촬영한 이미지. 제트 원호를 볼 수 있다. 그리고 초신성 폭발을 통해 생성된 펄사가 초신성 잔해를 빠른 속도로 지나가면서 뒤로 휩쓸리는 현상이 나타난다. 펄사 또는 자전하는 중성자별은 펄사 바람에 의해 생성된 두 개의 원호보다 낮은 중심 근처의 밝은 점이다. 내부 원호는 펄사 주변의 완전한 고리를 이룰 가능성이 있으며 바깥쪽 성운과 상호작용하는 펄사 바람에 의한 충격파의 위치이다. 바깥쪽 호는 게 성운의 더 큰 고리와 비슷한 현상일 수 있다. 펄사에 의해 생성된 제트는 원호에 수직으로 흘러나온다. 제트(jets)는, 지름이 약 20 km이고 헬리콥터의 회전자가 움직이는 것보다 빨리 매초 11회 이상 완전한 자전을 하는 펄사의 움직임과 같은 방향을 가리킨다. 펄사가 휘저을 때, 펄사의 회전축을 따라 하전된(charged) 입자들의 제트를 분출하는데, 그 빠르기가 빛 속도의 약 70%에 다다른다.

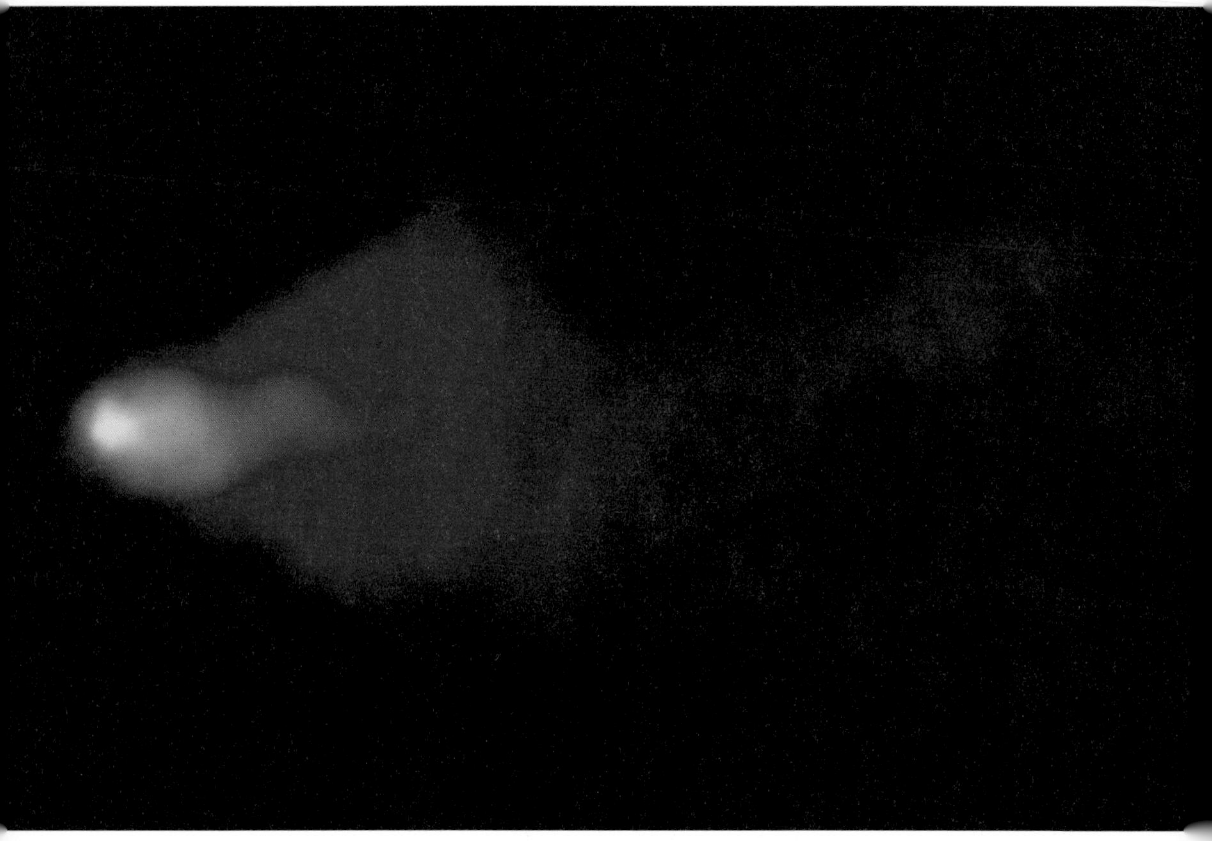

69 | 생쥐 펄사풍 성운

지구에서 약 16,000광년 떨어진 G359.23–0.82로도 알려진 생쥐 펄사풍 성운(The Mouse). 전파 이미지로 관측한 결과, 작은 “주둥이”, 둥근 몸체와 약 55광년을 끄는 길고 마른 꼬리를 가지고 있다. 찬드라 우주 망원경(분홍)과 전파(파란색)로 합성한 이미지는 어린 펄사가 성간 공간을 통해 약 시속 200만 km의 속도로 지나가며 형성된 충격파가 있는 생쥐 성운의 머리를 자세히 보여준다.

생쥐 성운으로 알려진 펄사풍 성운을 찬드라 우주 망원경으로 찍은 이미지는 펄사와 성간 가스와 상호작용으로 휩쓴 약 4광년 길이의 고에너지 입자의 뭉툭하고 밝은 구름을 보여준다(그림 69). 엑스선 구름의 머리 부분에 있는 강렬한 광원은 시간당 약 210만 km의 공간을 통과하는 것으로 추정되는 펄사이다. 마치 게 성운이 우주 바람굴wind tunnel에 설치되어 초음속 바람에 노출된 것처럼 보인다. 엑스선 기둥을 감싸는 전파를 방출하는 입자가 원뿔 모양의 구름을 이루고 있다.

G.359.23−0.82로도 알려진 생쥐 성운은 1987년 잔스키 전파 망원경Jansky Very Large Array을 사용하여 전파 천문학자들에 의해 발견되었다. 전파 이미지에서 보이는 아담한 주둥이, 살찐 몸체, 그리고 약 55광년 동안 연장되는 길고 좁은 꼬리 모양에서 그 이름을 얻었다. 펄사의 빠른 움직임의 원인은 알려지지 않았다. 펄사가 초신성 폭발로 심하게 차여 공간을 통해 고속으로 추진한다는 것은 예외가 아니라 오히려 규칙처럼 보인다. 하나의 그럴듯한 설명은 이러한 펄사 킥이 펄사의 탄생과 관련된 폭발적인 상황에 있다는 것이다. 예를 들어, 중심에서 벗어난 초신성 폭발은 펄사를 차줄 수 있다. 찬드라 우주 망원경의 다른 펄사풍 성운 이미지는 다양한 형태의 흥미로운 모양들을 보여준다. 이 모양들은 모두 급속히 자전하는 중성자별이 성간 물질과 경우에 따라 원래 별의 팽창된 유적을 통해 초음속으로 여행하면서, 고에너지 전자의 바람과 제트를 내뿜어 만들어진다.

이 모양이 고치에서 나오는 나비와 같다는 유쾌한 생각이 들었다면, 덜 상쾌한 다른 이미지를 고려해 보자. 검은 과부거미 펄사black widow pulsar가 먹잇감을 삼키고 있는 이미지이다. 검은 과부거미 펄사가 바로 그 일을 하고 있다.

공식적으로 펄사 B1957+20으로 알려진 검은 과부거미 펄사는 펄사풍 성운을 가지고 있으며 성간 공간을 통해 빠르게 움직인다(그림 70). 이 동작은 활모양 충격과 뒤로 휩쓴 모양의 꼬리를 만든다. 이 점에서 그것은 찬드라 우주 망원경이 발견한 다른 머리 꼬리, 올챙이 모양의 펄사풍 성운 중 많은 것과 비슷하다. 이것들은 수천 년 정도 된 비교적 젊고 빠르게 회전하는 중성자별들로 활력 있는 바람을 만들어 내고 은하계를 가로질러 빠르게 움직이고 있다.

비슷한 점은 거기에서 끝난다. 검은 과부거미 펄사는 대략 10억 년 정도 되었고 더 오래되었을 수도 있다. 밀리세컨드 펄사millisecond pulsar라고 불리는 중성자별의 일원이다. 왜냐하면 그것들은 극도로 빠르게 자전하여 천분의 몇 초 안에 완

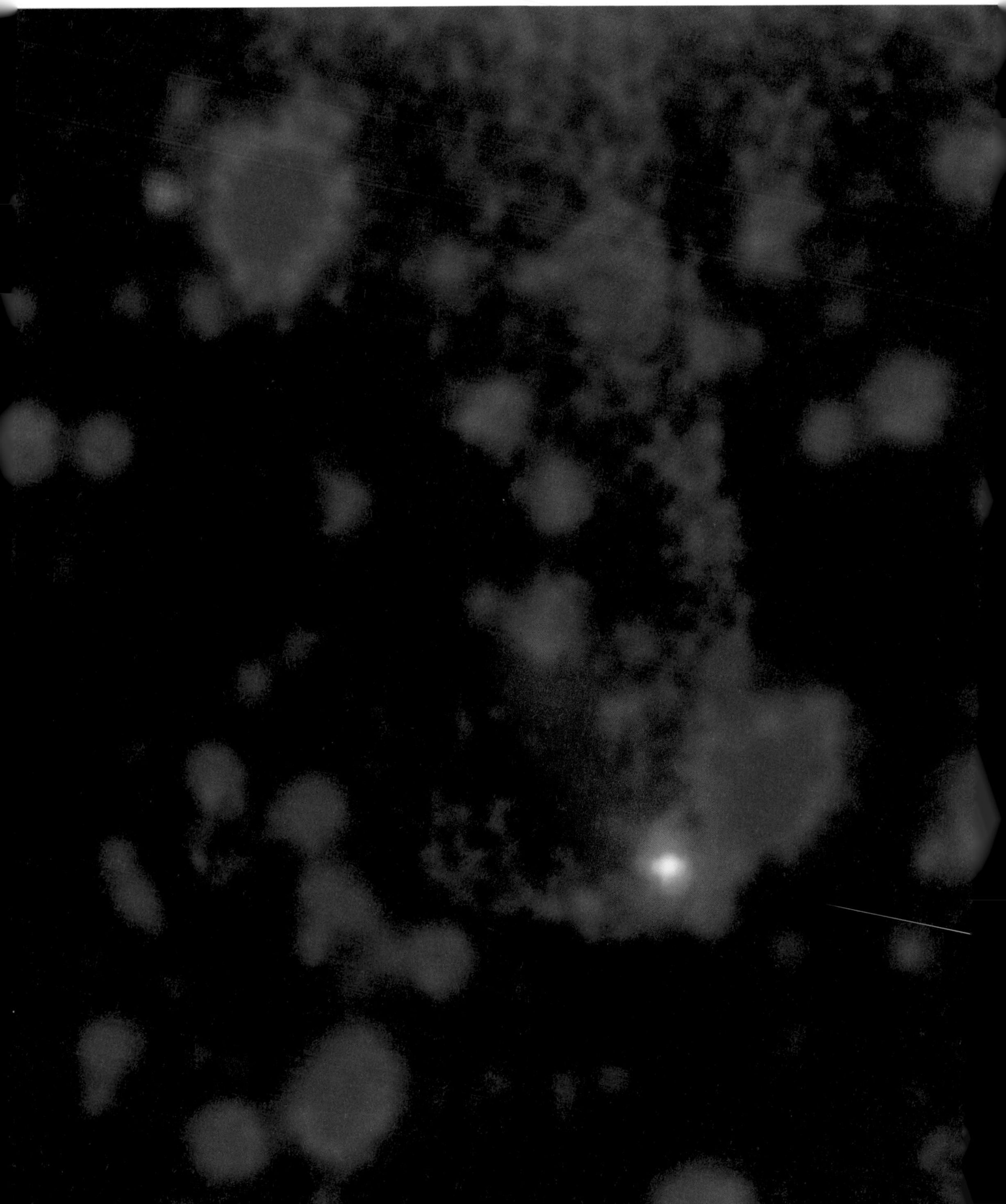

전히 한 바퀴 자전을 하기 때문이다. 한 번 생각해보라. 맨해튼 크기만 한 별 전체가 전구의 깜박거림보다 빠르게 초당 수백 번 회전한다.

어떻게 이런 일이 일어났을까? 전자기파 방출로 손실된 에너지로 인해 펄사가 점점 천천히 자전하지 않는가? 마치 물리법칙을 위반하는 것처럼 보인다. 중성자별은 계속 나이가 들고 에너지를 쓰는데, 그럼에도 자전 속도가 빨라지므로 에너지를 얻는다. 밀리세컨드 펄사는 영구 기관인가? 불행히도, 그렇지 않다. 이 패러독스의 핵심은 모든 영구 기관인 것처럼 보이는 시스템과 마찬가지로 외부에서 시스템에 에너지가 공급되고 있다는 것이다. 모든 밀리세컨드 펄사는 쌍성 시스템의 구성원이며, 동반성companion star이 에너지를 공급한다. 동반성으로부터 중성자별에게로 떨어지는 가스는, 회전목마를 밀면 더 빠르게 회전하는 방식과 같이 지속적으로 중성자별을 밀어 점점 더 빨리 돌게 한다.

자전 속도가 올라감에 따라 빠르게 회전하는 자기장의 펄사 발전기 효과도 커지고, 시간이 지나면 펄사가 태어난다. 아니, 다시 태어난다. 재생된 펄사는 엑스선 및 감마선의 강력한 공급원이 된다. 펄사 바람과 고에너지 방사선의 일부가 동반성을 때린다. 동반성의 대기는 뜨거워지고 별로부터 벗어난다. 이것은 사소한 효과가 아니다. 동반성은 대부분의 질량을 잃고 크기는 작아져 행성 크기 정도의 갈색왜성으로 변하며, 그렇게 됐을 때 더 이상 검은 과부거미 펄사에게 "음식"을 제공할 수 없다. 그 시점에서 검은 과부거미 펄사의 자전은 느려지고 펄사 방출이 감소하며, 먹이 쟁탈전의 아귀다툼이 끝난다. 그러나 이때가 되면 동반성은 거의 먹혀버려, 질량의 90% 이상을 잃어버린 상태다.

70 | 검은 과부거미 펄사

검은 과부거미 펄사(black widow pulsa) 또는 펄사 B1957+20. 펄사는 시간당 거의 80만 km의 속도로 은하를 통과하면서 광학의 파장(녹색)에서 볼 수 있는 활모양 충격파를 생성한다. 활모양 충격파 뒤의 압력은 두 번째 충격파를 생성하여 펄사가 만든 고에너지 엑스선을 방출하는 입자(빨간색과 흰색)의 구름을 쓸어 고치 모양을 형성한다.

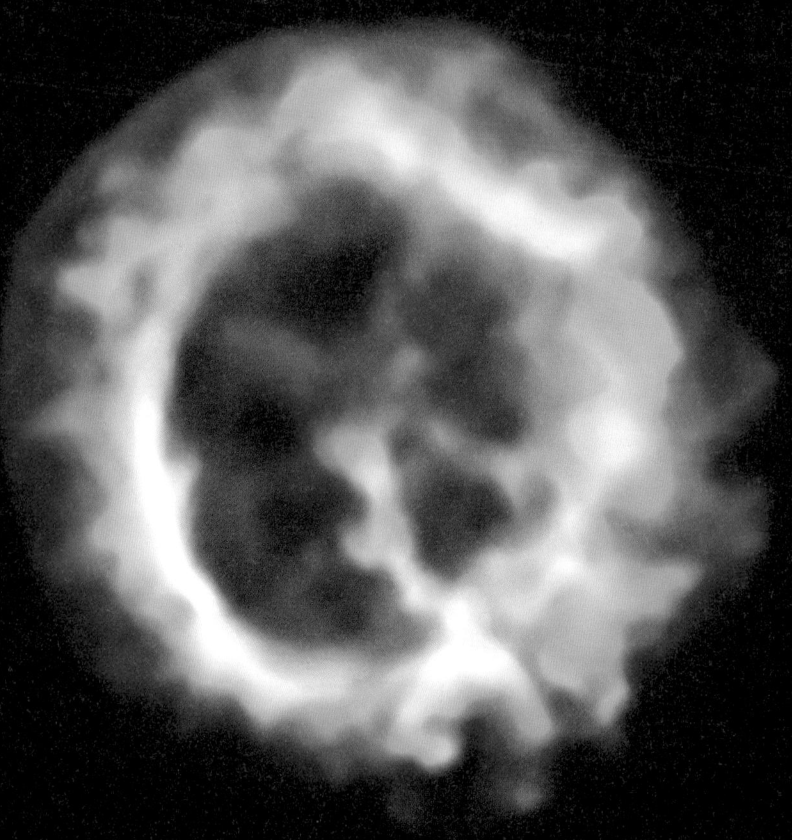

71 | 초신성 잔해 E0102-72

질량이 큰 별이 폭발한 후 남겨진 모습을 관측한 찬드라 우주 망원경 이미지. 이 초신성 잔해는 지구에서 약 19만 광년 떨어져 있는 소마젤란 은하(Small Magellanic Cloud Galaxy)에서 발견되었다. 바깥 부분의 파란색 고리는 주변 지역으로 시속 약 2,250만 km의 속도로 이동하고 있는 충격파를 나타낸다. 안쪽의 붉고 오렌지색을 띤 부분은 외부에서 안쪽으로 다시 이동하고 있는 충격파에 의해 가열된 충돌로 인해 팽창하고 있는 분출물이다. 밖으로 진행하는 충격파 바로 뒤쪽의 충격파에 의해 가열된 가스의 온도를 측정한 결과 예측값에 비해 낮게 측정되었다. 이로부터 충격파가 갖고 있는 에너지의 상당 부분이 입자를 가속하여 입자가 메우 높은 에너지를 지니게 된다는 것이 밝혀졌다.

19

내가 수행한 관측 결과는

강력한 힘을 갖는 복사가 우리 머리 위 대기를

통과하고 있다는 가정에서만 설명 가능하다.

빅터 헤스, 노벨상 수상 강연, 1936

우주에서 내리는 가랑비

우주 공간에서 오는 우주선 입자들

빌헬름 뢴트겐Wilhelm Roentgen이 1895년 엑스선을 발견한 순간은 물리학에서 있어서 주요한 변환점이다. 이후 곧바로 헨리 베크렐Henri Becquerel이 방사선 복사를 발견했고, 퀴리 부부Pierre Curie, Marie Curie가 라듐을 발견하였으며 원자물리학에서의 양자학적인 혁명이 일어났다. 이 기간 동안 과학자들은 원자의 구조를 이해하기 위해서 고에너지 복사를 각종 물질에 충돌시켰다. 이러한 복사를 이온화 복사로 명명했는데, 그 이유는 충돌로 인해 원자에서 전자가 떨어져 나왔고 하전된 원자 즉, 이온이 되었기 때문이다.

과학자들은 지구의 지각과 대양, 그리고 지구 대기에서 방사선 물질을 찾기 위해 노력하였다. 방사능은 동굴, 깊은 호수, 그리고 높은 산등 어디에서건 발견되었다. 가장 놀랄 만한 사실은 모든 방사능의 영향을 완벽히 제거하는 것이 불가능하다는 사실이다. 검출기를 어떤 두께의 납판으로 감싸더라도 여전히 검출가능한 수준의 방사선이 측정되었다. 이 방사선은 이전까지 알려진 어떤 복사보다 강력한 에너지를 갖고 있으며 1 m 두께의 납판도 통과할 수 있다. 빅터 헤스Victor Hess는 이 뭔가 신비하고 강력한 에너지를 갖는 자연에 존재하는 방사선의 기원을 발견하기 위해 시험에 착수했다. 헤스는 감도와 정밀도가 대폭 향상된 검출기를 만들고 큰 풍선에 매달아 하늘 높이 날렸다. 헤스는 1911년과 1912년에 지상 약 5,000 m 이상의 상공에서 복사량을 측정하였다. 그 결과 낮과 밤, 일식 여부와 관계없이 일정한 값이 측정되었다. 확실한 사실은 이 복사가 우주 공간에서 지구로 오고 있다는 것이었다. 이후 이 현상에 대한 연구를 수행한 로버트 밀리컨Robert Millikan은 이를 설명하기 위해 우주선cosmic rays이라는 단어를 만들어냈다. 1936년에 헤스는 우주선 발견의 공로로 노벨상을 수상하였다.

이후 수십 년 동안 연구하여 우주선이 지구의 자기장에 의해서 굴절된다는 사실이 밝혀졌다. 즉, 우주선은 전하를 갖는 입자로 엑스선 혹은 감마선과 같은 고에너지 광자가 아니라는 사실이 분명해졌다. 엑스선 혹은 감마선의 전자기복사가 단지 고에너지 형태를 갖고 있는 것에 비해서 우주선은 복사선이 아니고 입자, 즉 헬륨핵과 같은 알파선이나 전자와 같은 베타선이다. 1930년에서 1945년 사이의 다양한 연구를 통해서 우주선의 밀집성분은 양전하를 가지며 빛의 속도로 운동하고 있는 입자라는 사실이 밝혀졌다. 이들의 대부분은 양성자며 약 10%의 헬륨핵과 1% 정도 더 무거운 원자(탄소 혹은 철)의 핵이 섞여있다. 이러한 구성성분은 태양 혹은 항성 간 공간에서 발견된 입자의 양과 매우 유사하다.

지구는 태양 주위를 연간 약 8억 km 항해한다. 이 항해기간 동안 우주선 입자의 가랑비를 맞아 지구 주위에 이온화된 복사가 발생한다. 아폴로 우주인들에 의하면 우주 항해 동안 이상한 빛의 발광 현상, 특히 눈을 감고 있어도 보이는 현상의 보고되었다. 우리는 이러한 현상이 원인이 우주선임을 알게 되었다.

우주선은 명확하게 우주인들에게 위험요소이며 높은 고도로 비행 중인 항공기 내 승객과 승무원들도 마찬가지다. 특히 태양의 플레어flare 발생 시, 우주선으로 인한 복사량 수치가 위험 수준에 이르기도 한다. 지표면에서도 우주선 입자들은 지속적으로 우리의 신체와 충돌하고 있으며 신체 내 분자를 파괴하고 결과적으로 건강에 매우 유해하다. 게다가 우주선 입자는 우리가 사용하고 있는 컴퓨터의 동작에도 작은 문제를 일으킨다.

긍정적인 면을 살펴보면 우주선으로 인한 파괴 작용이 때로 어려운 문제에 대한 해답을 주거나 도움을 줄 수 있는 요소가 있다. 우주선 입자는 지구 고층 대기를 통과하며 핵반응을 유발시키고 특정 원자의 핵을 변형시킨다. 이렇게 변형된 입자들 몇 개가 동정되었고 또 뼈, 옷가지 혹은 고대 캠프파이어의 흔적인 숯의 연대를 측정하는 도구로 사용된다. 이들은 탄소-14 핵(C-14)이라 불리는 형태로 존재하는데, 왜냐면 이 핵은 양성자 6개와 중성자 8개의 총 14개의 핵자를 지니고 있기 때문이다.

최근에 과학자들은 고성능의 첨단질량분석기를 가지고 우주선에 의해 생성된 핵자, 즉 우주기원 핵종cosmogenic nuclide을 연구하여 지구 자체의 역사를 탐사하고 있다.

원리는 탄소-14에 사용되는 것과 유사하다. 암석 혹은 모래가 우주 대기 현상에 노출되는 기간 동안 우주선 입자는 그 안에 있는 석영 결정체 내에서 베릴륨-10과 알루미늄-26의 우주 기원 핵종을 생성한다. 우주 대기 현상에 오래 노출될수록 더욱 많은 양의 우주 기원 핵종이 만들어진다. 암석 혹은 모래 입자에서 이와 같은 방식으로 만들어진 동위원소가 씻겨 내려가게 되고 결국에 지질학자들이 토양에서 그 원소들을 발견하게 된다. 이러한 기법을 사용하여 퍼듀 대학의 대릴 그레인저Darryl Granger는 켄터키주 매머드 동굴에서 형성된 대륙 빙하가 이전에 알려진 것보다 70만 년 이전인 약 150만 년 전에 도착했다는 것을 밝혔다. 이와 다른 적용 예를 살펴보면, 스위스의 프리드헬름 폰 블란켄버그Friedhelm von Blanckenburg 주도의 연구그룹은 스리랑카 열대우림 내 경작으로 인해서 풍화작용이 100배가량 증가했다는 사실도 발견했다.

장기간에 걸쳐서 살펴보면 대부분의 사람들은 산이 매우 일정한 비율로 마모될 것이라고 생각하곤 한다. 그러나 캘리포니아 대학 버클리 캠퍼스의 짐 키르치네르Jim Kirchner의 발견에 의하면 그렇지 않다. 그의 연구에 따르면 과거 5천 년에서 2만 7천 년 사이의 풍화작용은 지금보다 약 17배가량 심하게 발생했다. 키르치네르는 이와 같은 현상을 뭔가 극적인 현상, 예를 들어 산불이 발생하고 이어진 홍수 등으로 인해서 풍화작용이 강화되었다고 결론지었다. 이러한 사실은 풍화작용으로 저수지가 메꾸어지는 데 걸리는 시간을 예측하는 기술자들에게 매우 중요한 정보이다.

이러한 우주선 입자를 이용한 연대측정법은 지구를 형성하는 데 있어서 재앙과 같은 현상이 어떤 면에서는 적합하다는 것을 보여준다. 왜냐하면 지구에 도달하는 대부분의 우주선 입자들은 우주의 대참사 현상이라고 할 수 있는 초신성 폭발에 기원하고 있기 때문이다.

초신성 폭발이 발생하면 아주 밝은 빛의 섬광 현상이 보이며, 충격파는 시속

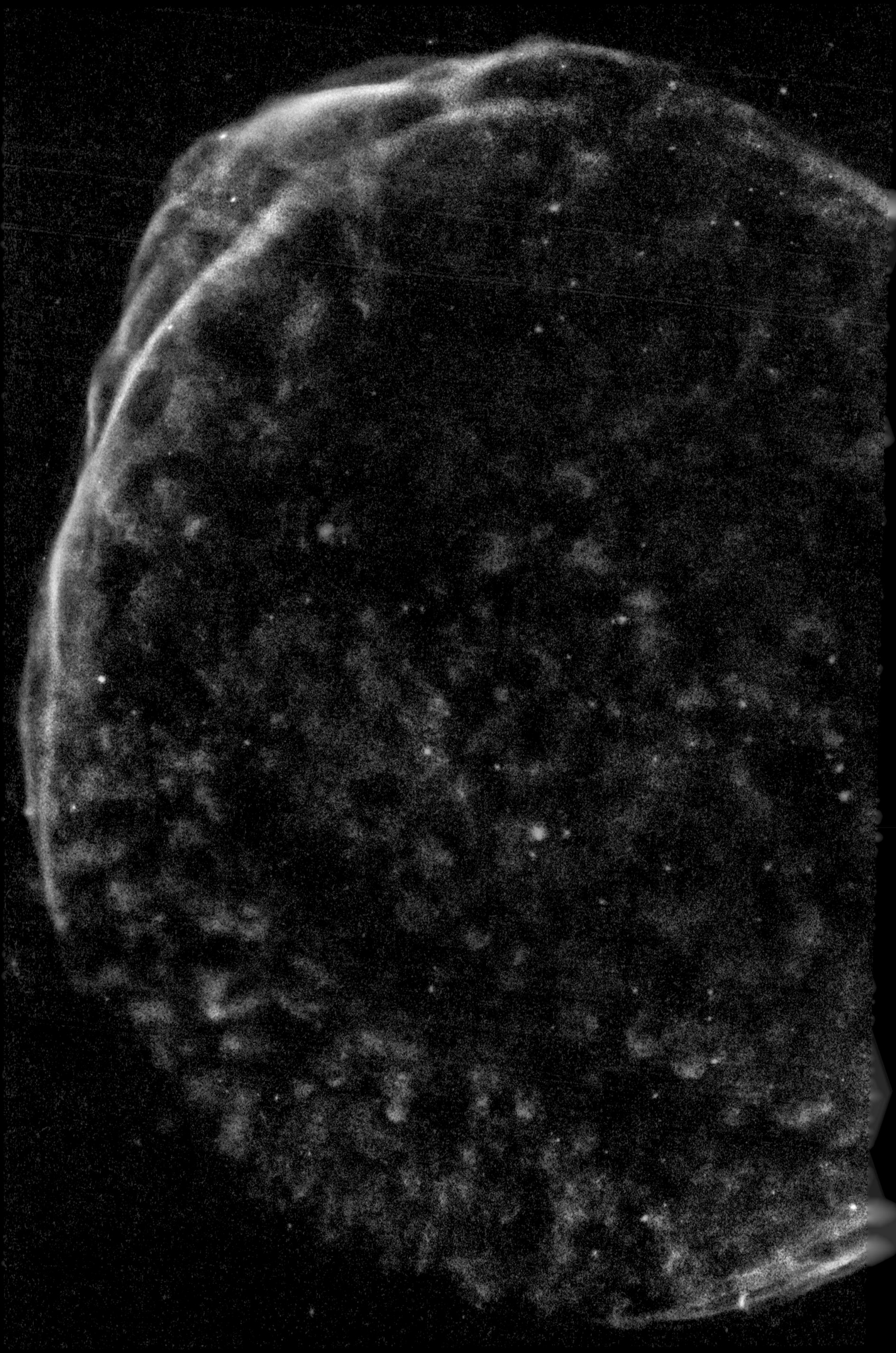

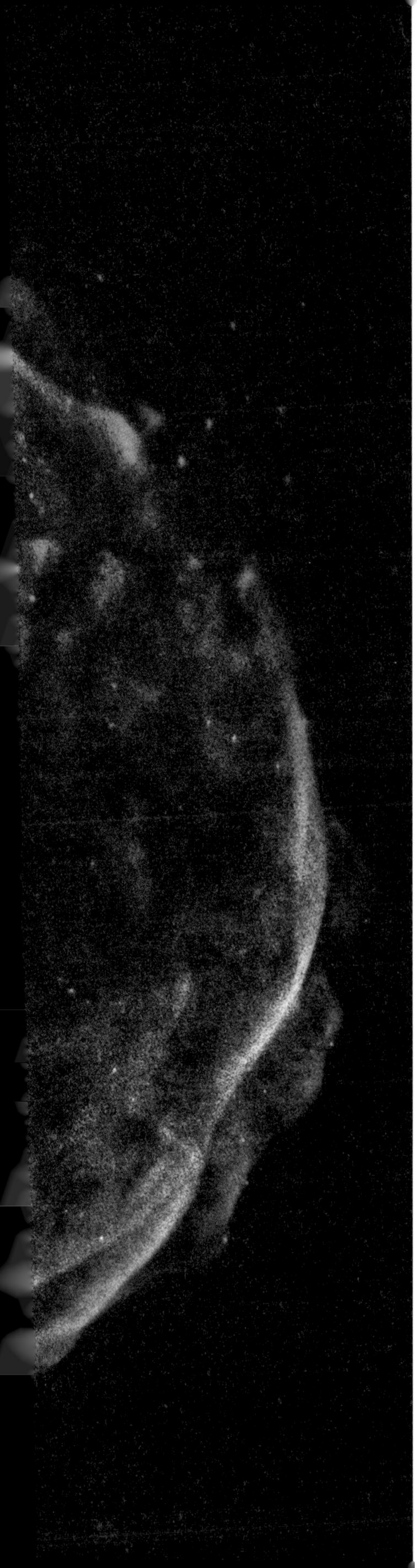

72 | 초신성 잔해 SN 1006

지구에서 약 7천 광년 거리에 있는 Ia형 초신성 잔해로서 서기 1006년 중국, 일본, 유럽, 그리고, 아랍의 천문학자들이 관측했다. 10장의 서로 다른 관측 지역의 엑스선 이미지의 합성 결과로서, 저에너지, 중에너지 그리고 고에너지가 각각 붉은색, 초록색, 푸른색으로 표시됐다. 옅은 파란색으로 표시된 가장자리는 밖으로 진행하는 충격파를 나타낸다. 이 충격파와 폭발로 분출된 물질이 공간상 가깝게 위치하는 것으로 미루어보아 충격파의 상당량의 에너지가 우주선 입자를 가속시키는 데 사용되었을 것으로 예측된다. 유사한 현상이 티코 초신성 잔해(그림 52와 그림 73)와 카시오페이아 A 초신성 잔해에서도 관측된다.

수백만 km의 속도로 항성간 공간으로 질주한다. 초신성 폭발에 의한 에너지의 일부는 엑스선 망원경을 이용하여 관측 가능한 정도의 뜨거운 가스를 생성한다(그림 72). 이들 에너지의 또 다른 일부는 전자를 가속시키는 데 사용되며 전파, 광학 그리고, 엑스선 망원경으로 가속된 전자에 의한 복사가 관측된다.

우주선이 전하를 띤 입자라는 사실이 곧 밝혀졌고 월터 바데Walter Baade와 프리츠 츠비키Fritz Zwicky는 이 우주선의 기원으로 초신성 폭발을 제안하였다. 이후 1964년에 러시아 물리학자 비탈리 긴즈부르크Vitaly Ginzburg와 세르게이 시로바츠키Sergei Syrovatskii는 우주선에 관한 자신들의 전통적인 논문에서 더욱 명확한 근거를 갖고 이와 같이 제안하였다. 그러나 현재까지도 어떻게 양성자와 양성자보다 더 무거운 원자핵이 빛의 속도에 근접할 정도로 가속될 수 있는지에 대한 직접적인 증거를 찾지 못했다. 우주선 입자는 양성자와 전자와 같이 전하를 갖고 있으므로 우주선 입자가 은하 내에서 진행하다가 자기장을 통과하면서 진행 방향이 바뀌게 된다. 그러므로 지구상에서 관측된 개별 우주선 입자가 우주의 어떤 곳에서 출발했는지 알 수 있는 방법은 없다.

찬드라 우주 망원경은 초신성 폭발로 어떻게 우주선이 생성되는지 밝히는 데 있어서 큰 도움을 주고 있다. 티코 초신성 잔해의 엑스선 이미지를 살펴보면 초신성 폭발로 인한 충격파가 예상과 다르게 행동하고 있는 것을 확인할 수 있다. 초신성 폭발로 인한 잔해는 시간당 약 천만 km의 속도로 팽창한다는 것이 관측되었다. 이렇게 빠르게 팽창하며 2개의 엑스선 복사를 방출하는 충격파가 발생한다. 하나는 바깥, 즉 항성간 공간으로 진행하는 전방충격파이며 다른 하나는 이와 반대로 초신성 폭발이 발생한 곳으로 진행하는 후방충격파reverse shock wave이다. 보통 항공기가 초음속 비행을 할 때 발생되는 소닉붐 현상과 유사하게 충격파가 진행된 지역은 압력과 온도에 큰 변화가 발생한다. 찬드라 우주 망원경 관측이 가능하기 이전의 표준 이론에 따르면 충격파는 폭발로 인해 잔해에서 약 2광년의 거리에 있다고 생각됐다. 2광년은 태양에서부터 가장 가까운 별까지의 거리 절반에 해당된다. 찬드라 우주 망원경 관측 결과에 따르면 충격파와 초신성 폭발 잔해는 보폭을 잘 맞추고 있으며 고작 0.5광년의 거리차가 있을 뿐이다. 유사한 현상이 다른 나이가 젊은 초신성 잔해에서도 관측되었다.

가장 자연스러운 설명은 그림 72에서와 같이 전방충격파 에너지의 상당량이 우주선 입자를 가속시키는 데 사용된다는 것이다. 이전의 전파 망원경과 엑스선 망원경 관측 자료에 따르면 티코 초신성 잔해의 충격파가 전자 입자를 가속시켜 고에너지를 갖도록 하였다는 것이 밝혀졌다.

다만 고속 원자핵의 경우 매우 약한 전파 혹은 엑스선 방출선을 만들기에 원자핵 역시 충격파에 의해 가속되는지 여부는 잘 알려지지 않았다. 찬드라 우주 망원경 관측 자료에 따르면 원자핵도 충격파에 의해서 가속되며 그 에너지가 전자 입자가 갖는 에너지의 백 배에 이른다는 사실이 밝혀졌다. 티코 초신성 잔해에서 방출되는 감마선 관측을 통해서 위와 같은 결론에 도달하게 되었다. 감마선의 세기를 조사한 결과 고속의 양성자가 항성간 공간의 원자와 충돌하는 과정에서 감마선 방출이 이루어졌다는 것을 확인하였다. 이 결과, 그리고 다른 초신성 잔해의 연구에서 얻은 결과로부터 지구에 도달하는 대부분의 우주선 입자가 초신성 잔해에서 기인한다는 주장에 부합한다는 것을 알아냈다. 초신성 잔해에서 기인한 우주선보다 더 빠른 고속의 우주선 입자는 은하 중심에 존재하는 거대 블랙홀에 물질이 나선운동하며 유입되는 과정에서 주로 발생하며, 일부는 은하단으로 집결하는 은하간 물질이 만들어내는 충격파에 의해서 만들어진다.

티코 초신성 잔해를 관측하면서 확인된 여러 사실 덕분에 과학자들은 찬드라 우주 망원경을 이용하여 더 오랜 기간 동안 티코 초신성 잔해를 관측하였다. 이렇게 확보된 이미지를 보면 티코 초신성 잔해의 외곽부에 특이한 줄무늬 패턴이 확인되었다(그림 73). 만약 엑스선 관측 이미지의 줄무늬 사이의 간격이 가장 빠르게 움직이고 있는 양성자의 나선 운동의 반경과 관련되어 있다고 가정하면 이 에너지 값은 유럽입자물리연구소가 스위스 제네바 근처에 설치한 지구상에 존재하는 가장 거대하고 가장 강력한 입자가속기인 LHC에서 만들어낼 수 있는 에너지의 약 30배에 해당한다.

이와 같은 엑스선 이미지의 줄무늬가 관측됨에 따라 초신성 폭발 과정의 충격파에 의해서 자기장의 세기가 강해지고 방향이 뒤섞이고 꼬여진다는 그간의 이론이 잘 맞는다는 사실을 확인하였다. 관측 자료의 엑스선 줄무늬가 보이는 곳은 주변보다 이와 같은 자기장의 꼬임 현상이 잘 발생되는 지역이라고 생각된다. 전자들은 이와 같이 자기장에 속박되어 자기장 주위를 나선운동을 하며 엑스선을 방출한다. 그러나 관측된 것은 일정하고 주기적인 줄무늬지만 이를 이론이 예측

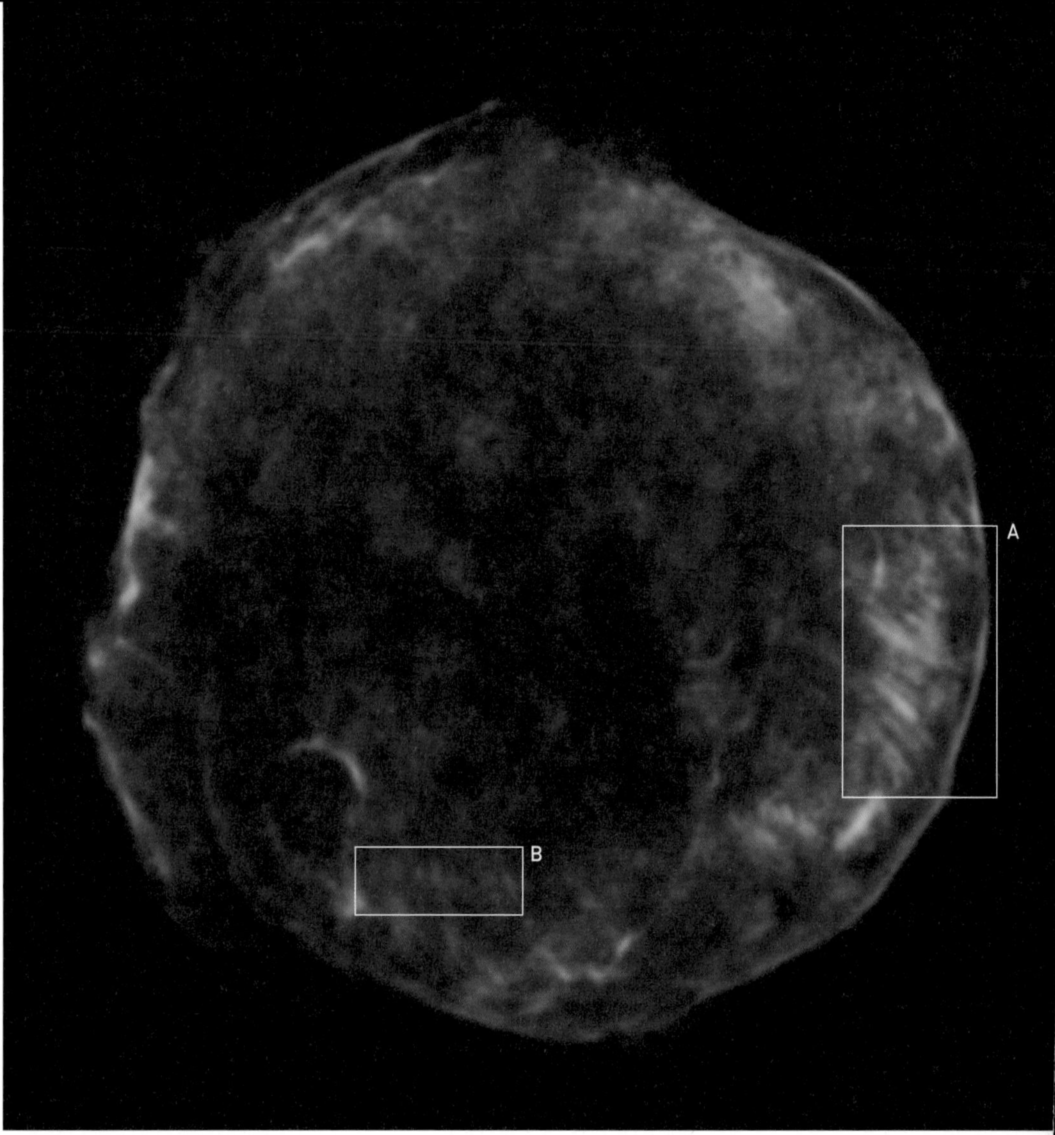

73 | 티코 초신성 잔해

티코 초신성 잔해에서 최초로 확인된 엑스선 이미지에서의 줄무늬. 이 이미지는 엑스선 입자 중에서 에너지가 매우 큰 부분만을 보여준다(그림 52 참고). 매우 고속의 전자 입자에 의해서 발생된 엑스선 이미지로부터 전방충격파를 확인할 수 있다. 사각형 영역은 (A) 가장 밝은 줄무늬가 관측된 지역, (B) 상대적으로 어두운 줄무늬가 관측된 지역을 보여준다. 이들 줄무늬가 보이는 지역은 자기장이 뒤섞여 꼬이면서 입자의 운동 역시 정렬되지 않고 혼란스러운 곳이다. 이렇게 자기장에 속박된 전자는 자기장 주위를 나선운동하면서 엑스선을 방출한다. 관측된 줄무늬의 간격은 스위스의 LHC에서 실험 가능한 최대 에너지의 30배 이상의 에너지를 갖는 양성자가 나선운동을 하는 반경에 해당한다. 매우 큰 에너지를 갖는 양성자들은 효과적으로 엑스선을 방출하지 못하기에 찬드라 우주 망원경으로 관측할 수가 없지만 다행이도 감마선 망원경으로 관측되었다. 초신성 잔해의 전방충격파에 의해서 가속되는 양성자들은 지구상에서 관측되는 우주선 입자를 만드는 데 중요한 역할을 수행한다.

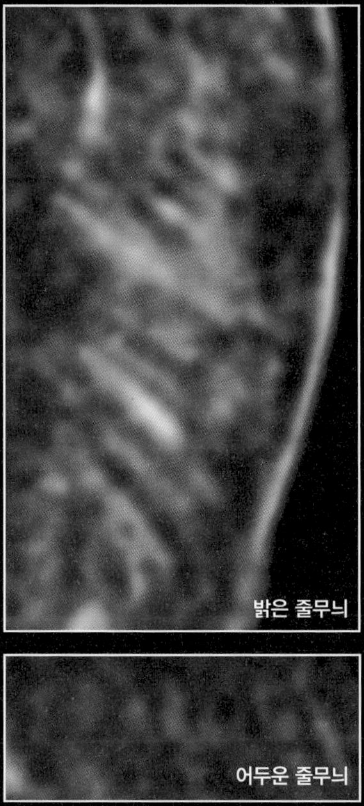

한 것은 아니다. 이러한 새로운 관측 사실로부터 이론 연구 역시 영향을 받았으며 새로운 이론의 단서가 제공된다.

찬드라 우주 망원경 관측 자료로부터 확실하게 확인한 것은 우리은하 내 초신성 폭발로 인해 다량의 우주선 입자가 만들어지고 지구에 도달하며 지구의 생명체에 영향을 준다는 사실이다. 인류는 우리의 삶에 영향을 주는 우주적 규모의 환경에 놓여있다. 물론 신문 오늘의 운세 항목에서 예측하는 방식이 아니라 실제로 발생할 수 있는 사실에 기반하고 있다. 이러한 영향의 일부는 소위 "전 지구적 문제"의 원인일 수 있고 일부는 문제의 해결책을 찾는 작업에 활용될 수도 있을 것이다.

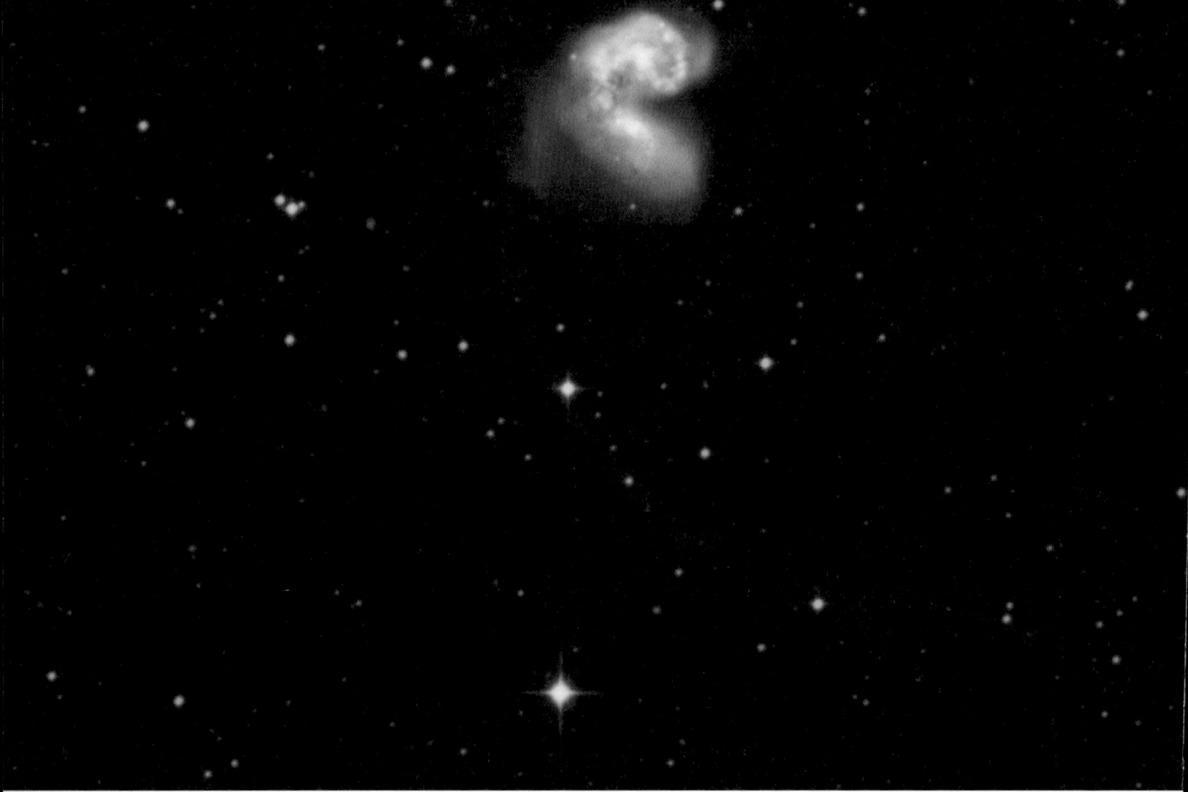

74 | 더듬이 은하의 광학 이미지

이와 같은 광각 이미지 안에 보이는 별들과 가스로 이루어진 긴 더듬이 모양의 팔들 때문에 더듬이 은하계(Antennae Galaxy)라 불린다. 이러한 특성들은 두 개의 은하가 충돌해감에 따라 중력에 의해 생성되었다.

20

우주의 물질들은 어떤 역사를 겪었을까? …

이 역사는 원소 함량 분포에 숨겨져 있다.

마거릿 버비지, 제프리 버비지, 윌리엄 파울러, 그리고 프레드 호일,
〈별 내부에서의 원소들의 합성〉, 1957

원소 변화

우리가 살고 있는 세계를 구성하는 다양한 화합물을 이루는 분자들을 형성하기 위한 저에너지 전자들의 복잡한 춤과 결합들에 관한 연구인 화학은 마치 별 내부의 열핵 열과 초신성의 놀라운 힘에서 동떨어져 있는 것처럼 보일 수 있다. 하지만 그들 사이에는 근본적인 관련성이 있다.

여전히 불가사의한 암흑물질과 구별 짓기 위해 그리 불리는 보편적 또는 바리온 물질의 한 원자는 양성자들과 중성자들로 이루어진 한 원자핵을 도는 음으로 하전된 전자들의 구름으로 구성되어 있다. 양성자는 양전하를 띠며, 이름에서 알 수 있듯이 중성자는 전기적으로 중성이다. 한 원자의 핵은 그 원자의 전자 구름의 직경의 10만분의 1에 불과한 직경을 가지고 있지만, 그 핵은 그 원자 질량의 99.9% 이상을 지니고 있다. 원자핵 안에 있는 양성자의 개수는 화학 원소를 정의한다. 모든 수소 원자들은 핵에서 하나의 양성자를 가지며, 모든 헬륨 원자핵들은 두 개의 양성자를 가진다. 그리고 모든 탄소 원자핵들은 여섯 개의 양성자를 가진다. 원소들은 다른 동위원소들을 가질 수 있다. 즉, 같은 원소 핵 안의 중성자 개수가 다를 수 있다. 예를 들면 탄소-14의 핵은 여섯 개의 양성자와 여덟 개의 중성자를 가지고 있는 반면, 탄소-12의 핵은 여섯 개의 양성자와 여섯 개의 중성자를 가지고 있다.

원소의 생성은 빅뱅 후 몇 분 안인 약 140억 년 전에 시작되었다. 빅뱅 이후 약 1분 되었을 때 우주 안의 거의 모든 바리온들은 중성자들이 섞인, 가장 단순한 원소 수소의 핵인, 양성자들의 형태로 존재했다. 우주의 나이가 20분이 되었을 즈음에 바리온 물질은 자유전자들과 더불어 수소핵 75%, 대부분 두 개의 양성자와 두 개의 중성자로 이루어진 헬륨핵 25%의 질량비율로 이루어진 혼합체였다. 그로부터 수십만 년 후, 음으로 하전된 전자들과 양으로 하전된 핵들은 중성 원자를 형성하게 된다. 본질적으로 원소 생성 역사는 두 가지 주요 단계로 나뉜다. 하나는 처음 20분이 지난 후에 끝난 것이고, 다른 하나는 130억 년(또는 그 이상) 전에 첫 번째 별들이 형성된 이래 쭉 진행되고 있는 것이다.

초기 20분 후에, 팽창하는 우주는 핵융합이 작동할 수 있는 온도 지점 아래로 냉각되었다. 고온 고밀도 장소가 다시 생길 때까지는 더 이상의 물질 진화는 일어날 수 없었다. 이것은 첫 번째 별들이 형성될 때인 (위 시점으로부터) 수백만 년 후까지 발생하지 않았다. 그러고 나서 헬륨보다 무거운 원소들의 생성이 별 내부 깊숙한 곳에서 시작될 수 있었다. 그곳에서 바깥쪽에 가로놓인 물질들의 중력 수축이 가스를 압축하여 온도를 수백만 도로 올렸다. 헬륨핵을 탄소핵으로, 탄소핵을 산소핵으로 융합하는 핵융합 반응이 시작되었다. 별들로부터 빠져나오는 가스의 바람은 이 가공된 물질의 일부를 비교적 온화한 방식으로 우주로 배부하며, 초신성은 격렬하게 물질을 공간에 퍼지게 한다.

이 과정은 마거릿 버비지Margaret Burbidge, 제프리 버비지Geoffrey Burbidge, 프레드 호일Fred Hoyle 및 윌리엄 파울러William Fowler가 1957년에 발표한 기념비적인 104쪽짜리 논문에 상세히 처음으로 설명되었다. "별 내부에서 원소들의 합성"은 별들이 우라늄까지의 수소와 헬륨보다 무거운 거의 모든 화학 원소들을 어떻게 합성하는지를 기술했다. 이 작품은 일반적으로 천체물리학에서 가장 중요한 논문들 중 하나로 여겨진다. 이것은 핵물리, 입자물리와 천문 관측의 통합을 위한 기초를 닦아 놓았으며, 현대 천체물리학의 많은 부분을 위한 길을 열었다.

저자들 성의 앞 글자를 따온 "B제곱 FH"를 가리키는 B^2FH로 알려진 이 논문의 서론에서 저자들은 그들의 목적이 "물질의 역사"를 결정하는 것이라고 명시한다. 이 역사는 원소 함량 분포, 즉 우주 안의 각 원소의 상대적 비율 안에 감춰져 있다.

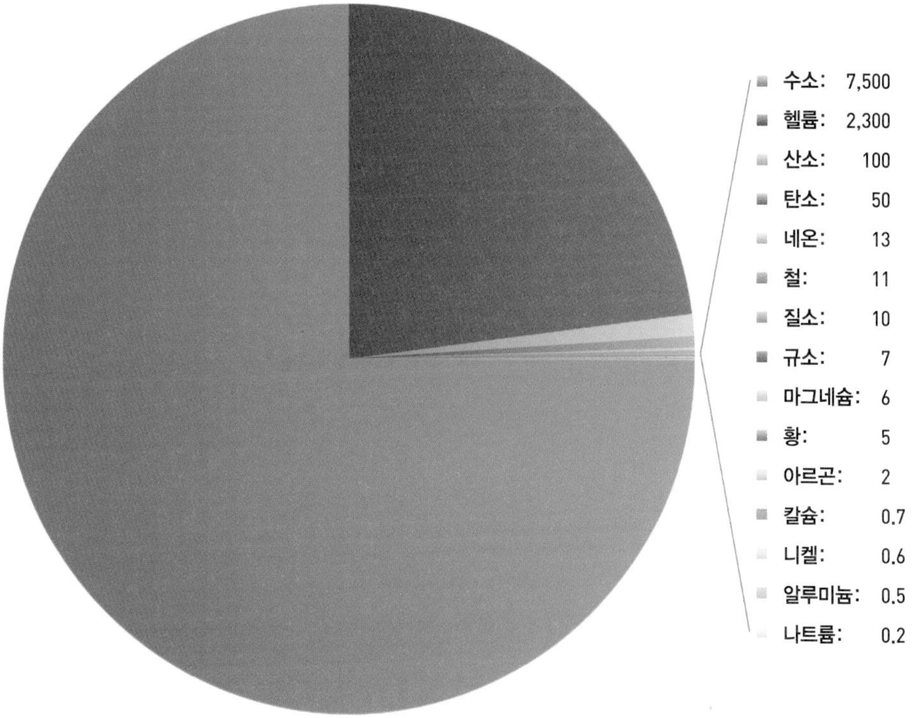

75 | 우주 원소 함량비

만분의 일 단위로 우주 안에 존재하는 다양한 원소들의 평균 질량 함량비를 표현한 파이 도표. 수소와 헬륨의 큰 함량비와 나머지 모든 원소들의 작은 함량비에 유의해 보자. 수소와 헬륨이 98%, 나머지 원소가 2% 정도에 해당한다. 다른 관측들로부터의 증거와 더불어 이것은 우주가 한때 단 하나의 원소, 즉, 수소로 이루어져 있었고 또 더 무거운 원소들을 생성하는 핵융합 반응이 우주의 137억 년 역사를 통해 매우 천천히 진행되어 왔다는 것을 보여준다. 지구는 이와 같이 큰 수소 및 헬륨 함량비를 가지고 있지 않은데 이는 이 가벼운 원소들이 행성이 생성되면서 증발되었기 때문이다.

원소 함량비 파이 도표(그림 75)는 가장 단순한 원소들인 수소와 헬륨이 단연코 제일 풍부하고, 수소와 헬륨보다는 뒤쳐지지만 산소와 탄소가 세 번째, 네 번째로 많음을 보여준다. 이러한 수소와 헬륨의 수적 우세함은 수소로부터 시작되는 가벼운 원소들로부터 무거운 원소들이 만들어지는 과정을 통해 우주 안의 원소들이 탄생되었다는 강력한 증거이다. 이 과정을 핵합성 nucleosynthesis 이라 부른다.

별들은 진화해가며, 자신들의 질량에 따라 핵융합 반응이 무거운 원소들을 만들고 또 그 과정 안에서 중력에 맞서 별을 지지하는 에너지를 공급하는 단계를 연속적으로 거치게 된다. 궁극적으로 무거운 원소들을 포함하는 가공된 물질은 항성풍이나 초신성 폭발에 의해 성간 물질로 배출된다. 헬륨보다 무거운 원소를 천체물리학자들은 무거운 원소, 즉 중원소로 여긴다. 찬드라의 주요 과학적 업적 중 하나는 항성풍과 초신성에 의한 원소들의 비옥화가 은하 규모에서와 은하 간 규모에서 어떻게 이루어졌는지를 정확하게 풀어낸 것이다.

각 초신성 잔해에 관한 찬드라 이미지들과 스펙트럼들은 산소, 규소, 황, 칼슘, 철과 같은 원소들이 풍부한 가스 구름이 초신성 폭발 시 어떤 속력으로 방출되는지 추적하게 한다. 어떤 경우에는 폭발 과정에 관한 정확한

76 | 더듬이 은하계의 엑스선 이미지

찬드라 이미지. 이 은하계를 생성한 은하들 간의 충돌은 초신성 활동을 궁극적으로 증가시키는 폭발적 항성생성을 일으켰다. 이 이미지는 그 은하계 내부의 수많은 초신성들로부터 배출된 산소, 철, 규소, 및 다른 무거운 원소들로 비옥화된 고온 성간 가스 구름을 보여준다. 밝은 점 모양의 광원들은 초신성의 부산물인 블랙홀과 중성자별에 의해 생긴 것이다.

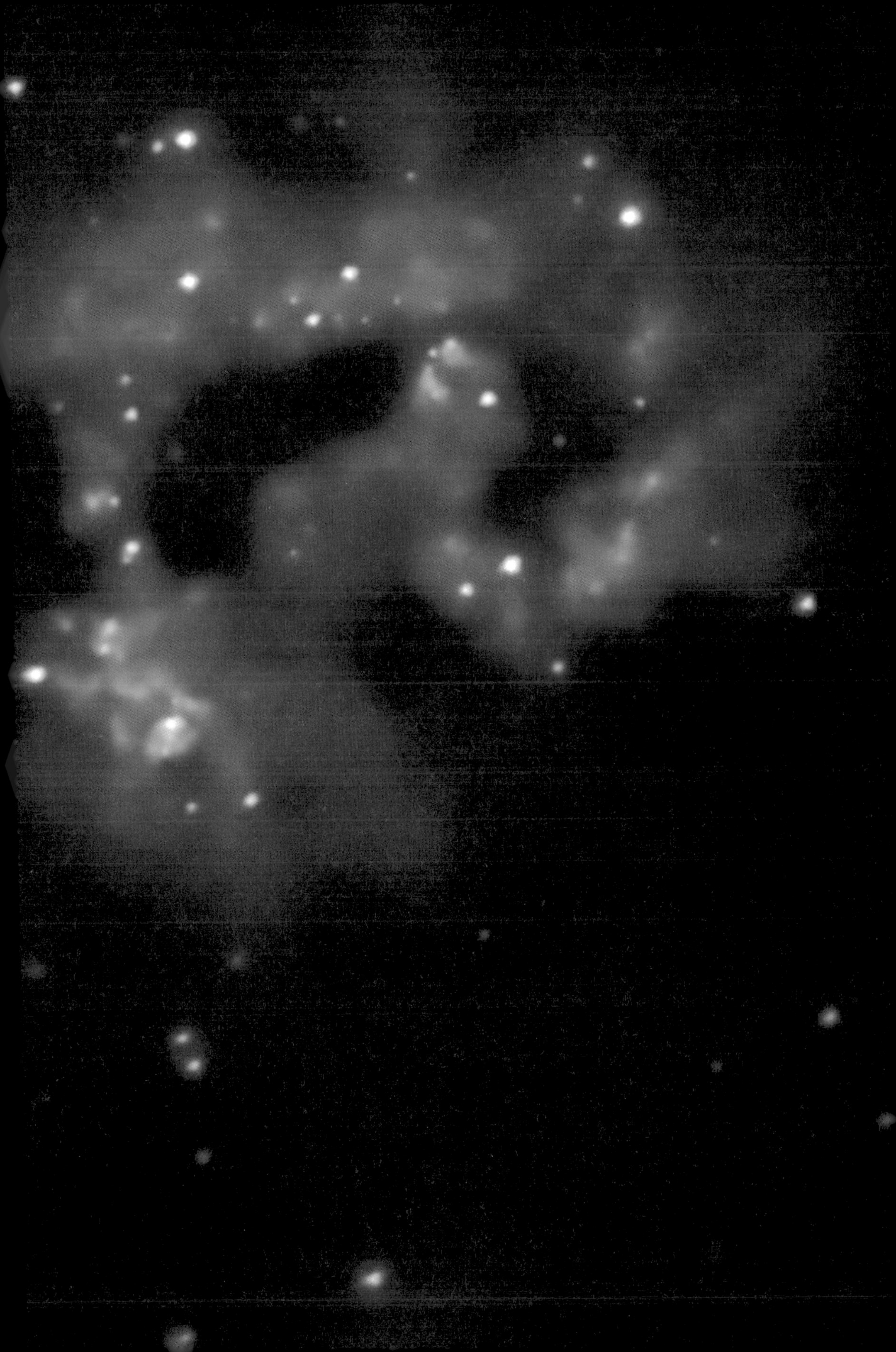

모델을 개발하는 열쇠가 되는 3차원 이미지를 구축하는 것이 가능하다.

한 은하 규모에서, 폭발적 항성생성 은하starburst galaxy라 불리는 특별한 은하들 안에서 별들이 매우 빠르게 생성되고 있음을 관측했다. 폭발적 항성생성은 명백히 다른 은하들과의 충돌에 의해 촉발된다. 이러한 충돌들이 성간 구름의 붕괴를 일으킨다.

더듬이 은하계(그림 74, 그림 76)에서 두 은하들의 충돌은 폭발적 항성생성을 여러 번 만들었다. 은하들이 충돌할 때 그 은하들 내부의 표적 면적이 작은 별들이 충돌하는 게 아니라 크게 분산된 가스 구름이 충돌하는 것이고, 실제로 과거에 여러 번 충돌했다. 이러한 충돌들은 구름을 통해 으르렁거리는 충격파를 보냈다. 수천만 개에서 수억 개의 별들이 한 은하의 일생에서 한 "잃어버린 주말" 정도가 되는 수백만 년 동안에 생성된다. 수백만 년 후 이 "베이비 붐"은 많은 초신성 형태의 "죽음의 붐"으로 이어진다. 이것들이 성간 가스를 가열시키고 무거운 원소들로 풍부하게 만든다.

은하를 통해 무거운 원소들을 배분하는 또 다른 예기치 않은 동인은 그 은하의 중심에 있는 초대질량 블랙홀이다. 빠르게 자전하는 블랙홀에 의해 생긴 격렬한 바람과 제트는 무거운 원소가 풍부한 물질을 은하의 외부와 그 너머로 보낼 수 있다.

은하가 한 은하단으로 떨어지면 가스가 그 은하로부터 떨어져나갈 수 있다. 뜨거운 성간 가스를 통한 그 은하의 운동은 고속 주행하는 오토바이 운전자가 강한 맞바람을 느끼는 것과 거의 같은 방식으로 바람같이 작용하는 충차압을 생성한다(그림 77). 이른바 충차압ram pressure 바람은 그 은하의 차가운 가스를 은하간 매질로 날려 보내고 떨어지고 있는 은하 안의 별들에 의해 만들어진 무거운 원소들로 그 매질을 풍부하게 만든다.

77 | 충차압

2억 광년 이상 떨어진 나선형 은하 ESO 137-001에 대한 찬드라 엑스선(파랑)과 허블 가시광선(청록, 주황, 하양) 합성 이미지. 이 이미지는 충차압에 의해 그 은하로부터 떨어져 나간 가스의 줄무늬를 보여준다. ESO 137-001은 노마 은하단(Norma Cluster) 안의 다른 은하들 사이에서 이 이미지의 왼쪽 상단을 향해 운동한다.

더 큰 규모에서, 산소에 대한 증거는 수백만 광년 길이의 가스인 은하 간 필라멘트에서 검측되었다. 이 산소는 우주의 진화에서 일어난 첫 번째 초신성들의 일부에서 백억 년보다 더 오래전에 생성되었을 가능성이 크다. 몇 개의 폭발적 항성생성 은하에서는 초신성의 비율이 너무 높아서 여러 초신성 충격파들의 결합된 효과가 그 은하 바깥으로 가스를 날려버리는 은하 규모의 바람을 발생시킨다. 대표적인 예가 그림 78에 보이는 은하 M82이다.

M82에 있는 것과 같은 은하풍은 오늘날에는 드물지만 은하들이 매우 젊었을 때인 수십억 년 전에는 아마도 자주 일어났을 것이다. 우주의 팽창을 그때로 되돌려 달려가는 것은 그때에는 은하들 간의 거리가 가까웠음을 내포한다. 은하들 간 충돌은 현 시대보다 훨씬 더 일반적이었다. 이러한 충돌들은 더 많은 폭발적 항성생성을 또 수백만 년 뒤에는 성간 가스들이 그 은하 밖의 은하들 사이 공간으로 확장되게 할 정도로 성간 가스를 과열시킨 더 많은 초신성들을 일으켰다. 수백만 광년에 걸쳐 펼쳐지는 광대한 가스 및 은하들의 무리인 조각가자리 벽 구조Sculptor Wall에서의 산소 이온 탐지에 관한 한 찬드라 보고서는 이 과정이 광대한 규모에서 발생한다는 것에 대한 증거가 될 수 있다. 무거운 원소들로 성간 그리고 은하간 가스의 비옥화가 광대한 공간과 시간의 영겁을 통해 진행되면서, 우주가 화학적으로 더 복잡해졌다. 후속 세대의 별들은 더 많고 무거운 원소들로 이루어진 성간 가스로부터 형성되었다. 우리 태양, 태양계, 그리고 지구상 생명체의 존재는 별의 탄생, 죽음 그리고 재탄생이란 긴 사슬의 직접적 결과이다. 이런 식으로 물질, 별, 은하의 진화는 모두 불가분하게 묶여 있고, 천문학과 화학도 마찬가지이다.

이 메시지는 간단하고 심오하다. 시간이 흐름에 따라 다른 것들도 변한다. 우리 존재의 기반인 원소들이 다른 원소들로 변한다. 덧없음의 규칙들. 별들은 태어나고 잠시 동안 존재하지만, 때로는 매우 오랫동안 존재하기도 하지만, 그들은 폭발하거나 스스로 함몰되거나 또는 어둠을 향해 서서히 차가워진다.

물론 인간 규모에서 우리는 이것을 이미 알고 있었다. 그것은 우리 존재의 황홀감과 고통이다. 우리는 태어나고 살아가고 누군가를 사랑한다. 또한 친구들과 사랑스런 자들이 죽고, 우리도 그럴 것이다.

그리고 몇 년 전에 나는 오래 전 나의 박사학위 논문 지도교수님이었던 제프리

78 | 은하 M82

지구로부터 약 1,200만 광년 거리에 있는 폭발적 항성생성 은하. 별들의 가시광선 빛(허블 망원경으로 관측된 노랑과 초록)은 보통 크기의 명백한 일반 은하의 원반을 드러내는 반면, 수만 도의 수소 가스(주황)를 찍은 두 번째 허블 망원경 관측은 물질이 은하 밖으로 폭발되어 나오는 전혀 다른 그림을 그려준다. 스피처의 적외선 이미지(빨강)는 역시 바깥쪽으로 분출되는 차가운 가스와 먼지를 보여준다. 마지막으로 찬드라 엑스선 이미지(파랑)는 이 유출에 의해 수백만 도로 가열된 가스를 보여준다. 이 분출은 빠른 클립으로, 때로는 우리은하에서보다 열 배 이상 빨리, 별들이 생성되고 있는 M82의 중심부에서 기원한다. 별 생성이 정점을 이르는 동안 은하들로부터의 물질의 방출은 탄소, 산소와 같은 원소들이 우주를 통해 분산되게 하는 하나의 주된 방법일 수 있다. M82 별 생성 급증은 아마도 주변의 다른 큰 은하인 M81이 M82에 접근했을 때인 1억 년 전 즈음에 박차가 가해졌을 것이다.

버비지의 추모식에 참석했다. 몇 해 동안 보지 못했던 한 동료는 나에게 말했다. "사람들은 그렇게 많이 변하지 않았지? 봐라, 사람들은 나이가 들었지만 근본적인 것들은 여전해. 그래서 너는 그들이 똑같다고 이야기할 수 있어."

제프리는 확실히 변하지 않았다. 결국 그는 빅뱅과 그 관련 주제들에 대한 반대 관점을 변함없이 고수했다. 그것이 한 때 물리학의 권위자였던 그를 비주류 천문학자로 만들어버린 계기가 되었다. 개인적으로 그는 거칠고 겁을 주는 존재로 남았다. 다른 학생들이 그를 피했기에, 또 오클라호마 출신의 어리바리한 풋내기였던 나는 아무것도 잘 알지 못했기에 그의 대학원생이 되었다. 그것은 나에게 뜻밖의 행운이 되었다. 그는 나를 엑스선 천문학으로 이끌어 주고 천체물리학에서 나의 첫 직업을 갖도록 도와준 스승이 되어주었다. 그리고 그는 자신이 아팠음에도 불구하고, 내가 파국을 막을 수 없고 절망과 무력감에 깊이 빠져있을 때 처음으로 나에게 연락을 하고 우정, 지지, 및 위안을 제공한 친구가 되었다.

단순한 친절과 배려. 그것들이 별것 아닌 것처럼 보일 수도 있지만, 우리가 변화하는 우주에 대처하기 위해 고군분투해 나아갈 때 그것들이 불변의 가치를 지닌 그 무엇을 우리에게 제공할 수 있다.

79 | W44 초신성 잔해

찬드라 엑스선(파랑)과 스피처(빨강과 초록) 합성 이미지. G34.7–0.4로 알려진 W44는 성간 분자 구름 안에서 진화해가고 있는 초신성 잔해이다. 이 찬드라 이미지는 잔해 내부가 평생 동안 그 별의 핵반응에 의해 합성된 무거운 원소로 풍부함을 드러낸다. 이 원소들은 그 초신성에 의해 은하로 확산되고 있는 중이며, 일부는 결국 구름으로부터 형성된 새 별들로 동화될 것이다. 또한 W44는 주변 가스와 상호작용을 하는 초신성 충격파에서 생성된 고에너지 양성자들에 의해 발생된 감마선 방출의 원천이기도 하다.

80 | 오리온 성운 성단

지구에 가장 가까운 별 생성 지역 중 하나로 약 1,400광년 거리에 있다. 찬드라는 13일간 거의 연속적으로 오리온 성운 성단(Orion Nebula Cluster)을 관측했는데, 이 긴 노출시간의 이미지는 과학자들이 백만 년에서 천만 년 사이의 나이를 가진 젊은 태양과 같은 별들의 엑스선에서의 행태를 연구할 수 있도록 해주었다. 그들은 그러한 별들이 오늘날 우리의 46억년 된 태양에서 볼 수 있는 그 어느 것보다 더 자주 그리고 더 활동적으로 격렬한 엑스선 폭발 또는 불꽃을 일으킨다는 것을 발견했다. 이것은 태양이 젊었을 때는 훨씬 더 활동적이었음을 암시한다. 주황색, 노란색, 그리고 파란색은 각각 찬드라에 의해 감지된 저, 중, 고 에너지를 가진 엑스선을 나타낸다.

21

전에 있었던 일은 뒤에 남습니다.

전에 없었던 일이 지금입니다.

그리고 모든 지나가는 순간이 새롭게 됩니다.

오비드, 《변신담》, 서기 8년

우주의 부활

우주배경복사에 관한 연구를 제외하고, 우주론과 외부은하 천체물리학의 사실상 모든 연구는 별이 어떻게 형성되고 진화되는지에 관한 지식에 달려있다. 그러나 격리 상태나 작은 분자 구름에서의 별 생성에 대한 묘사와 이해에 상당한 진전이 이루어졌음에도 불구하고, 별 생성에 관한 지식은 다음과 같은 근본적 질문들이 여전히 해결되지 않은 채로 남아있다. 먼지와 가스로 이루어진 거대한 구름이 붕괴되며 별들로 되기 위해 산산조각 날 때 형성되는 낮은, 중간, 그리고 높은 질량을 가진 별들의 상대적 비율은 어떠한가? 별의 형성을 유발하는 것은 정확히 무엇인가? 얼마나 많은 별들이 행성의 탄생지가 될 원반을 가지고 있는가?

이러한 질문들에 답하기 위한 첫 번째 단계 중 하나는 별 형성 과정의 다양한 단계에 있는 성간 구름을 관측하는 것이다. 오래되었지만 좋은 비유를 사용하기 위해 천문학자들은 수십억 년에 걸친 별 진화의 드라마의 본질을 종합하는 법을 배웠다. 관찰 생물학자가 숲에서 단 하루를 보냄으로써 100년 이상된 숲속나무의 삶의 주기의 일반적인 윤곽을 이해하듯이, 그들도 같은 방식으로 작업했다. 그 생물학자는 다양한 성장 단계에 있는 도토리, 솔방울, 새싹, 나무의 위치와 숫자를 기록할 수 있다.

같은 방법으로, 천체 물리학자들은 다른 나이와 질량을 가진 별들을 관측하고 별들의 삶의 주기를 재현할 수 있다(그림 81). 광도, 색채 등과 같은 별의 성질을 열거한 별에 관한 광대한 목록들이 편찬되었으며, 이 자료들은 항성 진화론을 개발하는 데 사용되었다. 낮은 질량의 별들이 높은 질량의 별들보다 훨씬 많음이 밝혀졌다. 질량의 척도에서 가장 낮은 끝에는 갈색왜성brown dwarf이 있는데, 태양 질량의 불과 몇 퍼센트에 해당하는 질량을 가지고 있다. 갈색왜성은 핵반응을 지속할 수 없기에 이들은 결코 진화하지 않고 또 행성과 별 사이의 어정쩡한 단계에서 일생을 보낸다. 갈색왜성은 희미해서 그들이 은하 안에 얼마나 많이 있는지를 탐지하고 가늠하는 것을 어렵게 한다.

별의 형성은 먼지와 가스 구름이 붕괴되면서 시작된다. 초기단계에서 중력 붕괴에 의해 방출된 에너지는 별 내부를 가열한다. 이것이 소위 별 생성의 원시별 단계이다. 수백만 년이 지난 후에 원시별 중앙의 물질은 밀집되고 뜨거워져 수소핵에서 헬륨핵으로의 핵융합이 일어날 수 있게 된다. 이러한 반응들에 의해 방출된 에너지의 유출은 붕괴를 막는 데 필요한 압력을 제공한다. 별 하나가 탄생했다. 별은 중심부의 열핵 반응에 의해 가열된 가스 공으로서 자신의 삶을 통해 성장해간다. 태양 몇 개의 질량보다 작은 질량을 가지고 있는 별들은 백색왜성white dwarf으로서 삶을 마치게 된다. 더 무거운 별들은 초신성으로 폭발하여 중성자별로 남게 되거나 가장 무거운 별들의 경우에는 블랙홀로 남게 된다. 참으로 별이 어떻게 진화하는지에 대한 이해의 발전은 20세기 과학 전체의 승리라고 말하는 것이 과하다면, 천체물리학의 위대한 승리 중 하나라고 확실히 말할 수 있다.

별이 생성될 때에 대한 많은 세부 사항들이, 특히 맨 앞 단계에서, 여전히 이해되어야 하는 상태로 남아 있다. 이 책에서 지금부터 나는 두 단계 사이의 정확한 경계를 가늠하는 것이 어렵기에 원시별들과 젊은 별들을 그냥 젊은 별들로 함께 묶어 다루겠다. 별이 고립된 상태로 생성되는 것이 아니라 수천 개가 될 수도 있는 덩어리 상태로 생성된다는 것은 알려져 있다. 성단의 별들은 모두 거의 같은 때에 태어나고 지구로부터 거의 같은 거리에 있기 때문에, 성단은 별의 행태가 질량과 어떻게 관련되는지에 관한 이론을 시험하기 위한 이상적인 실험실을 제공한다. 대부분의 성단은 결국 퍼지게 되기에 우리는 수억 년보다 작은 나이를 가진 별들로 된 상대적으로 젊었을 때의 성단을 보게 된다.

한 가지 문제는 별 형성 과정의 대부분이 가스와 먼지의 밀집된 구름 안 어둠

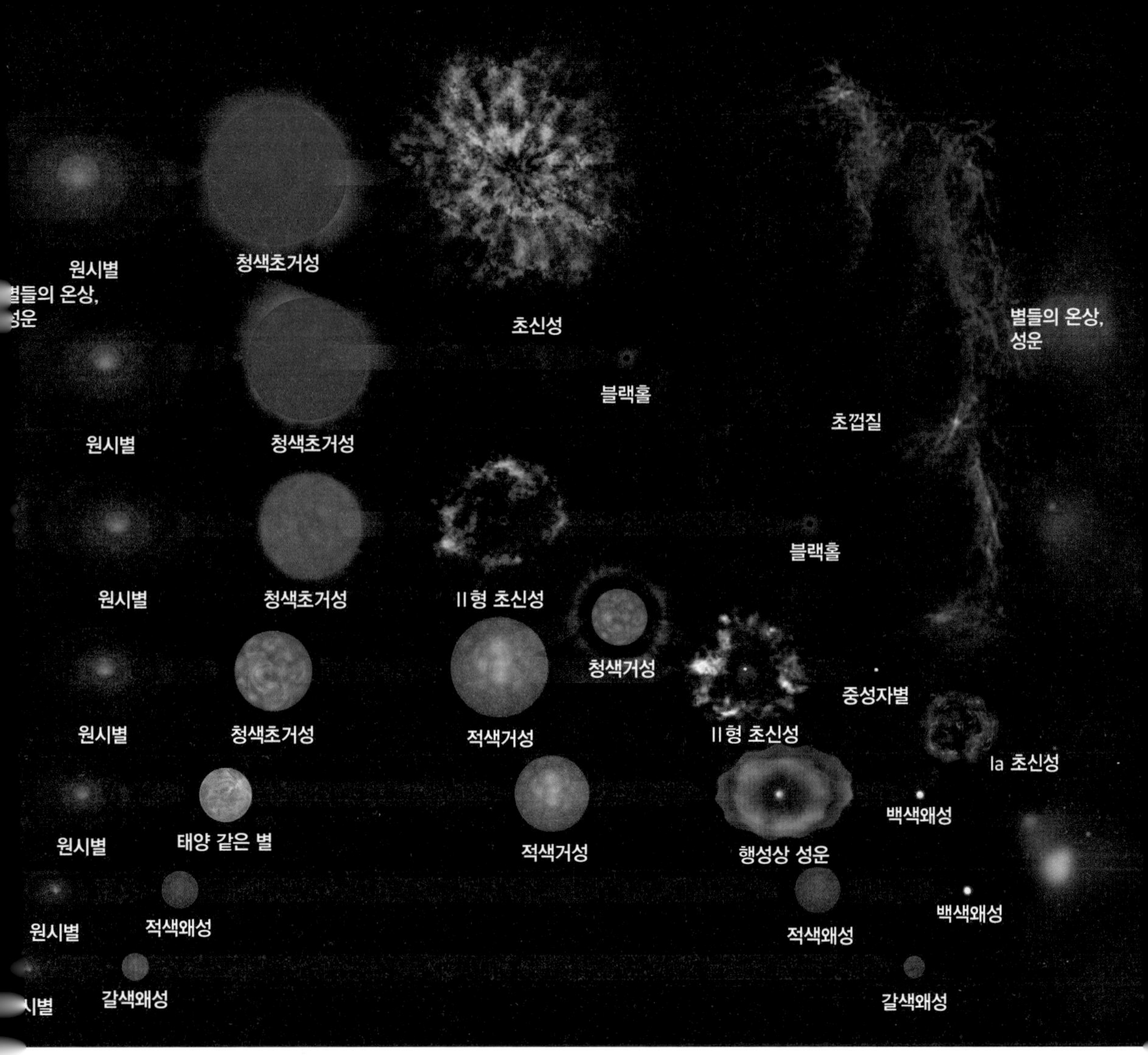

81 | 별의 진화

탄생에서부터 중년기, 노년기 그리고 사망에 이르기까지 별의 진화에 관한 요약이다. 질량이 제일 작은 별들은 아랫부분에, 그리고 질량이 가장 큰 별들은 윗부분에 보인다. 맨 위 두 열에 보이는 진화의 유형은 이론적으로는 가능하지만 아직은 관측하여 확인해야 한다. 별들은 거대한 먼지와 가스 구름 속에서 형성되고 내부 열핵 반응에 의해 가열된 가스의 공으로서 정상적 삶을 통해 성장해간다. 한 별의 진화 속도와 궁극적인 운명은 그 별의 질량에 달려 있는데, 질량이 큰 별은 질량이 작은 별보다 더 빠르게 진화한다. 태양 질량의 몇 퍼센트에 불과한 질량을 가진 갈색왜성은 핵반응을 유지할 수 없고 그래서 결코 진화할 수 없다. 질량에 따라 별은 백색왜성, 중성자별, 또는 블랙홀로 그 진화를 끝낸다. 이 순환은 하나 또는 여러 개의 초신성으로부터 확장되는 껍질이 새로운 별 세대의 형성을 촉발함에 따라 다시 시작된다.

속에서 일어난다는 것이다. 특히 먼지는 가시광 빛을 매우 효율적으로 흡수하기에 가장 강력한 광학 망원경조차도 그곳에서 무엇이 일어나는지를 볼 수 없다. 광학 망원경의 의해 촬영된 아름다운 이미지를 살펴보면 알 수 있듯이, 대부분은 별 생성 구름과는 관련이 없는 별들이 시계에 많이 있다. 별 생성을 이해하는 데 있어서 이들은 매력적인 골칫거리로 여겨진다.

다행스럽게도 별의 성단과 주변에 관한 감도가 좋은 고해상도 엑스선 이미지를 만들 수 있는 능력을 가진 우주 망원경의 출현이 도래함으로 이 문제를 해결하는 데 도움이 되었다. 엑스선은 먼지에 크게 영향을 받지 않는데, 젊은 별들은 상당히 강한 엑스선원이라는 점이 도움이 된다. 전경에 보이는 은하계 별들은 대부분 나이가 들었고 약한 엑스선원이기에 이들은 그저 사소한 문제일 뿐이다. 찬드라의 공간 해상도는 다른 엑스선 천문학 임무에서는 할 수 없었던, 개개의 별들을 구별하는 것을 가능하게 한다. 가스와 먼지에 묻혀 있고 광학 망원경으로는 보이지 않았던 별 집단이 이제는 발견되었다.

약 1,400광년 떨어진 오리온 성운 성단은 지구에 가장 가까운 대형 별 생성 지역이다(254쪽 그림 80). 찬드라 이미지는 오리온 성운 성단에 있는 천 개 정도의 엑스선을 방출하는 젊은 별들을 보여준다. 이 엑스선은 별의 수백만 도 고온 상부 대기층 또는 코로나에서 생성된다. 남반구에서 보이는 별 생성 지역인 용골자리Carina의 대성운에 대한 수차례의 찬드라 관측으로 14,000개 이상의 엑스선 점 광원에 대한 목록이 생겼다(그림 82). 이것들 중 12,000개 이상이 백만 년에서 천만 년 사이의 나이를 가진 젊은 별들이다.

이러한 관측에 의해 가능해진 중요한 진전 하나는 엑스선, 적외선 관측들과 원시성, 젊은 별의 진화에 관한 이론적 모델의 결합의 바탕 위에 젊은 성단 내부의 별들의 나이를 추정하는 방법의 개발이다. 이 방법은 펜실베니아 주립대학의 한 과학자 팀에 의해 17개의 거대 별 형성 지역에서 수천 개 별의 중간 연령을 도출하기 위해 적용되었다. 그들은 별 생성 지역이 같은 나이의 젊은 별들로 균일하게 채워지지 않는 것을 발견했다. 오히려 별들은 덩어리져서 생성된다. 성단을 가로지르며 보이는 별 나이의 큰 차이들은 별 형성이 파도와 같이 일어남을 가리킨다.

불꽃 성단Flame Nebula(NGC 2024)과 오리온 성운 성단에 관한 상세한 찬드라와 적외선 연구는 거대한 성간 구름에서의 별 생성의 진행이 수 광년의 공간적 척도 그리고 수백만 년의 시간적 척도 위에서 추적될 수 있음을 보여준다. 불꽃 성단(그림 83)에서 외곽의 별들은 약 150만 년의 나이를 가지고 있는 반면, 중심부의 별들은 약 20만 년의 나이를 가지고 있다. 이 자료들은 일부 성단들이 천천히 형성되고, 관측되는 성단들의 나이가 실제이며, 성단이 꼭 안쪽에서부터 형성될 필요는 없다는 것을 보여준다. 예를 들어 초신성이 구름 가장자리 부근에서 발생하면 별 형성의 물결을 촉발하는 충격파가 유도된다. 때때로 초신성이 되기 전의 극도로 밝은 별의 복사는 충격파를 유도하고 주변에 별 생성을 일으키기에 충분하다.

주로 적외선 망원경을 이용한 최근 연구의 주된 발견은 매우 어린 별들이 일반적으로 먼지와 가스의 유입 원반으로 둘러싸여 있다는 점이다. 블랙홀 주위의 원반과 마찬가지로, 이 원반도 각운동량의 흐름에 따라 평균화되는 임의의 가스 운동에 의해 생긴, 그래서 피자와 같은 평평한 원반을 만드는 붕괴의 자연스러운 결과이다. 이 물질 중 일부는 원반에서 젊은 별들로 떨어질 것이다. 가스의 유입은 입자가 별의 대기와 충돌할 때 엑스선을 생성할 수 있다. 블랙홀로의 유입과 마찬가지로, 회전과 자기장의 결합은 유입 원반에 대해 수직으로 흐르는 가스의 제트를 생성할 수 있다.

별 주위 원반은 행성 생성의 원재료이기에 행성이 어떻게 형성되는지를 이해하기 위해 큰 관심거리가 된다. 한 가지 중요한 질문은 별 생성 구름의 가혹한 조건에서의 별 주변 원반이 어떻게 생존하는가이다. 용골자리 성운의 약 3백만 년 된 트럼플러Trumpler 16 성단에 대한 가시광선 및 적외선 연구와 결합된 찬드라의 깊은 관측은 이 질문을 조사하게 했다. 작은 질량을 가진 별 주위 원반의 상당 부분이 성단의 무겁고 밝은 별들로 인한 강한 복사에서도 생존했음을 드러냈다. 그러나 무거운 별 주위의 원반은 그렇게 하지를 못했으며, 이 원반의 생존율은 낮은 질량의 그것에 비해 몇 배 낮다. 찬드라와 적외선 전천 탐사는 태양과 비슷한 질량을 가지는 별들의 원반 비율은 약 50%인 반면, 태양 질량의 두 배 이상의 질량을 가진 별들의 원반 비율은 약 20%임을 발견했다. 질량이 큰 별 주위의 원반은 분명히 작은 질량을 가진 별 주위의 원반보다 짧은 소멸 시간 규모를 가지고 있다. 작은 질량의 별조차도, 젊은 별의 복사와 파괴적 중력 영향에 대가를 치른다.

많은 성단에 관한 비교 연구는 원반을 가지고 있는 별의 비율이 백만 년 정도 미만의 젊은 성단에서 약 80~90%임을 제안한다. 5백만 년이 될 때까지 원반 비율은 20%로 떨어지고, 천만 년이 지나면 날아가거나 모항성으로 유입되어가며 거의 모든 원반이 소멸된다. 이것은 가스 행성의 형성이 행성을 이룰 물질이 모두 사라지기 전인 약 천만 년 이내에 완료되어야만 함을 의미한다.

이제 별 주위 원반 파괴에 관한 시간적 척도는 상당히 잘 확립되었다. 그래서 그 관계성을 뒤집어서, 젊은 별의 나이를 추정하는 방법으로서 별 주위 원반의 백분율을 사용하는 게 가능하다. 젊은 별은 나이 든 별보다 원반을 가질 가능성이 훨씬 더 크다. 무겁고 젊은 성단 NGC 6611과 그 부모 구름인 독수리 성운Eagle Nevula에 대한 찬드라, 가시광선, 및 적외선 관측은 별 생성의 물결이 이 성운을 휩쓸고 갔음을 나타낸다. 약 600광년에 달하는 차가운 수소 분자 가스의 대형 껍질은 6백만 년 전 초신성 활동의 물결에 의해 생겼을 가능성이 높다. 그리고 2백만~3백만 년 전 다른 물결과 30만 년 전 세 번째 물결이 뒤따랐다.

젊은 별로부터의 강력한 엑스선 방출은 상당량의 물질이 별 주변 원반에서 그 별로 부착되고 있음을 가리킨다. 이런 부착은 몇 백만 년 미만의 나이를 가진 젊은 별에서 더 강력하게 나타나는데, 원반과 별을 잇는 자기장에 의해 야기될 가능성이 크다. 자기장은 이 과정에서 비틀어지고 꼬이게 될 수 있다. 이 현상은 제트를 만드는 것 외에도 별에 강력한 불꽃을 일으킬 수 있다.

82 | 용골자리 대성운

우리은하의 궁수자리-용골자리 팔에 있는 비교적 가까운 별 탄생 영역. 지구로부터 약 7,500광년 떨어져 있다. 찬드라는 이 지역에서 확산 엑스선 발광(diffuse X-ray glow)에 의해 드러난 14,000개 이상의 별들을 감지했고 질량이 큰 별들은 이미 초신성으로 스스로 파괴되었다는 강력한 증거를 제공했다. 이 이미지에서 저에너지를 가진 엑스선은 빨간색이고, 중에너지 엑스선은 초록색이며, 가장 높은 고에너지를 가진 엑스선은 파란색이다. 여기에 보이는 퍼진 엑스선 방출은 초신성 잔해와 이미지를 가로 질러 흩어진 밝은 엑스선 광원으로 보이는 질량이 큰 별의 바람에 의해 가열된 가스의 조합으로부터 나왔다. 이 별들은 수백만 년 안에나 또는 더 빨리 초신성으로 폭발할 것이다.

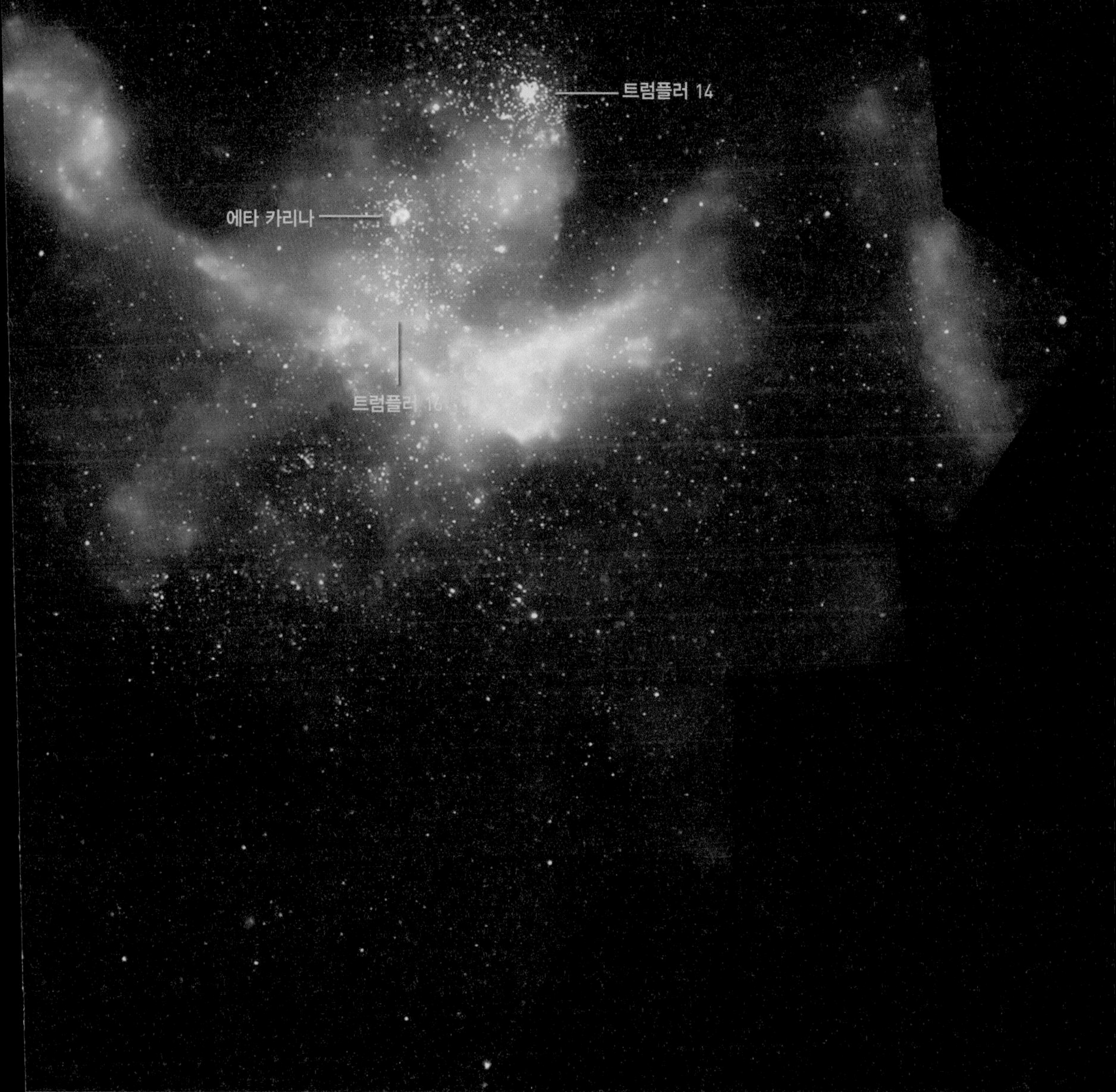
트럼플러 14
에타 카리나
트럼플러 16

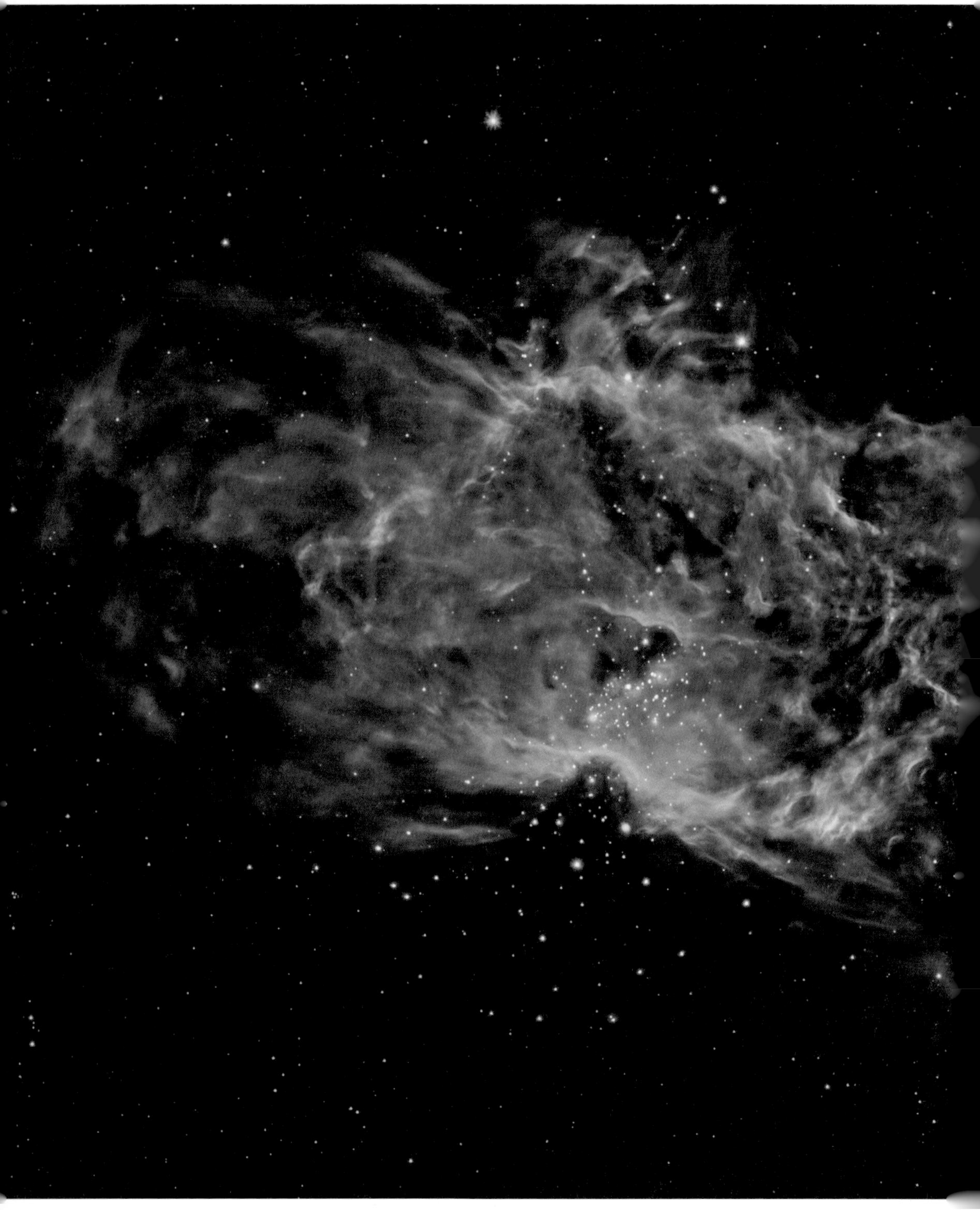

오리온 성운의 별 탄생 영역에 대한 찬드라의 오랜 관측은 모든 젊은 별들은 오늘날 태양 플레어보다 실질적으로 만 배까지 더 강한 플레어를 발생시킬 수 있음을 보여주었다. 이러한 별 주변에서 강력한 피드백 순환이 작용할 수 있다. 일반적으로 한 주에 한 번 발생하는 강렬한 플레어는, 별 주위 원반에 더 많은 난류를 만들면서, 그 원반을 가열하고 이온화한다. 이것은 더 많은 부착accretion을 만들고, 다시 이것이 더 많은 플레어를 생산한다. 행성 형성에 대한 이것의 궁극적인 효과가 무엇인지는 알려져 있지 않다. 한편으로는 그 과정이 행성이 형성되기 전에 가스의 대부분을 소비할 수 있다. 반면에 증가된 난류는 행성의 생성을 촉진할 수 있다.

외계 행성에 대한 엑스선 연구는 이러한 질문들과 다른 질문들에 답하기 위해 빠르게 발전하고 있다. 태양계로부터 수억 km 떨어진 태양계 내부의 거대 행성의 경우, 생성으로부터 남은 잔열이 행성의 에너지 수지energy budget에 중요한 역할을 하지만 태양으로부터의 직접 복사는 덜 중요하다. 그에 비해 소위 뜨거운 목성형 외계행성exoplanet은 모항성에 10~30배 더 가까이 있고 그래서 별로부터 100~1000배 더 많은 복사를 받는다. 별의 엑스선은 특히 불꽃 동안에는 과도한 열과 대기 변화를 일으킬 수 있으며, 또 그 행성의 일생동안에 걸쳐 그 질량의 25%까지를 침식시킬 수 있다. 별-행성 상호작용은 두 방식 모두로 이루어진다. 외계 행성을 지닌 몇 별들의 경우에는, 엑스선 활동의 현저한 증가는 외계 행성이 모항성에 가장 가까이 접근할 때 나타난다는 조짐이 있다.

모항성에서 나온 엑스선의 행성에 대한 영향은 별의 격동하는 젊은 시기에 국한되지 않는다. 태양과 비슷한 50억 년 된 별 주위를 도는 뜨거운 목성형 외계 행

83 | 불꽃 성운

지구로부터 약 1,400광년 떨어진 불꽃 성운(Flame Nebula)의 중심부에 있는 성단 NGC 2024의 합성 이미지. 찬드라로부터의 엑스선은 중심부의 분홍색, 보라색 점들이고, 스피처로부터의 적외선 자료는 구름 낀 것과 같이 흐린 빨간색, 초록색, 밝은 푸른색이다. NGC 2024와 오리온 성운 성단에 관한 연구는 외곽 지역의 별이 중심부의 별보다 나이가 많음을 암시한다. NGC 2024의 중심 별의 나이는 약 20만 년이고 외곽의 별의 나이는 약 150만 년이다. 오리온에서는 연령이 중심부의 120만 년에서 외곽의 200만 년으로 분포한다.

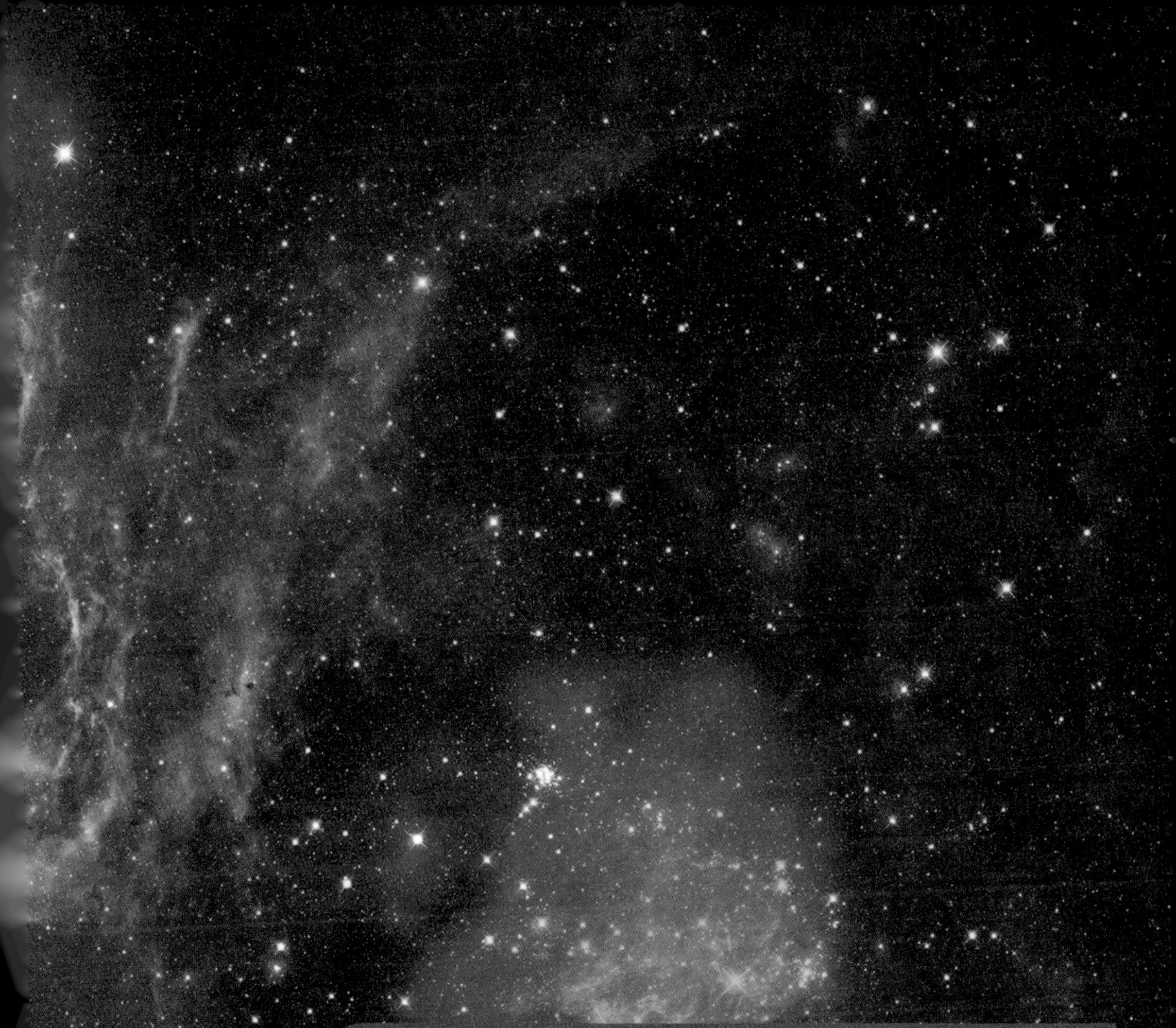

84 | 독거미 성운

지구로부터 약 16만 광년 떨어진 대마젤란 은하(Large Magellanic Cloud Galaxy) 내 독거미 성운(Tarantula Nebula)으로도 알려진 30 Dor(Doradus). 이 합성 이미지에서 찬드라, 허블 및 스피처에서 관측된 엑스선, 가시광선 및 적외선은 각각 파란색, 초록색, 그리고 빨간색이다. 우리은하와 안드로메다 은하를 포함하는 국부 은하군에서 가장 크고 가장 활동적인 별 생성 지역 중 하나인 독거미 성운은 800광년을 가로지르며 매우 밝다. 만약 오리온 성운의 거리(1,300광년)에 있다면 독거미 성운은 보름달 60개의 영역에 걸쳐있을 것이며, 그곳으로부터의 가시광선은 밤에도 지구에 그림자를 드리울 만큼 충분히 밝을 것이다. 독거미 성운의 엄청난 별들은 주변의 차가운 가스와 먼지에 거대한 기포를 새기는 수백만 도의 가스를 그슬리는 강렬한 복사와 바람을 일으킨다. 다른 무거운 별들은 진화 과정을 거치면서 경쟁하고 이 기포들을 엑스선에서 밝게 빛나는 거대 기포로 확장시켜가면서 초신성으로서 파멸적인 폭발을 한다. 그들은 자신들의 이전 삶의 봉화로서 펄사를 남기고, 새로운 별 세대를 만들기 위한 먼지와 가스의 거대 구름의 붕괴를 유발하는 팽창해가는 초신성 잔해를 남긴다. 독거미 성운의 중심에는 성단 R136이 있는데, 세 개의 거대 기포의 교차점에 있다. 이것은 독거미 성운에서 가장 최근에 형성된 성단임이 거의 확실하다.

성 HD 189733b가 별 앞으로 통과할 때에 대한 찬드라 관측은 이 외계 행성이 모항성을 가릴 때 가시광선 파장 대역에서보다 장파장 엑스선 대역에서 상당히 깊은 밝기의 하락을 만들어내는 것을 보여준다. 이 차이는 얇은 외부 행성 대기에 기인한다. 관측은 이 대기가 행성 반경의 1.75배 반경을 가지며 가시광선 파장 대역에서는 투명하지만 엑스선 대역에서는 불투명함을 시사한다. 행성을 가지고 있는 또 다른 별 CoRoT-2A.51처럼 이 모항성은 나이를 고려할 때 이례적으로 높은 엑스선 광도를 가지고 있다. 이 관측은 사실상 이러한 시스템 내 뜨거운 목성들은 행성 궤도로부터의 각운동량을 별의 회전으로 이동시켜 모항성들을 젊고 활발하게 유지하고 있다는 증거가 될 수 있다. 외계 행성 발견에 관한 현기증 날 정도의 빠른 발전 속도를 볼 때, 별-행성 상호작용에 대한 관측이 향후 몇 년간 찬드라를 위한 가장 흥미로운 연구 분야 중 하나가 될 것임이 거의 확실하다.

더 넓은 시야를 확보하기 위해 물러나서 보면, 16만 광년 떨어진 인근 은하인 대마젤란 은하 내부에 있는 독거미 성운의 찬드라 이미지(그림 84)는 별 생성과 진화를 극적으로 재현한 장면을 보여준다. 30 Dor Doradus로도 알려진 독거미 성운Tarantula Nebula은 우리 국부 은하군에서 가장 활동적인 별 형성 지역 중 하나이다. 질량이 큰 별들은 강렬한 빛을 내고 주변 가스에 거대한 기포를 새기는 수백만 도의 가스의 바람이 치밀어 오르게 한다. 다른 무거운 별들은 진화 과정을 거치면서 경쟁을 벌인다. 그들은 초신성으로서 파멸적인 폭발을 하고 중성자와 블랙홀을 남긴다. 팽창하는 초신성 잔해는 은하의 성간 매질을 화학적으로 비옥하게 하고, 난류를 일으키고, 우주선을 생성하고, 새로운 성단을 형성하기 위해 먼지와 가스의 거대 구름을 붕괴한다. 다시 말해서 그들은 새롭게 태어남의 동인이다.

몇 년 전 나는 남 캘리포니아 시골 지역에서 이와 비슷한 과정의 지상의 예를 목격했다. 극도로 건조한 산타 아나Santa Ana의 바람은 세심히 관리된 진화된 산속의 검게 그을린 재가 다시 살아나도록 휙 채찍질했다. 수 시간 안에 완전히 성장한 불이 강 계곡을 통해 질주하고 시속 40 km에 달하는 속도로 가파른 협곡 경사를 올라 질주했다. 24시간 안에 45채의 집이 전소되었고 덤불, 산쑥, 아보카도 수풀이 덮인 600만 평의 대지를 검게 태웠다. 일부 주민들은 살아남기 위해 차가운 수영장에 잠겨 있어야만 했고 다행히도 사망자는 발생하지 않았다.

두꺼운 잿더미와 철쭉 관목과 살아있는 오크 나무의 새까맣게 탄 그루터기를 보았을 때, 그 지역이 회복될 수 있을지 상상하기가 어려웠다. 그러나 다음 겨울에 여러 차례 가벼운 비가 내렸고, 봄이 되자 언덕은 야생화들로 가득 차고 내 기억 속에서 가장 눈부신 모습으로 무지개의 모든 색과 함께 살아났다. 회색 재의 양탄자는 푸른 종꽃과 황금색 캘리포니아 양귀비의 마법 양탄자로 변모했으며 검은 사지가 녹지로 돋아났다. 새로이 태어나는 과정이 시작되었는데 매우 화려한 모습이었다.

새로이 태어난다는 것은 야생화 씨앗처럼 수년간 휴면된 채 남겨졌던 잠재력을 여는 폭력적 사건에 의해 종종 유발되는 자연의 연속적 주제다. 다행스럽게도 우리에게 부활의 가장 극적인 사례들의 대다수는 뒤뜰이 아니라 찬드라와 같은 망원경으로 안전하게 관찰할 수 있는 수천 광년 떨어진 곳에서 발생한다.

이제 18년째 운용에 들어가며 찬드라 엑스선 우주 망원경은 다른 망원경이나 지상의 실험실에서는 직접 접근할 수 없는 고에너지 현상과 근본적 물리의 영역에 대한 견줄 수 없는 시각을 우리에게 주었다. 그리고 우리는 "뜨거운" 우주에서 나오는 "멋진" 이야기들을 많이 배웠다. 우리의 지식을 발전시켜 나가며 이러한 발견들은 탐구를 기다리는 잘 드러나지 않는 잠재적 풍부함과 복잡함을 종종 드러낸다. 찬드라는 탁월한 상태에 있으며, "지나간 것이 서막"이라는 전제하에, 우리는 이 탐사에서 찬드라가 계속해서 중요한 역할을 할 것으로 기대할 수 있다.

감사의 글

나는 천문학 역사에서 가장 성공적인 망원경 중에 하나인 찬드라 우주 망원경을 제작했던 수천 명의 사람들, 그 망원경을 운영하며 아주 효율적으로 결과들을 산출했던 사람들, 그리고 찬드라 우주 망원경을 아주 창조적으로 사용하여 과학자 집단들이 성취한 엄청난 성과들을 이 책에서 아주 피상적으로밖에 다루지 못했음을 먼저 인정하고 싶다. 2015년 12월 현재, 찬드라 우주 망원경을 이용한 과학적 논문이 6,000편 이상 발표되었고, 찬드라 우주 망원경의 보도 담당 과학자인 피터 에드몬드Peter Edmonds와 홍보 담당인 메간 와츠케Megan Watzke가 찬드라 우주 망원경으로부터 얻은 결과에 대한 수준 높은 소식들을 세상에 알리는 데 훌륭한 임무를 다하고 있지만, 아직도 새롭고 중요한 이야기들이 많이 남아 있다.

찬드라 우주 망원경은 리카르도 지아코니Riccardo Giacconi의 예지력과 그 어떠한 기준으로 보더라고 세계 주요 천문대 최고의 천문대장 중 한 명인 하르비 타넨바움Harvey Tananbaum의 지도력으로 현실화되었다. 타넨바움은 1999년 찬드라 우주 망원경이 성공적으로 발사된 후 AXAFAdvanced X-Ray Astrophysics Facility에서 찬드라라는 이름으로 개명되기 8년 전인 1991년에 천문대장이 되었고 2014년까지 천문대장직을 수행했는데, 이는 어느 세계적 수준의 망원경을 운영하였던 천문대장들보다도 더 긴 기간이었다. 나는 개인적으로 하르비와 그의 뒤를 이은 천문대장인 베린다 윌케스Belinda Wilkes가 찬드라의 여행에 나를 크고 작은 전례 없는 방법으로 동참하게 해준 것에 고마움을 전하고 싶다. 하르비는 우리 둘 다 상상했던 것보다 더 오래된 친구이자 동료였다. 나는 찬드라 망원경과 관련된 천문대장 사무실에서 주로 일했는데 홍보팀의 핵심 구성원들은 캐서린 레스티션Kathleen Lestition, 피터 에드몬즈Peter Edmonds, 메간 와츠케Megan Watzke, 그리고 캄벌리 아르칸트Kimberly Kowal Arcand였다. 나는 뛰어나고 특별한 재능을 지닌 팀원들과 마음을 나누며 행복하게 일을 할 수 있었다. 요셉 드파스쿠알Joseph DePasquale, 크리스틴 이보나Kristin DiVona, 애프릴 호바르트April Hobart, 존 리틀John Little, 카작 으르디찬Khajag Mgrdichian, 카렌 필립스Kayren Phillips, 알도 소라레스Aldo Solares, 그리고 메리사 봐이즈Melissa Weiss는 인터넷, 멀티미디어, 이미지와 지원 팀의 일원으로서 그들이 맡은 일들을 탁월하게 진행해 주었다.

제프 멕크린톡Jeff McClintock, 짐 렌쇼우Jim Renshaw, 케리 렌쇼우Kerry Renshaw, 그리고 스튜어트 투커Stuart Tucker는 원고를 아주 정성들여 읽고 유익한 제안을 많이 해주었다. 또한 로우라 하르거Laura Harger와 그레고리 멕나메Gregory McNamee는 편집을 매우 잘해주었다. 그들 모두에게 고맙다고 말하고 싶다. 스미스소니언 출판사 카로린 그레손Carolyn Gleason 사장과 크리스티나 위긴톤Christina Wiginton 편집부장, 그리고 마트 리츠Matt Litts 영업부장에게도 고마움을 전한다. 마지막으로 내가 이 책을 완성하는 기간 동안 사랑과 우애, 격려와 관용으로 도와준 아내 베버리에게도 고맙다.

참고문헌

이 책에서 언급된 많은 연구들에 대한 참고문헌들과 최근의 발전에 대한 최신 참고문헌들은 찬드라 우주 망원경 웹사이트(www.chandra.harvard.edu)에 제시되어 있다. 천체 물리학적으로 최근에 이루어진 연구 업적들은 astro-ph 웹사이트(arxiv.org/archive/astro-ph)에서 열람할 수 있다. 찬드라 우주 망원경의 제작에 대해서는 Tucker & Tucker(2001)에서 자세히 소개한 바 있다. 2014년까지 찬드라 우주 망원경이 발견한 것들에 대해서는 Tananbaum et al.(2014)이 기술적인 부분들을 잘 요약해 놓았다. 엑스선 천문학 발달에 아주 중요한 역할을 담당한 Giacconi는 그의 자서전(2008)에서 엑스선 천문학의 발달에 대한 다양한 관점들을 소개하였다.

Tucker, Wallace and Karen Tucker. 2001. Revealing the Universe. Cambridge, MA: Harvard University Press.

Tananbaum, Harvey, et al. 2014. "Highlights and Discoveries from the Chandra X-Ray Observatory." Reports on Progress in Physics 77, no. 6: 066902.

Giacconi, Riccardo. 2008. Secrets of the Hoary Deep: A Personal History of Modern Astronomy. Baltimore: Johns Hopkins University Press.

서론. 뜨거운 우주에서 나오는 멋진 이야기들

Einstein, Albert. 1949. *The World as I See It*. New York: Philosophical Library.

Galileo, Galilei. 1957. *The Starry Messenger* (1610). In Stillman Drake, ed. and trans., *Discoveries and Opinions of Galileo*. Garden City, NY: Doubleday.

Giacconi, Riccardo. 2008. *Secrets of the Hoary Deep: A Personal History of Modern Astronomy*. Baltimore: Johns Hopkins University Press.

Gibson, William. 2007. *Spook Country*. New York: Putnam.

Gladwell, Malcolm. 1997. "The Coolhunt." *New Yorker*, March 17: 78.

King, Stephen. 2007. "Stephen King on Who's Cool and Who's Not." *Entertainment Weekly*, www.ew.com/article/2007/11/09/stephen-king-whos-cool-and-whos-not.

Tucker, Wallace, and Karen Tucker. 2001. *Revealing the Universe: The Making of the Chandra X-Ray Observatory*. Cambridge, MA: Harvard University Press.

1. 은하단

Abell, George. 1958. "The Distribution of Rich Clusters of Galaxies." *Astrophysical Journal Supplement* 3: 211.

Sloan Digital Sky Survey. www.sdss.org/surveys/.

Tucker, Wallace, Harvey Tananbaum, and Andrew Fabian. 2007. "Black Hole Blowback." *Scientific American* 296, no. 3 (March): 22.

2. 암흑물질의 증거

Bergström, Lars. 2013. "Cosmology and the Dark Matter Frontier." *Physica Scripta* 158: 14014.

Bradač, Maruša. 2008. "Revealing the Properties of Dark Matter in the Merging Cluster MACS J0025.4-1222." *Astrophysical Journal* 687: 959.

Clowe, Douglas, Anthony Gonzales, and Maxim Markevitch. 2004. "Weak-Lensing Mass Reconstruction of the Interacting Cluster 1E 0657-558: Direct Evidence for the Existence of Dark Matter." *Astrophysical Journal* 604: 596.

Conan Doyle, Arthur. 1890. *The Sign of the Four*. New York: Penguin Classics, 2001.

Fabricant, D., and P. Gorenstein. 1983. "Further Evidence for M87's Massive Dark Halo." *Astrophysical Journal* 267: 535 – 46.

Ford, W. Jr., V. Rubin, and M. Roberts. 1971. "A Comparison of 21-cm Radial Velocities and Optical Radial Velocities of Galaxies." *Astronomical Journal* 76: 102.

Gaskins, J. 2016. "A Review of Indirect Searches for Particle Dark Matter." *Contemporary Physics*. 2016arXiv160400014G.

Kravtsov, Andrey V., and Stefano Borgani. 2012. "Formation of Galaxy Clusters." *Annual Review of Astronomy and Astrophysics* 50: 353.

Mantz, Adam B., et al. 2014. "Cosmology and Astrophysics from Relaxed Galaxy Clusters II: Cosmological Constraints." *Monthly Notices of the Royal Astronomical Society* 440: 2077.

Milgrom, Mordecai. 1983. "A Modification of the Newtonian Dynamics as a Possible Alternative to the Hidden Mass Hypothesis." *Astrophysical Journal* 270: 365.

———. 2015. "Ultra-Diffuse Cluster Galaxies as Key to the MOND Cluster Conundrum." *Monthly Notices of the Royal Astronomical Society* 454: 3810.

Roberts, Morton. 1976. "The Rotation Curves of Galaxies." *Comments on Astrophysics* 6: 105.

Roberts, Morton, and Rots, Arnold. 1973. "Comparison of Rotation Curves of Different Galaxy Types." *Astronomy and Astrophysics* 26: 28.

Rubin, Vera. 1980. "Stars, Galaxies, Cosmos: The Past Decade, the Next Decade." *Science* 209: 63.

Rubin, Vera, and W. K. Ford Jr. 1970. "Rotation of the Andromeda Nebula from a Spectroscopic Survey of Emission Regions." *Astrophysical Journal* 159: 379.

Rubin, Vera, W. K. Ford Jr., and N. Thonnard. 1980. "Rotational Properties of 21 SC Galaxies with a Large Range of Luminosities and Radii, from NGC 4605 /R = 4kpc/ to UGC 2885 /R = 122 kpc/." *Astrophysical Journal* 238: 471.

Sanders, Jeremy, et al. 2013. "Linear Structures in the Core of the Coma Cluster of Galaxies." *Science* 341: 1365.

Spergel, David. 2015. "The Dark Side of Cosmology: Dark Matter and Dark Energy." *Science* 347: 1100.

Spergel, David, R. Flauger, and R. Raphael. 2015. "Planck Data Reconsidered." *Physical Review D* 91: 023518.

Steigman, Gary. 2007. "Primordial Nucleosynthesis in the Precision Cosmology Era." *Annual Review of Nuclear and Particle Science* 57: 463.

Strigari, L., et al. 2008. "A Common Mass Scale for Satellite Galaxies of the Milky Way." *Nature* 454: 1096.

Wolf, J., et al. 2010. "Accurate Masses for Dispersion-Supported Galaxies." *Monthly Notices of the Royal Astronomical Society* 406: 1220.

Zwicky, Fritz. 1933. "Die Rotverschiebung von extragalaktischen Nebeln." *Helvetica Physica Acta* 6: 110.

———. 1937. "On the Masses of Nebulae and Clusters of Nebulae." *Astrophysical Journal* 86: 217.

3. 차가운 암흑물질

Alcock, Charles, et al. 2001. "Macho Project Limits of Black Hole Matter in the 1 – 30 Solar Mass Range." *Astrophysical Journal* 550: L169.

Blumenthal, George, et al. 1984. "Formation of Galaxies and Large-Scale Structure with Cold Dark Matter." *Nature* 311: 517.

Feng, J. 2010. "Dark Matter Candidates from Particle Physics and Methods of Detection." *Annual Review of Astronomy and Astrophysics* 48: 495.

Griest, K., A. Cieplak, and M. Lehner. 2013. "New Limits on Primordial Black Hole Dark Matter from an Analysis of Kepler Source Microlensing Events." *Physical Review Letters* 111: 181302.

Harvey, D., et al. 2015. "The Nongravitational Interactions of Dark Matter in Colliding Galaxy Clusters." *Science* 347: 1462.

Jee, M. James, et al. 2014. "Weighing 'El Gordo' with a Precision Scale: Hubble Space Telescope Weak-Lensing Analysis of the Merging Galaxy Cluster ACT-CL J0102-4915 at z = 0.87." *Astrophysical Journal* 785: 201.

Mantz, Adam B., et al. 2014. "Cosmology and Astrophysics from Relaxed Galaxy Clusters II: Cosmological Constraints." *Monthly Notices of the Royal Astronomical Society* 440: 2077.

Markevitch, Maxim, et al. 2004. "Direct Constraints on the Dark Matter Self-Interaction Cross Section from the Merging Galaxy Cluster 1E 0657-56." *Astrophysical Journal* 606: 819.

Morandi, A., and M. Limousin. 2012. "Triaxiality, Principal Axis Orientation and Non-Thermal Pressure in Abell 383." *Monthly Notices of the Royal Astronomical Society* 421: 3147.

Newman, A., et al. 2011. "The Dark Matter Distribution in A383: Evidence for a Shallow Density Cusp from Improved Lensing, Stellar Kinematic, and X-Ray Data." *Astrophysical Journal* 728: L29.

Pontzen, A., and F. Governato. 2014. "Cold Dark Matter Heats Up." *Nature* 506: 171.

Sanders, Jeremy, et al. 2013. "Linear Structures in the Core of the Coma Cluster of Galaxies." *Science* 341: 1365.

Somerville, Rachel, and Romeel Davé. 2015. "Physical Models of Galaxy Formation in a Cosmological Framework." *Annual Review of Astronomy and Astrophysics* 53: 0515.

4. 암흑물질이 바나나가 되다

Abazajian, Kervoork, G. Fuller, and Wallace Tucker. 2001. "Direct Detection of Warm Dark Matter in the X-Ray." *Astrophysical Journal* 562: 593.

Ackermann, M., et al. 2015. "Searching for Dark Matter Annihilation from Milky Way Dwarf Spheroidal Galaxies with Six Years of Fermi Large Area Telescope Data." *Physical Review Letters* 115: 1301.

Adhikari, R., et al. 2016. "A White Paper on keV Sterile Neutrino Dark Matter."

arXiv:1602.04816, High Energy Physics (hep-ph).
Anderson, Michael E., Eugene Churazov, and Joel N. Bregman. 2015. "Non-Detection of X-Ray Emission from Sterile Neutrinos in Stacked Galaxy Spectra." *Monthly Notices of the Royal Astronomical Society* 452, no. 4: 3905.
Boyarsky, Alexey, et al. 2014a. "Unidentified Line in X-Ray Spectra of the Andromeda Galaxy and Perseus Galaxy Cluster." *Physical Review Letters* 113: 1301.
———. 2014b. "Comment on 'Dark Matter Searches Going Bananas: The Contribution of Potassium (and Chlorine) to the 3.5 keV Line' by T. Jeltema and S. Profumo." arXiv:1408.4388, Cosmology and Nongalactic Astrophysics (Astro-ph.CO).
Bulbul, Esra, et al. 2014a. "Detection of an Unidentified Emission Line in the Stacked X-Ray Spectrum of Galaxy Clusters." *Astrophysical Journal* 789: 13.
———. 2014b. "Dark Matter Searches Going Bananas: The Contribution of Potassium (and Chlorine) to the 3.5 keV Line" by T. Jeltema and S. Profumo. arXiv:1409.4143, High Energy Astrophysical Phenomena (Astro-ph.HE).
———. 2014c. Quoted in "Mysterious X-Ray Signal Intrigues Astronomers." Chandra X-Ray Center, press release, June 24.
Carlson, Eric, and Stefano Profumo. 2014. "Cosmic Ray Protons in the Inner Galaxy and the Galactic Center Gamma-Ray Excess." *Physical Review D* 92: 023015.
Cline, J., and A. Frey. 2014. "Consistency of Dark Matter Interpretations of the 3.5 keV X-Ray Line." *Physical Review D* 90: 123537.
Daylan, Tansu, et al. 2014. "The Characterization of the Gamma-Ray Signal from the Central Milky Way: A Compelling Case for Annihilating Dark Matter." *Physics of the Dark Universe* 12 (June): 1. arXiv:1402.6703, High Energy Astrophysical Phenomena (Astro-ph.HE).
Iakubovskyi, Dmytro. 2015. "Observation of the New Emission Line at ~3.5 keV in X-Ray Spectra of Galaxies and Galaxy Clusters." arXiv:1510.00358, High Energy Astrophysical Phenomena (Astro-ph.HE).
Jeltema, Tesla, and Stefano Profumo. 2014a. "Dark Matter Searches Going Bananas: The Contribution of Potassium (and Chlorine) to the 3.5 keV Line." arXiv:1408.1699, High Energy Astrophysical Phenomena (Astro-ph.HE).
———. 2014b. "Reply to Two Comments on 'Dark Matter Searches Going Bananas: The Contribution of Potassium (and Chlorine) to the 3.5 keV Line.'" arXiv:1411.1759, High Energy Astrophysical Phenomena (Astro-ph.HE).
———. 2015. "Discovery of a 3.5 keV Line in the Galactic Centre and a Critical Look at the Origin of the Line across Astronomical Targets." *Monthly Notices of the Royal Astronomical Society* 450: 2143.
Livio, Mario, and Joseph Silk. 2014. "Physics: Broaden the Search for Dark Matter." *Nature* 507: 29.
Markevitch, Maxim. 2014. Quoted in "Mysterious X-Ray Signal Intrigues Astronomers." Chandra X-Ray Center press release, June 24.
Phillips, Kenneth, Barbara Sylwester, and Janusz Sylwester. 2015. "The X-Ray Line Feature at 3.5 keV in Galaxy Cluster Spectra." *Astrophysical Journal* 809: 5.
Profumo, Stefano, and Eric Carlson. 2014. "Cosmic Ray Protons in the Inner Galaxy and the Galactic Center Gamma-Ray Excess." *Physical Review D* 90: 23015.
Tamura, Takayuki, et al. 2015. "An X-Ray Spectroscopic Search for Dark Matter in the Perseus Cluster with Suzaku." *Publications of the Astronomical Society of Japan* 67: 23.

5. 경이로우면서도 무시무시한 캄캄한 곳

Allen, S., et al. 2004. "Constraints on Dark Energy from Chandra Observations of the Largest Relaxed Galaxy Clusters." *Monthly Notices of the Royal Astronomical Society* 353: 457.

Anderson, Lauren, et al. 2014. "The Clustering of Galaxies in the SDSS-III Baryon Oscillation Spectroscopic Survey: Baryon Acoustic Oscillations in the Data Releases 10 and 11 Galaxy Samples." *Monthly Notices of the Royal Astronomical Society* 441, no. 1: 24–62.

Eddington, Arthur. 1978. Quoted in Horace Freeland Judson, "Annals of Science II—DNA." *New Yorker* (December 4): 132.

Einstein, Albert. 1954. *Relativity: The Special and General Theory. A Popular Exposition.* London: Methuen.

Frieman, Joshua A., Michael S. Turner, and Dragan Huterer. 2008. "Dark Energy and the Accelerating Universe." *Annual Review of Astronomy and Astrophysics* 46: 385–432.

Guth, Alan, and Paul Steinhardt. 1984. "The Inflationary Universe." *Scientific American* 250 (May): 116.

Harrison, Edward. 2000. *Cosmology: The Science of the Universe.* 2nd ed. Cambridge: Cambridge University Press.

Hubble, Edwin. 1936. *The Realm of the Nebulae.* New Haven, CT: Yale University Press.

Linde, Andrei. 1987. "Particle Physics and Inflationary Cosmology." *Physics Today* 40: 61.

Panek, Richard. 2011. *The 4% Universe: Dark Matter, Dark Energy, and the Race to Discover the Rest of Reality.* New York: Houghton Mifflin.

Perlmutter, Saul. 1999. "Measurements of Ω and Λ from 42 High-Redshift Supernovae." *Astrophysical Journal* 517: 585.

Planck Collaboration et al. 2013. "Planck 2013 Results. I. Overview of Products and Scientific Results." *Astronomy & Astrophysics* 571: 1.

Poe, Edgar Allan. 1845. "The Raven." *American Review* (February).

———. 1848. *Eureka: A Prose Poem.* New York: George P. Putnam.

Rapetti, David, et al. 2013. "A Combined Measurement of Cosmic Growth and Expansion from Clusters of Galaxies, the CMB and Galaxy Clustering." *Monthly Notices of the Royal Astronomical Society* 432: 973.

Reiss, Adam, et al. 1998. "Observational Evidence from Supernovae for an Accelerating Universe and a Cosmological Constant." *Astronomical Journal* 116: 1009.

Sagan, Carl. 1980. *Cosmos.* New York: Random House.

Schmidt, Brian, et al. 1998. "The High-Z Supernova Search: Measuring Cosmic Deceleration and Global Curvature of the Universe Using Type IA Supernovae." *Astrophysical Journal* 507: 46–63.

Spergel, David. 2015. "The Dark Side of Cosmology: Dark Matter and Dark Energy." *Science* 347: 1100.

Springel, Volker, Carlos Frenk, and Simon White. 2006. "The Large-Scale Structure of the Universe." *Nature* 440: 1137.

Turner, Michael S., and Dragan Huterer. 2007. "Cosmic Acceleration, Dark Energy, and Fundamental Physics." *Journal of the Physics Society of Japan* 76, no. 11: 111015.

Turner, Michael S., and M. White. 1997. "CDM Models with a Smooth Component." *Physics Review D* 56: 4439.

Vikhlinin, Alexey. 2008. Quoted in NASA press release, "Dark Energy Found Stifling Growth in Universe." December 16. http://chandra.harvard.edu/press/08_releases/press_121608 .html.

———. 2009. "Chandra Cluster Cosmology Project III: Cosmological Parameter Constraints." *Astrophysical Journal* 692: 1060.

6. 암흑에너지란 무엇인가?

Blandford, Roger. 2015. "A Century of General Relativity: Astrophysics and Cosmology." *Science* 347: 1103.

Caldwell, Robert L., and Marc Kamionkowski. 2009. "The Physics of Cosmic Acceleration." *Annual Review of Nuclear and Particle Science* 59: 397–429.

Frieman, Joshua A., Michael S. Turner, and Dragan Huterer. 2008. "Dark Energy and the Accelerating Universe." *Annual Review of Astronomy and Astrophysics* 46: 385–432.

Linde, Andrei. 2015. "A Brief History of the Multiverse." arXiv:1512.01203, High-Energy Physics—Theory (hep-th).

Rapetti, David, et al. 2010. "The Observed Growth of Massive Galaxy Clusters—III. Testing General Relativity on Cosmological Scales." *Monthly Notices of the Royal Astronomical Society* 406, no. 3: 1796–1804.

Rossi, Bruno. 1969. Personal communication.

Schmidt, Fabian, Alexey Vikhlinin, and Wayne Hu. 2009. "Cluster Constraints on f(R) Gravity." *Physical Review D* 80: 3505.

Spergel, David. 2015. "The Dark Side of Cosmology: Dark Matter and Dark Energy." *Science* 347: 1100.

7. 우주 그물 구조

Bond, J. Richard, Lev Kofman, and Dmitri Pogosyan. 1996. "How Filaments of Galaxies Are Woven into the Cosmic Web." *Nature* 380: 603–06.

Cautun, Marius, et al. 2014. "Evolution of the Cosmic Web." *Monthly Notices of the Royal Astronomical Society* 441, no. 4: 2923–73.

Fang, Taotao, et al. 2010. "Confirmation of X-Ray Absorption by Warm-Hot Intergalactic Medium in the Sculptor Wall." *Astrophysical Journal* 714, no. 2: 1715–24.

Ma, C., H. Ebeling, and E. Barrett. 2009. "An X-Ray/Optical Study of the Complex Dynamics of the Core of the Massive Intermediate-Redshift Cluster MACSJ0717.5+3745." *Astrophysical Journal Letters* 693: L56.

Nicastro, F., et al. 2013. "Chandra View of the Warm-Hot Intergalactic Medium Toward 1ES 1553+113: Absorption-Line Detections and Identifications. I." *Astrophysical Journal* 769: 90.

Primack, J. 2015. "Cosmological Structure Formation." arXiv:1505.02821, Astrophysics of Galaxies (Astro-ph.GA).

Vogelsberger, Mark, et al. 2014 "Introducing the Illustris Project: Simulating the Co-Evolution of Dark and Visible Matter in the Universe." *Monthly Notices of the Royal Astronomical Society* 444: 1518.

8. 흐릿한 별빛에서 즐거움 만끽하기

Abbott, B. P., et al. (LIGO Scientific Collaboration, Virgo Collaboration). 2016. "Observation of Gravitational Waves from a Binary Black Hole Merger." *Physical Review Letters* 116: 061102.

Chandrasekhar, Subramanyan. 1983. *The Mathematical Theory of Black Holes*. New York: Oxford University Press.

Coleridge, Samuel Taylor. 1798. "The Nightingale." In *The Complete Poems*, ed. William Keach. New York: Penguin Classics, 1997.

Giacconi, Riccardo. 2008. *Secrets of the Hoary Deep: A Personal History of Modern Astronomy*. Baltimore: Johns Hopkins University Press.

Hillebrandt, W., H. Janka, and E. Mueller. 2006. "How to Blow up a Star." *Scientific American* 295: 42.

Jonker, Peter, et al. 2007. "The Cold Neutron Star in the Soft X-Ray Transient 1H 1905+000." *Astrophysical Journal* 665: L147.

Lasota, J. 2008. "ADAFs, Accretion Discs and Outbursts in Compact Binaries." *New Astronomy Review* 51, no. 752.

Laycock, Silas, et al. 2015. "Revisiting the Dynamical Case for a Massive Black Hole in IC10 X-1." *Monthly Notices of the Royal Astronomical Society: Letters* 452: L31.

Liu, J., et al. 2008. "Precise Measurement of the Spin Parameter of the Stellar-Mass Black Hole M33 X-7." *Astrophysical Journal Letters* 679: L37.

McClintock, J., et al. 2007. "Chandra and Constellation-X Home in on the Event Horizon, Black Hole Spin and the Kerr Metric." *Chandra Newsletter* 14: 1.

Narayan, R., M. Garcia, and J. McClintock. 1997. "Advection-Dominated Accretion and Black Hole Event Horizons." *Astrophysical Journal Letters* 478: L97.

Narayan, R., and J. McClintock. 2014. "Observational Evidence for Black Holes." In *General Relativity and Gravitation: A Centennial Perspective*. Edited by A. Ashtekar, B. Berger, J. Isenberg, and M. A. H. MacCallum. Cambridge: Cambridge University Press.

Orosz, Jerome, et al. 2007. "A 15.65-Solar-Mass Black Hole in an Eclipsing Binary in the Nearby Spiral Galaxy M33." *Nature* 449: 8720.

Tucker, Wallace, and Riccardo Giacconi. 1985. *The X-Ray Universe*. Cambridge, MA: Harvard University Press.

Woosley, S., and A. Heger. 2015. "The Deaths of Very Massive Stars." In *Very Massive Stars in the Local Universe*, ch. 7, 199. Edited by Joris S. Vink. Astrophysics and Space Science Library 412. New York: Springer.

9. 백조자리 엑스선원-1, 마이크로퀘이사, 그리고 은하의 제트

Blandford, R., and R. Znajek. 1977. "Electromagnetic Extraction of Energy from Kerr Black Holes." *Monthly Notices of the Royal Astronomical Society* 179: 433.

Corbel, S., et al. 2002. "Large-Scale, Decelerating, Relativistic X-Ray Jets from the Microquasar XTE J1550-564." *Science* 298: 196.

Done, C. M. Gierliński, and A. Kubota. 2007. "Modelling the Behaviour of Accretion Flows in X-Ray Binaries: Everything You Always Wanted to Know about Accretion but Were Afraid to Ask." *Astronomy & Astrophysics Reviews* 15: 1.

Fender, R., and E. Gallo. 2014. "An Overview of Jets and Outflows in Stellar Mass Black

Holes." *Space Science Reviews* 183: 323.

Giacconi, Riccardo. 2008. *Secrets of the Hoary Deep: A Personal History of Modern Astronomy*. Baltimore: Johns Hopkins University Press.

Gou, L., et al. 2011. "The Extreme Spin of the Black Hole in Cygnus X-1." *Astrophysical Journal* 742: 85.

Marshall, H., et al. 2013. "Multiwavelength Observations of the SS 433 Jets." *Astrophysical Journal* 775: 75.

McClintock, J., R. Narayan, and J. Steiner. 2014. "Black Hole Spin via Continuum Fitting and the Role of Spin in Powering Transient Jets." *Space Science Reviews* 183: 295.

Narayan, R., and J. McClintock. 2012. "Observational Evidence for a Correlation between Jet Power and Black Hole Spin." *Monthly Notices of the Royal Astronomical Society* 419: L69.

Narayan, R., J. McClintock, and A. Tchekhovskoy. 2014. "Energy Extraction from Spinning Black Holes via Relativistic Jets." *General Relativity, Cosmology and Astrophysics, Fundamental Theories of Physics* 177: 523.

Orosz, Jerome, et al. 2011. "The Mass of the Black Hole in Cygnus X-1." *Astrophysical Journal* 742: 84.

Reid, M., et al. 2011. "The Trigonometric Parallax of Cygnus X-1." *Astrophysical Journal* 742: 83.

Reynolds, C. 2014. "Measuring Black Hole Spin Using X-Ray Reflection Spectroscopy." *Space Science Reviews* 183: 277.

Soria, R., et al. 2010. "Radio Lobes and X-Ray Hot Spots in the Microquasar S26." *Monthly Notices of the Royal Astronomical Society* 409: 541.

Thorne, Kip S. 1994. *Black Holes and Time Warps: Einstein's Outrageous Legacy*. New York: Norton.

Tucker, Wallace, and Riccardo Giacconi. 1985. *The X-Ray Universe*. Cambridge, MA: Harvard University Press.

Woosley, S., and A. Heger. 2015. "The Deaths of Very Massive Stars." In *Very Massive Stars in the Local Universe*, ch. 7, 199. Edited by Joris S. Vink. Astrophysics and Space Science Library 412. New York: Springer.

10. 번화한 도심은 은하수

Balick, B., and Brown, R. 1974. "Intense Sub-Arcsecond Structure in the Galactic Center." *Astrophysical Journal* 194: 265.

Broderick, A., A. Loeb, and R. Narayan. 2009. "The Event Horizon of Sagittarius A*." *Astrophysical Journal* 701: 1357.

Broderick, A., et al. 2015. "The Event Horizon of M87." *Astrophysical Journal* 805: 179.

Clavel, M. 2013. "Evidence of Multiple Outbursts of Sagittarius A* Revealed by Chandra." *Astronomy & Astrophysics* 558: 32.

Genzel, R., and V. Karas. 2007. "The Galactic Center." In *Black Holes from Stars to Galaxies—Across the Range of Masses*, 173. Edited by V. Karas and G. Matt. Proceedings of IAU Symposium no. 238, August 21 – 25, 2006, Prague, Czech Republic. Cambridge: Cambridge University Press, 2007.

Ghez, A., et al. 2008. "Measuring Distance and Properties of the Milky Way's Central Supermassive Black Hole with Stellar Orbits." *Astrophysical Journal* 689: 1044.

Inui, T., et al. 2009. "Time Variability of the Neutral Iron Lines from the Sagittarius B2 Region and Its Implication of a Past Outburst of Sagittarius A*." *Publications of the Astronomical Society of Japan* 61: 214.

Muno, M., et al. 2007. "Echoes of Multiple Outbursts of Sagittarius A★ Revealed by Chandra." *Astrophysical Journal Letters* 656: L69.

Narayan, R., and J. McClintock. 2014. "Observational Evidence for Black Holes." In *General Relativity and Gravitation: A Centennial Perspective*. Edited by A. Ashtekar, B. Berger, J. Isenberg, and M. A. H. MacCallum. Cambridge: Cambridge University Press.

Nielsen, J., et al. 2013. "A Chandra/HETGS Census of X-Ray Variability from Sgr A* during 2012." *Astrophysics Journal* 774: 42.

Ovid. 8 CE. *Metamorphoses*, bk. I, 151. Translated by Frank Justus Miller. Vol. 1 (1956); vol. 2 (1958). First printing 1916, LCL. London: Heinemann.

Ponti, G., et al. 2015. "Fifteen Years of XMM-Newton and Chandra Monitoring of Sgr A: Evidence for a Recent Increase in the Bright Flaring Rate." *Monthly Notices of the Royal Astronomical Society* 454: 1525.

Schödel, R. 2016. "The Milky Way's Nuclear Star Cluster and Massive Black Hole." *Star Clusters and Black Holes in Galaxies across Cosmic Time, Proceedings of the International Astronomical Union, IAU Symposium* 312, 274.

Wang, Q. D., et al. 2013. "Dissecting X-Ray Emitting Gas around the Center of Our Galaxy." *Science* 341: 981.

11. 중심에 숨겨진 비밀

Baade, Walter. 1956. Quoted in John Pfeiffer, *The Changing Universe*. London: Victor Gollancz Ltd.

———. 1965. Quoted in I. Robinson et al. *Quasi-Stellar Sources and Gravitational Collapse*. Chicago: University of Chicago Press.

Blandford, Roger, and Martin Rees. 1974. "A 'Twin-Exhaust' Model for Double Radio Sources." *Monthly Notices of the Royal Astronomical Society* 169: 395.

Fabian, Andrew. 2001. "The Energy Output of the Universe." *X-Ray Astronomy: Stellar Endpoints, AGN, and the Diffuse X-Ray Background, American Institute of Physics Conference Proceedings* 599: 93. Edited by N. White et al. Melville, NY: American Institute of Physics.

Frost, Robert. 1942. "The Secret Sits." In *The Witness Tree*. New York: Holt.

Hey, Stanley, S. J. Parson, and J. W. Phillips. 1946. "Cosmic Radiations at 5 Metres Wave-Length." *Nature* 157: 296.

Lang, Kenneth R., and Owen Gingerich. 1979. *A Source Book in Astronomy and Astrophysics, 1900–1975*. Cambridge, MA: Harvard University Press.

Lynden-Bell, Donald, and Martin Rees. 1971. "On Quasars, Dust and the Galactic Centre." *Monthly Notices of the Royal Astronomical Society* 152: 461.

Pfeiffer, John. 1956. *The Changing Universe*. London: Victor Gollancz Ltd.

Robinson, I., et al. 1965. *Quasi-Stellar Sources and Gravitational Collapse*. Chicago: University of Chicago Press.

Salpeter, Edwin. 1964. "Accretion of Interstellar Matter by Massive Objects." *Astrophysical Journal* 140: 796.

Schmidt, Maarten. 1963. "3C273: A Star-Like Object with Large Red-Shift." *Nature* 197: 1040.

Spitzer, Lyman Jr., and Walter Baade. 1951. "Stellar Populations and Collisions of Galaxies." *Astrophysical Journal* 113: 413.
Thorne, Kip S. 1994. *Black Holes and Time Warps: Einstein's Outrageous Legacy*. New York: Norton.
Zeldovich, Yakov. 1964. "The Fate of a Star and the Evolution of Gravitational Energy upon Accretion." *Soviet Physics Doklady* 9: 195.

12. 무수히 많은 오리들

Adams, Douglas. *Dirk Gently's Holistic Detective Agency*. New York: Simon & Schuster, 1987.
Burbidge, E. Margaret, Geoffrey Burbidge, and Kevin Prendergast. 1962. "The Rotation and Velocity Field of NGC 253." *Astrophysical Journal* 136: 339.
———. 1963. "The Rotation and Physical Conditions in the Seyfert Galaxy NGC 7469." *Astrophysical Journal* 137: 1022.
Burbidge, Geoffrey, E. Margaret Burbidge, and Allan Sandage. 1963. "Evidence for the Occurrence of Violent Events in the Nuclei of Galaxies." *Reviews of Modern Physics* 35: 94.
Chon, G., et al. 2012. "Discovery of an X-Ray Cavity Near the Radio Lobes of Cygnus A Indicating Previous AGN Activity." *Astronomy & Astrophysics* 545: L3.
Collin, Suzy. 2008. "Quasars and Galactic Nuclei, a Half-Century Agitated Story." *Albert Einstein Century International Conference. AIP Conference Proceedings* 861: 587.
Comastri, A., et al. 2015. "Mass without Radiation: Heavily Obscured AGNs, the X-Ray Background, and the Black Hole Mass Density." *Astronomy & Astrophysics* 574: L10.
Fabian, Andrew. 2001. "The Energy Output of the Universe." *X-Ray Astronomy: Stellar Endpoints, AGN, and the Diffuse X-Ray Background, American Institute of Physics Conference Proceedings* 599, 93. Edited by N. White et al. Melville, NY: American Institute of Physics.
Giommi, P., and P. Padovani. 2015. "A Simplified View of Blazars: Contribution to the X-Ray and γ-Ray Extragalactic Backgrounds." *Monthly Notices of the Royal Astronomical Society* 450: 240.
Schmidt, Maarten. 1963. "3C273: A Star-Like Object with Large Red-Shift." *Nature* 197: 1040.
Seyfert, Carl. 1943. "Nuclear Emission in Spiral Nebulas." *Astrophysical Journal* 97: 28.
Ueda, Yoshihiro. 2015. "Review: Cosmological Evolution of Supermassive Black Holes in Galactic Centers Unveiled by Hard X-Ray Observations." *Proceedings of the Japan Academy, Ser. B: Physical and Biological Sciences* 91, no. 5: 175–92.
Xue, Y. Q., et al. 2012. "The Chandra Deep Field-South Survey: 4 Ms Source Catalogs." *Astrophysical Journal* 758: 129.

13. 초대질량 블랙홀의 기원과 성장

Armus, L., et al. 2009. "GOALS: The Great Observatories All-Sky LIRG Survey." *Publications of the Astronomical Society of the Pacific* 121: 559.
Baade, Walter, and Edwin Hubble. 1939. "The New Stellar Systems in Sculptor and Fornax."

Publications of the Astronomical Society of the Pacific 51: 40.
Baldassare, Vivienne. 2015. "Oxymoronic Black Hole Provides Clues to Growth." NASA press release, August 11. http://chandra.harvard.edu/press/15_releases/press_081115.html.
Baldassare, Vivienne, et al. 2015. "A ~50,000 Solar Mass Black Hole in the Nucleus of RGG 118." *Astrophysical Journal* 809: L14.
Fabbiano, Giuseppina. "NASA's Chandra Finds Nearest Pair of Supermassive Black Holes." NASA press release, August 31, 2011. http://chandra.harvard.edu/press/11_releases/press_083111.html.
Fabbiano, Giuseppina, et al. 2011. "A Close Nuclear Black-Hole Pair in the Spiral Galaxy NGC3393." *Nature* 477: 431.
Green, Paul, et al. 2013. "SDSS J1254+0846: A Binary Quasar Caught in the Act of Merging." *Astrophysical Journal* 710: 1578.
Pacucci, Fabio, et al. 2015. "Shining in the Dark: The Spectral Evolution of the First Black Hole." *Monthly Notices of the Royal Astronomical Society* 454: 377.
Page, M., et al. 2014. "X-Rays from the Redshift 7.1 Quasar ULAS J1120+0641." *Monthly Notices of the Royal Astronomical Society* 440: L91.
Volonteri, M., and J. Bellovary. 2012. "Black Holes in the Early Universe." *Reports on Progress in Physics* 75: 12490.
Wu, X., et al. 2015. "An Ultraluminous Quasar with a Twelve-Billion-Solar-Mass Black Hole at Redshift 6.30." *Nature* 518: 512.
Xue, Y. Q., et al. 2012. "The Chandra Deep Field-South Survey: 4 Ms Source Catalogs." *Astrophysical Journal* 758: 129.
Zwicky, Fritz, and Magrit Zwicky. 1971. *Catalogue of Selected Compact Galaxies and of Post-Eruptive Galaxies*. Zurich: L-Spreich.

14. 녹색 블랙홀

Allen, Steve, et al. 2006. "The Relation between Accretion Rate and Jet Power in X-Ray Luminous Elliptical Galaxies." *Monthly Notices of the Royal Astronomical Society* 372: 21.
Edmonds, Peter. 2005. *Chandra Chronicles*. January 5.
MacLeod, C., et al. 2015. "A Consistent Picture Emerges: A Compact X-Ray Continuum Emission Region in the Gravitationally Lensed Quasar SDSS J0924+0219." *Astrophysical Journal* 806: 258.
Marrone, D., et al. 2007. "An Unambiguous Detection of Faraday Rotation in Sagittarius A*." *Astrophysical Journal* 654: L57.
Miller, J., et al. 2015. "Flows of X-Ray Gas Reveal the Disruption of a Star by a Massive Black Hole." *Nature* 526: 542.
NASA. 2004. "Giant Black Hole Rips Apart Star." Press release. February 18.
———. 2006. "NASA's Chandra Finds Black Holes Are 'Green.'" Press release. April 24.
Reynolds, M. 2014. "A Rapidly Spinning Black Hole Powers the Einstein Cross." *Astrophysical Journal* 792: L19.
Russell, H., et al. 2015. "Inside the Bondi Radius of M87." *Monthly Notices of the Royal Astronomical Society* 451: 588.
Wang, H., and D. Merritt. 2004. "Revised Rates of Stellar Disruption in Galactic Nuclei." *Astrophysical Journal* 600: 149.

Wang, Q. E., et al. 2013. "Dissecting X-Ray-Emitting Gas around the Center of Our Galaxy." *Science* 341: 98.
Wong, K., et al. 2011. "Resolving the Bondi Accretion Flow toward the Supermassive Black Hole of NGC 3115 with Chandra." *Astrophysical Journal* 736: L23.
———. 2014. "The Megasecond Chandra X-Ray Visionary Project Observation of NGC 3115: Witnessing the Flow of Hot Gas within the Bondi Radius." *Astrophysical Journal* 780: 9.

15. 블랙홀 피드백

Mahdavi, A., N. Trentham, and R. Tully. 2005. "The NGC 5846 Group: Dynamics and the Luminosity Function to $M_R = -12$." *Astronomical Journal* 130: 1502.
Main, R., et al. 2015. "AGN Feedback, Host Halo Mass and Central Cooling Time: Implications for Galaxy Formation Efficiency and $M_{BH} - \sigma$." arXiv:1510.07046, Astrophysics of Galaxies (Astro-ph.GA).
McNamara, Brian, and P. Nulsen. 2007. "Heating Hot Atmospheres with Active Galactic Nuclei." *Annual Review of Astronomy and Astrophysics* 45: 117.
———. 2012. "Mechanical Feedback from Active Galactic Nuclei in Galaxies, Groups and Clusters." *New Journal of Physics* 14: 055023.
Nulsen, P., and Brian McNamara. 2013. "AGN Feedback in Clusters: Shock and Sound Heating." *Astronomische Nachrichten* 334, nos. 4–5: 386.
Randall, S., et al. 2015. "A Very Deep Chandra Observation of the Galaxy Group NGC 5813 AGN Shocks, Feedback, and Outburst History." *Astrophysical Journal* 805: 112.
Tananbaum, Harvey, et al. 2014. "Highlights and Discoveries from the Chandra X-Ray Observatory." *Reports on Progress in Physics* 77, no. 6: 066902.
Tucker, Wallace, Harvey Tananbaum, and Andrew Fabian. 2007. "Black Hole Blowback." *Scientific American* 296 (March): 22.

16. 저 어두운 밤 속으로 순순히 들어가려 하지 마시오

Baade, Walter. 1945. "B Cassiopeia as a Supernova of Type I." *Astrophysical Journal* 102: 309.
Baade, Walter, and Fritz Zwicky. 1934. "On Super-Novae." *Proceedings of the National Academy of Sciences* 20: 254.
Burkey, M., et al. 2013. "X-Ray Emission from Strongly Asymmetric Circumstellar Material in the Remnant of Kepler's Supernova." *Astrophysical Journal* 764: 63.
Cappellaro, E., et al. 2015. "Supernova Rates from the SUDARE VST-OmegaCAM Search. I. Rates per Unit Volume." *Astronomy & Astrophysics* 584: 62.
Chiotellis, A, K. Schure, and J. Vink. 2012. "The Imprint of a Symbiotic Binary Progenitor on the Properties of Kepler's Supernova Remnant." *Astronomy & Astrophysics* 537: 139.
Duyvendak, J. J. L. 1942. "Further Data Bearing on the Identification of the Crab Nebula with the Supernova of 1054 A.D. Part I. The Ancient Chronicles." *Proceedings of the Astronomical Society of the Pacific* 54: 91.
Eddington, Arthur. 1935. "Relativistic Degeneracy." *Observatory* 58: 37.
Ferris, Timothy. 1988. *Coming of Age in the Milky Way*. New York: William Morrow.
Gorenstein, Paul, E. Kellogg, and H. Gursky. 1970. "X-Ray Characteristics of Three

Supernova Remnants." *Astrophysical Journal* 160: 199.
Hanbury-Brown, R., and C. Hazard. 1952. "Radio-Frequency Radiation from Tycho Brahe's Supernova (A.D. 1572)." *Nature* 170: 364.
Hillebrandt, W., H. Janka, and E. Muller. 2006. "How to Blow Up a Star." *Scientific American* (October): 42 – 49.
Hillebrandt, W., and F. Röpke. 2010. "Modeling Type Ia Supernovae." *New Astronomy Reviews* 54: 201.
Katsuda, S., et al. 2015. "Kepler's Supernova: An Overluminous Type Ia Event Interacting with a Massive Circumstellar Medium at a Very Late Phase." *Astrophysical Journal* 808: 49.
Kerzendorf, W., et al. 2013. "A High-Resolution Spectroscopic Search for the Remaining Donor for Tycho's Supernova." *Astrophysical Journal* 774: 99.
———. 2014. "A Reconnaissance of the Possible Donor Stars to the Kepler Supernova." *Astrophysical Journal* 782: 27.
Krause, Oliver, et al. 2008. "Tycho Brahe's 1572 Supernova as a Standard Type Ia as Revealed by Its Light-Echo Spectrum." *Nature* 456: 617.
Li, W., et al. 2011. "Nearby Supernova Rates from the Lick Observatory Supernova Search—III. The Rate-Size Relation, and the Rates as a Function of Galaxy Hubble Type and Colour." *Monthly Notices of the Royal Astronomical Society* 412: 1473L.
Miller, A. 2005 *Empire of the Stars: Obsession, Friendship and Betrayal in the Quest for Black Holes*. New York: Houghton Mifflin.
Minkowski, Rudolph. 1941. "Spectra of Supernovae." *Publications of the Astronomical Society of the Pacific* 53: 224.
Thomas, Dylan. 1952. "Do Not Go Gentle into That Good Night" (1951). In *In Country Sleep, and Other Poems*. New York: New Directions.
Wang, B., and Z. Han. 2012. "Progenitors of Type Ia Supernovae." *New Astronomy Reviews* 56: 122.
Whelan, John, and Icko Iben Jr. 1973. "Binaries and Supernovae of Type I." *Astrophysical Journal* 186: 1007.

17. 폭축하는 핵

Delaney, T., et al. 2010. "The Three-Dimensional Structure of Cassiopeia A." *Astrophysical Journal* 725: 2038.
Delaney, T., and J. Satterfield. 2013. "The Proper Motion of the Neutron Star in Cassiopeia A." arXiv:1307.3539, High Energy Astrophysical Phenomena (Astro-ph.HE).
Helder, E., et al. 2013. "Chandra Observations of SN 1987A: The Soft X-Ray Light Curve Revisited." *Astrophysical Journal* 764: 11.
Ho, W., et al. 2015. "Tests of the Nuclear Equation of State and Superfluid and Superconducting Gaps Using the Cassiopeia A Neutron Star." *Physical Review C* 91: 5806.
Ho, W., and C. Heinke. 2009. "A Neutron Star with a Carbon Atmosphere in the Cassiopeia A Supernova Remnant." *Nature* 462: 71.
Hwang, U., and M. Laming. 2012. "A Chandra X-Ray Survey of Ejecta in the Cassiopeia A Supernova Remnant." *Astrophysical Journal* 746: 130.
Janka, H. 2012. "Explosion Mechanisms of Core-Collapse Supernovae." *Annual Review of Nuclear and Particle Science* 62: 407.

Lopez, L., et al. 2013. "The Galactic Supernova Remnant W49B Likely Originates from a Jet-Driven, Core-Collapse Explosion." *Astrophysical Journal* 764: 50L.
Park, S., et al. 2007. "A Half-Megasecond Chandra Observation of the Oxygen-Rich Supernova Remnant G292.0+1.8." *Astrophysical Journal* 670: L21.
Sukhbold, T., et al. 2016. "Core-Collapse Supernovae from 9 to 120 Solar Masses Based on Neutrino-Powered Explosions." *Astrophysical Journal* 821: 38.
Vink, Joris. 2012. "Supernova Remnants: The X-Ray Perspective." *Astronomy & Astrophysics Review* 20: 49.
Woosley, S., and A. Heger. 2015. "The Deaths of Very Massive Stars." In *Very Massive Stars in the Local Universe*, ch. 7, 199. Edited by Joris S. Vink. Astrophysics and Space Science Library 412. New York: Springer.
Woosley, S., and T. Janka. 2005. "The Physics of Core-Collapse Supernovae." *Nature Physics* 1: 147.
Yeats, William B. 1920. "The Second Coming." *Dial* (Chicago). November.

18. 게 성운과 펄사풍 성운들

Baade, Walter, and Fritz Zwicky. 1934a. "On Super-Novae." *Proceedings of the National Academy of Sciences* 20, no. 5: 254.
———. 1934b. "Cosmic Rays from Super-Novae." *Proceedings of the National Academy of Sciences* 20: 259.
Bowyer, S., et al. 1964. "Lunar Occultation of X-Ray Emission from the Crab Nebula." *Science* 146: 912.
Bühler, R., and Roger Blandford. 2014. "The Surprising Crab Pulsar and Its Nebula: A Review." *Reports on Progress in Physics* 77: 6901.
Duyvendak, J. 1942. "Further Data Bearing on the Identification of the Crab Nebula with the Supernova of 1054 A.D. Part I. The Ancient Chronicles." *Proceedings of the Astronomical Society of the Pacific* 54: 91.
Gaensler, B., and P. Slane. 2006. "The Evolution and Structure of Pulsar Wind Nebulae." *Annual Review of Astronomy and Astrophysics* 44: 17.
Gaensler, B., et al. 2004. "The Mouse That Soared: High-Resolution X-Ray Imaging of the Pulsar-Powered Bow Shock G359.23-0.822004." *Astrophysical Journal* 616: 383.
Hester, J. 2008. "The Crab Nebula: An Astrophysical Chimera." *Annual Review of Astronomy and Astrophysics* 46: 127.
Kargaltsev, O., et al. 2015. "Pulsar-Wind Nebulae: Recent Progress in Observations and Theory." *Space Science Reviews* 191: 391.
Kargaltsev, O., and G. Pavlov. 2008. "Pulsar Wind Nebulae in the Chandra Era." *40 Years of Pulsars: Millisecond Pulsars, Magnetars and More. AIP Conference Proceedings* 983: 171.
Lyutikov, M., and A. Lazarian. 2013. "Topics in Microphysics of Relativistic Plasmas." *Space Science Reviews* 178: 459.
Mayall, Nicholas U. 1962. "The Story of the Crab Nebula." *Science* 137: 91.
Mayall, Nicholas U., and Jan H. Oort. 1942. "Further Data Bearing on the Identification of the Crab Nebula with the Supernova of 1054 A.D. Part II. The Astronomical Aspects." *Publications of the Astronomical Society of the Pacific* 54, no. 318: 95.
Minkowski, Rudolph. 1942. "The Crab Nebula." *Astrophysical Journal* 96: 199.

Pacini, Franco. 1967. "Energy Emission from a Neutron Star." *Nature* 216: 567.
Staeilin, D., and E. Reifenstein. 1968. "Pulsating Radio Sources near the Crab Nebula." *Science* 162: 1481.
Stappers, B., et al. 2003. "An X-Ray Nebula Associated with the Millisecond Pulsar B1857+20." *Science* 299: 1372.
Yang, H., and R. Chevalier. 2015. "Evolution of the Crab Nebula in a Low Energy Supernova." *Astrophysical Journal* 806: 153.
Yuan, Y., and Roger Blandford. 2015. "On the Implications of Recent Observations of the Inner Knot in the Crab Nebula." *Monthly Notices of the Royal Astronomical Society* 454: 275.

19. 우주에서 내리는 가랑비

Blandford, Roger, P. Simeon, and Y. Yuan. 2014. "Cosmic Ray Origins: An Introduction." *Nuclear Physics B—Proceedings Supplements* 256: 9
Blasi, P. 2013. "The Origin of Galactic Cosmic Rays." *Astronomy and Astrophysics Review* 21: 70.
Eriksen, K., et al. 2011. "Evidence for Particle Acceleration to the Knee of the Cosmic Ray Spectrum in Tycho's Supernova Remnant." *Astrophysical Journal* 728: L28.
Ferrier, K., J. Kirchner, and R. Finkel. 2008. "Cosmogenic-Based Physical and Chemical Denudation Rates in the Idaho Batholith." *Geochimica et Cosmochimica Acta* 72: 266.
Friedlander, M. 1989. *Cosmic Rays*. Cambridge, MA: Harvard University Press.
Ginzburg, Vitaly, and Sergei Syrovatskii. 1964. *The Origin of Cosmic Rays*. New York: Macmillan.
Granger, Darryl, N. Lifton, and J. Willenbring. 2013. "A Cosmic Trip: 25 Years of Cosmogenic Nuclides in Geology." *Geological Society of America Bulletin* 125: 1379.
Greensfelder, L. 2002. "Subtleties of Sand Reveal How Mountains Crumble." *Science* 295: 256.
Hess, Victor. 1936. "Nobel Lecture: Unsolved Problems in Physics: Tasks for the Immediate Future in Cosmic Ray Studies." Nobel Media AB 2014. www.nobelprize.org/nobel_prizes/physics/laureates/1936/hess-lecture.html. April 8, 2016.
Wang, F., et al. 2015. "Beryllium-10 Concentrations in the Hyper-Arid Soils in the Atacama Desert, Chile: Implications for Arid Soil Formation Rates and El Niño Driven Changes in Pliocene Precipitation." *Geochimica et Cosmochimica Acta* 160: 227.
Warren, J., et al. 2005. "Cosmic-Ray Acceleration at the Forward Shock in Tycho's Supernova Remnant: Evidence from Chandra X-Ray Observations." *Astrophysical Journal* 674: 376.

20. 원소 변화

Burbidge, E. Margaret, Geoffrey R. Burbidge, William Fowler, and Fred Hoyle. 1957. "Synthesis of the Elements in Stars." *Reviews of Modern Physics* 29: 547.
Delaney, T., et al. 2010. "The Three-Dimensional Structure of Cassiopeia A." *Astrophysical Journal* 725: 2038.
Fabbiano, Giuseppina, et al. 2004. "X-Raying Chemical Evolution and Galaxy Formation in the Antennae." *Astrophysical Journal* 605: L21.

Fang, Taotao, et al. 2010. "Confirmation of X-Ray Absorption by Warm-Hot Intergalactic Medium in the Sculptor Wall." *Astrophysical Journal* 714, no. 2: 1715–24.

Hwang, U., and M. Laming. 2012. "A Chandra X-Ray Survey of Ejecta in the Cassiopeia A Supernova Remnant." *Astrophysical Journal* 746: 130.

Kirkpatrick, C., and B. McNamara. 2015. "Hot Outflows in Galaxy Clusters." *Monthly Notices of the Royal Astronomical Society* 452: 4361.

Strickland, D., and T. Heckman. 2009. "Supernova Feedback Efficiency and Mass Loading in the Starburst and Galactic Superwind Exemplar M82." *Astrophysical Journal* 697: 230.

Tananbaum, Harvey, et al. 2014. "Highlights and Discoveries from the Chandra X-Ray Observatory." *Reports on Progress in Physics* 72: 066902.

21. 우주의 부활

Getman, K., et al. 2014a. "Core-Halo Age Gradients and Star Formation in the Orion Nebula and NGC 2024 Young Stellar Clusters." *Astrophysical Journal* 787: 108.

———. 2014b. "Age Gradients in the Stellar Populations of Massive Star Forming Regions Based on a New Stellar Chronometer." *Astrophysical Journal* 787: 108.

Poppenhager, K., et al. 2013. "Transit Observations of the Hot Jupiter HD 189733b at X-Ray Wavelengths." *Astrophysical Journal* 773: 62.

Rivilla, V., et al. 2013. "The Role of Low-Mass Star Clusters in Massive Star Formation: The Orion Case." *Astronomy & Astrophysics* 554: 48.

Townsley, L., et al. 2006. "A Chandra ACIS Study of 30 Doradus. I. Superbubbles and Supernova Remnants." *Astronomical Journal* 131: 2140.

———. 2014. "The Massive Star-Forming Regions Omnibus X-Ray Catalog." *Astrophysical Journal Supplement* 213: 1.

Wolk, S., et al. 2011. "The Chandra Carina Complex Project View of Trumpler 16." *Astrophysical Journal Supplement* 194: 1.

이미지 출처

Acronyms

AAO	Anglo-Australian Observatory
ALMA	Atacama Large Millimeter/Submillimeter Array
ASTRON	Netherlands Foundation Research in Astronomy
ASU	Arizona State University
ATCA	Australia Telescope Compact Array
ATNF	Australia Telescope National Facility
AUI	Associated Universities, Inc.
AURA	Associated Universities for Research in Astronomy
CfA	Harvard-Smithsonian Center for Astrophysics
CSIRO	Commonwealth Scientific and Industrial Research Organisation
CXC	Chandra X-Ray Center
DRAO	Dominion Radio Astrophysical Observatory
ESA	European Space Agency
ESO	WFI European Space Observatory Wide Field Imager
IfA	Institute for Astronomy, University of Hawaii
IoA	Institute of Astronomy, Cambridge University
JHU	Johns Hopkins University
JPL	Jet Propulsion Laboratory
MIT	Massachusetts Institute of Technology
MPE	Max Planck Institute for Extraterrestrial Physics
MYStIX	Massive Young Star-Forming
Complex	Study in Infrared and X-Ray
NAOJ	National Astronomical Observatory of Japan
NASA	National Aeronautics and Space Administration
NCSU	North Carolina State University
NRAO	National Radio Astronomy Observatory
NRC	National Research Council
NSF	National Science Foundation
PSU	Penn State University
ROSAT	Roentgensatellite

SAO	Smithsonian Astrophysical Observatory
SDSS (I, II, III)	Sloan Digital Sky Surveys
SDSU	San Diego State University
STScI	Space Telescope Science Institute
UAH	University of Alabama, Huntsville
UltraVISTA	Ultra-Deep Survey, Vista Telescope
VLA	Karl G. Jansky Very Large Array
VLT	Very Large Telescope, European Southern Observatory

Credits

Frontispiece, figure 84: X-ray: NASA/CXC/PSU/Leisa Townsley et al.; optical: NASA/STScI; infrared: NASA/JPL/PSU/Leisa Townsley et al. Figure 1: X-ray: NASA/CXC/Bryan Gaensler et al.; X-ray: NASA/ROSAT/I. Asaoka and B. Aschenbach; radio wide: NRC/DRAO/D. Leahy; radio detail; NRAO/VLA; optical: Digitized Sky Survey (DSS). Figure 2: NASA/CXC/SAO/Rutgers University/John Hughes. Figure 3: Illustris Collaboration. Figure 4: X-ray: NASA/CXC/MIT/En-Hsin Peng et al.; optical: NASA/STScI. Figure 5: Jeremy Tinker/SDSS-III collaboration. Figure 6: X-ray: NASA/CXC/Université de Paris/T. Wang et al.; infrared: ESO WFI/UltraVISTA; radio: ESO WFI/NAOJ/NRAO/ALMA. Figure 7: X-ray: NASA/CXC/MPE/Jeremy Sanders et al.; optical: SDSS. Figure 8: ESA and Planck Collaboration. Figure 9: X-ray: NASA/CXC/CfA/Maxim Markevitch et al.; optical: NASA/STScI/Magellan Telescope/University of Arizona/Douglas Clowe et al.; lensing map: NASA/STScI/ESO WFI/Magellan Telescope/University of Arizona/Douglas Clowe et al. Figure 10: X-ray: NASA/CXC/Stanford University/Steve Allen; optical/lensing: NASA/STScI/University of California, Santa Barbara/Maruša Bradač. Figure 11: NASA/ESA/Myungkook James Jee et al. Figure 12: NASA/MIT/John Arabadjis et al. Figure 13: NASA/CXC/SAO/Esra Bulbul et al. Figure 14: X-ray: NASA/CXC/Boston University/Elizabeth Blanton; optical: ESO WFI/VLT. Figure 15: NASA/CXC/Kristin Divona. Figure 16: X-ray: NASA/CXC/California Institute of Technology/A. Newman et al./Tel Aviv/Andrea Morandi and Marceau Limousin; optical: NASA/STScI, ESO WFI/VLT, SDSS. Figure 17: X-ray: NASA/CXC/IfA/Chen-Juin Ma et al.; optical: NASA/STScI/IfA/Chen-Juin Ma et al. Figures 18, 21: NASA/CXC/April Hobart. Figure 19: illustration: NASA/CXC/Melissa Weiss; spectrum: NASA/CXC/University of California, Irvine/Taotao Fang et al. Figures 20, 25–26, 29, 35–36, 44, 49, 53–56, 75, 81: NASA/CXC/Melissa Weiss. Figure 22: X-ray: NASA/CXC/

University of Hertfordshire/Martin Hardcastle et al.; radio: CSIRO/ATNF/ATCA. Figure 23, 61, 62: NASA/CXC/Sharon Lee. Figure 24: illustration: NASA/CXC/Melissa Weiss; X-ray: NASA/CXC/CfA/Paul Plucinsky et al.; optical: NASA/STScI/SDSU/Jerome Orosz et al. Figures 27, 74: Digitized Sky Survey (DSS). Figure 28: NASA/CXC/Amherst College/Darryl Haggard et al. Figure 30: NASA/CXC/University of Massachusetts/Q. Daniel Wang et al. Figure 31: NASA/STScI. Figure 32: X-ray: NASA/CXC/SAO; UV: NASA/JPL–California Institute of Technology; optical: NASA/STScI; infrared: NASA/JPL–California Institute of Technology; radio: NRAO/AUI/NSF. Figure 33: NASA/CXC/Kimberly Kowal. Figure 34: X-ray: NASA/CXC/University of Hawaii/Ezequiel Treister et al.; optical: NASA/STScI/Steven Beckwith et al. Figure 37: X-ray: NASA/CXC/CfA/R. Hickox et al.; Moon: NASA/JPL. Figure 38: X-ray: NASA/CXC/SAO/Giuseppina Fabbiano et al.; optical: NASA/STScI. Figure 39: X-ray: NASA/CXC/SAO/P. Green et al.; optical: Carnegie Observatories/Magellan/Walter Baade Telescope/J. S. Mulchaey et al. Figure 40: X-ray: NASA/CXC/MIT/Claude Canizares and Michael Nowak; optical: NASA/STScI. Figure 41: NASA/CXC/University of Birmingham/Mark Burke et al. Figure 42: spectrum: NASA/CXC/University of Michigan/Jon Miller et al.; illustration: NASA/CXC/Melissa Weiss. Figure 43: NASA/CXC/Kavli Institute for Particle Astrophysics and Cosmology/Norbert Werner, Evan T. Million, et al. Figure 45: NASA/CXC/IoA/Andrew Fabian et al. Figure 46: SDSS. Figure 47: X-ray: NASA/CXC/SAO/Scott Randall et al.; optical: SDSS. Figure 48: X-ray: NASA/CXC/University of Waterloo/Adrian Vantyghem et al.; optical: NASA/STScI; radio: NRAO/AUI/NSF. Figure 50: X-ray: NASA/CXC/MIT/M. McDonald et al.; optical: NASA/STScI; radio: Tata Institute of Fundamental Research/Giant Metrewave Radio Telescope. Figures 51–52, 58, 66: NASA/CXC/SAO. Figure 57: NASA/Howard E. Bond and Edmund Nelan (STScI)/Martin Barstow and Matt Burleigh (University of Leicester)/Jay B. Holberg (University of Arizona). Figure 59: NASA/CXC/NCSU/Mary Burkey et al. Figure 60: NASA/STScI/CfA/Pete Challis. Figure 63: NASA/CXC/PSU/Sangwook Park et al. Figure 64: X-ray: NASA/CXC/MIT/Laura Lopez et al.; infrared: Palomar Observatory/California Institute of Technology; radio: NRAO/AUI/NSF. Figure 65: X-ray: NASA/CXC/SAO/Fred Seward; optical: NASA/ESA/ASU/Jeff Hester and Allison Loll; infrared: NASA/JPL–California Institute of Technology/University of Minnesota/Robert Gehrz. Figure 67: Oliver Porth, Serguei Komissarov, and Rony Keppens, "Three-Dimensional Magnetohydrodynamic Simulations of the Crab Nebula," Monthly Notices of the Royal Astronomical Society 438: 278, fig. 10. Figure 68: NASA/CXC/University of Toronto/Martin Durant et al. Figure 69: X-ray: NASA/CXC/SAO/Bryan Gaensler et al.; radio: NRAO/

AUI/NSF. Figure 70: X-ray: NASA/CXC/ASTRON/B. Stappers et al.; optical: AAO/Joss Bland-Hawthorn and H. Jones. Figure 71: NASA/CXC/MIT/Daniel Dewey et al. and NASA/CXC/SAO/Joseph DePasquale. Figure 72: NASA/CXC/Middlebury College/Frank Winkler. Figure 73: NASA/CXC/Rutgers University/Kristoffer Eriksen et al. Figure 76: NASA/CXC/SAO/Joseph DePasquale. Figure 77: X-ray: NASA/CXC/UAH/M. Sun et al.; optical: NASA/ESA/Hubble Heritage Team (STScI/AURA). Figure 78: X-ray: NASA/CXC/JHU/David Strickland; optical: NASA/ESA/STScI/AURA/Hubble Heritage Team; infrared: NASA/JPL – California Institute of Technology/University of Arizona/Chad Engelbracht. Figure 79: X-ray: NASA/CXC/MIT/M. McDonald et al.; optical: NASA/STScI. Figure 80: NASA/CXC/PSU/Eric Feigelson, Konstantin Getman, et al. Figure 82: NASA/CXC/PSU/Leisa Townsley et al. Figure 83: X-ray: NASA/CXC/PSU/Konstantin Getman, Eric Feigelson, Michael Kuhn, and MYStIX team; infrared: NASA/JPL – California Institute of Technology.

찾아보기

ㄹ

ㅁ

역자 소개

김용기 — 연세대학교 천문기상학 학사
독일 베를린공과대학교 이학 박사
미국 하버드-스미스소니언 천체물리연구소 방문연구원
현재 충북대학교 천문우주학과 교수

구본철 — 서울대학교 천문학 학사
한국과학기술원 물리학 석사
국립천문대 연구원
미국 캘리포니아대학교 버클리캠퍼스 천문학 박사
미국 하버드-스미스소니언 천체물리연구소 박사후연구원
현재 서울대학교 물리 · 천문학부 교수

김동우 — 서울대학교 천문학 학사
미국 캘리포니아대학교 로스앤젤레스캠퍼스 천문학 박사
충남대학교 천문우주과학과 교수
현재 미국 하버드-스미스소니언 천체물리연구소 상임연구원

김민선 — 경희대학교 우주과학 학사
서울대학교 천문학 박사
미국 하버드-스미스소니언 천체물리연구소 박사전연구원
현재 한국천문연구원 선임연구원

김은혁 — 서울대학교 천문학 학사 · 박사
미국 하버드-스미스소니언 천체물리연구소 연구원
현재 한국 항공우주연구원 선임연구원

손주비 — 서울대학교 천문학 학사 · 박사
현재 미국 하버드-스미스소니언 천체물리연구소 박사후연구원

이재준 — 서울대학교 천문학 학사 · 박사
미국 하버드-스미스소니언 천체물리연구소 박사전연구원
미국 펜실베니아주립대학교 박사후연구원
현재 한국천문연구원 책임연구원

이재현 — 연세대학교 물리학 학사 · 석사
미국 미시간주립대학교 천체물리학 박사
현재 미국 하버드-스미스소니언 천체물리연구소 연구원
현재 미국 하버드대학교 강의교수

정연길 — 연세대학교 천문우주학 학사
충북대학교 물리학 박사
미국 하버드-스미스소니언 천체물리연구소 박사후연구원
현재 한국천문연구원 선임연구원

홍재섭 — 서울대학교 물리학 학사 · 석사
미국 컬럼비아대학교 물리학 박사
현재 미국 하버드-스미스소니언 천체물리연구소 연구원

판타스틱 유니버스
찬드라가 바라본 우주의 신비

초판 인쇄 2020년 3월 2일
초판 발행 2020년 3월 5일

저자 Wallace H. Tucker
대표역자 김용기
발행인 조승식
발행처 (주)도서출판 북스힐

등록 제22-457호(1998년 7월 28일)
주소 서울시 강북구 한천로 153길 17
전화 02-994-0071
팩스 02-994-0073
홈페이지 www.bookshill.com
이메일 bookshill@bookshill.com

ISBN 979-11-5971-246-3
값 25,000원